■ 高级酒店服务与管理专业主干课系列教材

茶叶检验与茶艺

主　编　董学友
副主编　占成业　张宇星

中国商业出版社

图书在版编目(CIP)数据

茶叶检验与茶艺/董学友主编.—北京:中国商业出版社,2013.9

ISBN 7-5044-5146-0

Ⅰ.①茶… Ⅱ.①董… Ⅲ.①茶叶-食品检验 ②茶-文化 Ⅳ.①TS272.7②TS971

中国版本图书馆CIP数据核字(2004)第091336号

责任编辑:刘洪涛

中国商业出版社出版发行

010-63180647 www.c-chook.com

(100053 北京广安门内报国寺1号)

新华书店总店北京发行所经销

北京书林印刷有限公司印刷

* * * * *

开本:787×1092毫米 1/16开 印张:12.75 彩插:4页 字数:240千字

2013年9月第2版 2013年9月第1次印刷

* * * *

定价:29.80元

(图书出现质量问题,本社负责调换)

编写说明

科学化是21世纪高级酒店服务与管理的主流，就要求各类酒店企业拥有一批掌握高新技术和具备高级管理能力的酒店类专业人才。为促进和推动服务与管理，为适应酒店类专业教学发展需要，我们受全国职业培训教学工作指导委员会商贸专业委员会的委托，组织编写了这套高级酒店服务与管理专业系列教材。计11本，分别由中国商业出版社和中国物资出版社出版。

本系列教材根据部颁教学计划的要求，将重点放在学科体系、内容体系、结构体系创新上，既有简明易懂理论知识，又侧重了强化知识应用和可操作性上，具有一定的科学性，新颖性、实用性和示范性。

随着改革开放的深入，经济、文化的繁荣，茶文化在我国掀起滚滚热潮，茶艺馆、茶室、茶座如雨后春笋般涌现，茶已成为人们日常生活中必不可少的饮品。市场呼唤"茶人"，传统文化呼唤"茶人"，社会需要大量的规范的茶艺服务人员。对从事茶艺服务的人来说，只懂得如何泡好茶是远远不够的，要使自己成为一名出色的茶艺服务人员。使泡茶成为一门具有审美价值的艺术，就需要扩大知识面，提高自己的审美能力。本教材既是中、高职业院校教材，也可供酒店职业培训学习选用。

本书第三、六章由董学友编写，第一、十一章由占成业编写，第二章由罗纲要编写，第十章由王业强编写，第九、十二章由汪松能编写，第六、八章由张宇星编写，第四章由俞素琴编写，第七章由李华龙编写。本书完稿后请茶艺专家、教授洪金永先生和方世辉先生审阅。

本书编写过程中，参阅大量的专著和书籍，在此对被参考和借鉴书刊、资料的作者深表谢意。同时本书在编写过程中得到了江西省上饶职业技术学院婺源分院的领导及同事的热情帮助和大力支持，在此一并致谢。

由于编写时间仓促，本书疏漏之处在所难免，我们企盼在今后的教学的实践中，能有所改进和提高，恳请读者不吝赐教，以便进一步修订，使之日臻完善。

高级酒店服务与管理专业教材编委会

2013 年 9 月

目 录

第一章　中国是茶的祖国

◆ **学习提要和目标：**

一、了解茶的起源，掌握茶起源于中国的知识。
二、掌握茶艺的概念及学习茶艺的意义。
三、掌握饮茶的前、后期传播。

我国是茶叶的发源地，也是世界上最早利用茶叶的国家，至今已有五千年的历史。早在西汉末期，茶叶已成为商品，并开始讲究茶具和泡茶技艺。到了唐代，饮茶已成风气，茶叶生产发达，茶税也成为政府的财政收入。茶树种植技术、制茶工艺以及泡茶技艺和茶具等方面都达到前所未有的水平，还出现了世界上最早的一部茶书——陆羽的《茶经》。我国饮茶风气在唐代以前就传入朝鲜和日本，相继形成了“茶礼”和“茶道”，至今仍盛行不衰。17 世纪前后，茶叶又传入欧洲各国。茶叶如今已成为世界三大饮料之一，这是中国劳动人民对世界文明的一大贡献。

第一节　茶之源

世界第一部茶叶著作——唐代陆羽《茶经》中说：“茶之为饮，发乎神农氏，闻于鲁周公”。在我国，人们一谈起来茶的起源，都将神农列为第一个发现和利用茶的人。

一、神农的传说

我国是茶树的原产地。已有五六千年的历史。早在仰韶文化时代，已有野生茶树。到了神农时代（约公元前 2700 年），就发现茶树的鲜叶可以解毒。据传说，神农尝百草，日遇七十二毒，得茶而解。在江南茶区，自古就流传着一个“神农与茶”的神奇有趣的故事：神农这个人很奇特，他有一个水晶般透明的肚子，吃下什么东西，在胃肠里可以看得清清楚楚。那时候，人们还不会用火烧东西吃，吃的花草、野果、虫鱼、禽兽之类都是生吞活咽的，因此，人们经常闹病。神农为了解除人们的疾苦，就决心利用自己特殊的肚子把看到的植物都试尝一遍，看看这些植物在肚子里的变化，以便让人们知道哪些植物无毒可以吃，哪些有毒不能吃。这样，他就开始试尝百草。当他尝到一种开着乳白色花朵的树上的嫩叶时，发现这种绿叶真奇怪，一吃到肚子里，就从上到下，从下到上，到处流动洗涤，好似在肚子里检查什么，把胃肠洗涤得干干净净，他就称这种绿叶为“查”。以后人们又把“查”叫成了“茶”了。神农成年累月地跋山涉水，试尝百草，每天都得中毒几次，全靠茶来解救。最后，他见到一株开着黄色小花的草，那花萼在一张一合地动着。他感到好奇，就把那叶子放在嘴里慢慢咀嚼。一会儿，感到肚子很难受，还未来得及吃茶叶，肚肠就一节节地断开了。神农就这样为拯救人类牺牲了自己。于是，人们称这种草为“断肠草”。常言道：“神农尝药千千万，可治不了断肠伤”。

这虽然是个传说，但也可以看出，现在的农业和医学是千千万万前人的血汗和生命换来的。在原始社会，人们为了求生存，必须与饥饿和疾病作长期艰苦的斗争。原始农业和医学的建立，决不是某一时期、某一个人所能完成的，而是千千万万劳动人民经过长期实践的结果。后人因崇敬、纪念农业和医学发现者的功绩，特地塑造了神农氏这样一个偶像。这正如传说中有“构木为巢，以避群害”的有巢氏，“钻燧取火，以化腥臊”的燧人氏和“结绳而为网罟，以佃以渔”的伏羲氏一样，是完全可以理解的。

我们不能把神农确定是某一个年代的具体人物，但把神农作为一个特定的传说时代是合适的。那时，渔猎经济已有较大进步，开始形成母系氏族社会，这从古代遗迹可以得到证明。据汉代班固《白虎通义》记载：“古之人民皆食禽兽肉，至于神农，人民众多，禽兽不足，于是神农因天之时，分地之利，制耒耜教民农作，神而化之，使民宜之，故谓之神农也”。这里说的神农，是指取得生活资料以农牧为主要手段代替以渔猎为主要手段的时代。在这个时代，茶已被人们发现而作为药料或食物的可能性是很大的。

神农尝百草的故事出于《神农本草经》，这本书约成书于秦汉年间。书云：“茶叶味苦寒，久服安心益气，轻身耐劳”。还记载有茶叶可以医头肿、膀胱病、受寒发热、胸部发炎，又能止渴兴奋，使心境爽适。那么，我们可以有把握地说，至少在战国时代，茶叶作为一种药物，已为人们所了解了。

可见，我国人民有着悠久的茶文化史。

二、从“荼”到“茶”

（一）最早的茶字

唐代以前，“茶”字还没有出现，那时，茶的名称五花八门：《诗经》中有“荼”字；《尔雅》中既有“槚”，又有“荼”；《晏子春秋》称“茗”；《尚书·顾命》称“诧”；司马相如《凡将篇》称“荈诧”；扬雄《方言》称茶为“蔎”；《神农本草经》称之为“荼草”或“选”；东汉的《桐君录》谓之“瓜芦木”。此外还有称之为“皋芦”、“奼”、“荼”，以及一些戏称，如水厄、酪奴等。其中以荼字为茶的最常见。

（二）借荼为茶

有关茶的记载现存最早、最为可靠的文献，当推《诗经》。《诗经》中共有九处“荼”字，这个字是不是茶的古称，如何看待“荼”字，却引起世人的争议。有人引《豳风·七月》“采荼薪樗，食我农夫”为证，认为“薪是烧柴，荼薪就不是荼草，可以说明不是野生茅草，而是农夫种的荼薪”（陈椽《茶业通史》，农业出版社，1984 年 5 月第一版第 12 页）。其实，这里“采”、“薪”均为动词，采荼，即为采摘苦菜；薪义作烧，引申为砍柴烧，薪樗，即为砍柴。“荼薪”之说完全是不通文义所致。诗歌描写的就是农夫采野菜充饥、砍柴禾烧饭的生活状况。西周时期，生产力低下，即便已有茶叶，也只是贡品而已，弥足珍贵，决非常物，哪里轮得到农夫专挑茶叶烧着吃喝？至于“农夫种的”之说，则更是望文生义了。经查，《诗经》中出现的“荼”均应解释为苦菜、茅草之类，决非茶叶。

首先以“荼”字明确表示“茶”字意义的，是《尔雅·释木》，云：“槚，苦荼。”晋郭璞《尔雅注》云：“树小如栀子，冬生，叶可煮作羹饮”。

当然，茶逐渐从西南地区传入中原地区，由于其味苦如荼，其状则似菜，加上当时饮茶方式“煮作羹饮”，因此“荼”、“茶”混用，经历了一个漫长的时期。

（三）改荼为茶

“茶”字的正式确定，那已是唐代开元年间了。当时在一部名为《开元文字音义》的字书中出现“茶”字。此书由唐玄宗作序而颁行。不过，从今人看来，一个新文字刚出现之际免不了有一个新老交替使用的时期。有鉴于此，清代学者顾炎武考证后认为，茶字形、音、义的确立，应在中唐以后。他在《唐韵正》中写道：“愚游泰山岱岳，观览唐碑题名，见大历十四年（公元 779 年）刻“荼药”字，贞元十四年（公元 798 年）刻“荼宴”字，皆作“荼”……其时字体尚未变。至会昌元年（公元 841 年）柳公权书《玄秘塔碑铭》、大中九年（公元 855 年）裴休书《圭峰禅师碑》“茶毗”字，俱减此一划，则此字变于中唐以下也。

从读音上来讲，长期来“荼”读“同吾切”（t）。可是，在汉代就出现了另一种读音，《汉书·地理志》中，荼陵的“荼”，颜师古注：“荼陵，汉时始转涂音为宅加切”。读音均与“茶”一致。有鉴于此，有人以为将荼改为茶字，并读成现在的茶音，始于南朝梁代以后。但是从古至今大部分学者认为。作为一个完整的字，字形、字音、字义三者同时被确定下来，那还是中唐以后的事。

由于茶叶最先是由中国输出到世界各地的，所以，时至今日，各国对茶的称谓，大多数是由中国人，特别是由中国茶叶输出口地区人民对茶的称谓直译过去的，如日语的“cha”，印度语的“cha”都为茶字原音。俄文的“Чай”，与我国北方对茶叶的发音相似。英文的“tea”、法文的“the”德文的

“thee”、拉丁文的“thea”，都是照我国广东、福建沿海地区人民的发音转译的。大致说来，茶叶由我国海路传播出去的西欧各国，茶的发音大多近似我国福建沿海地区的“te”和“ti”音；茶叶由我国陆路向北，向西传播去的国家，茶的发音近似我国华北的“cha”音。

茶字的演变与确定，从一个侧面告诉人们：“茶”字的形、音、义，最早是由中国确定的，至今已成了世界人民对茶的称谓。它还告诉人们：茶出自中国，源于中国，中国是茶的原产地。

三、有关茶树原产地的争议

中国是茶之故乡，无论原产地、最早发现茶的用途、饮茶、人工种茶和制茶，都是从中国开始的，自古以来，一向为世界所公认。只是在1824年，驻印度的英国少校勃鲁氏在印度阿萨姆省沙地耶（Soadiya）发现有野生茶树后，国外才有人以此为证，开始对中国是茶树的原产地提出了异议。从此，国际学术界开展了一场茶树原产地之争。概括起来，不外乎以下四种观点：

1. 部分学者认为茶树的原产地在印度

持这一观点的代表人物是英国少校勃鲁氏，他继1824年声称发现野生茶树以后，1838年又印发了一本小册子，列举他在印度阿萨姆发现野生茶树多处，其中沙地耶发现的一株野生茶树高达43英尺，胸围3英尺。为此，勃鲁氏断定，印度是茶树原产地，理由是印度有野生茶树。持上述观点的还有英国学者贝登、勃莱克、勃朗·易培逊、林德莱和日本的加藤繁等。

2. 少数学者认为茶树原产地在“无名高地”

主张这种观点的有两个代表人物：一是美国学者威廉·乌克斯（W. H. Ukers），著有《茶叶全书》，主张“凡自然条件有利于茶树生长的地区都是原产地”的“多源论”说，认为茶树原产地应包括缅甸东部、泰国北部、越南、中国云南和印度阿萨姆的森林中。因为这个地区的生态条件极适宜于茶树的生长，所以这个地区的野生茶树也比较多。二是英国学者艾登（T. Eden），著有《茶》，认为“茶树原产地在依洛瓦底江发源处的某个中心地带，或者是在这个中心地带以北的无名高地”。前者指的是缅甸的江心坡，后者指的是中国的云南和西藏境内，即把依洛瓦底江发源的缅甸江心坡和中国云南、西藏等地区说成是“无名高地”。

3. 个别学者认为茶树原产地有两处

持这个观点的代表人物是爪哇茶叶试验场的植物学家科恩斯徒（C. Stuart）博士。1918年，当他考察中国边境发现有野生茶树后，认为在中国东部和东南部无大叶种茶树的记载。据此，他认为，茶树因形态不同，可分为两大产地：一为大叶种茶树，原产于中国西藏高原的东南部一带，包括中国的四川、云南以及缅甸、越南、泰国和印度阿萨姆等地；二为小叶种茶，原产于中国东南部，这就是“二源论”说。

4. 多数学者认为茶树原产地在中国

1935 年，印度茶业委员会组织了一个科学调查团，对印度沙地耶发现的野生茶树进行了调查研究。结果，植物学家瓦里茨（Wallien）博士和格里费（Griffich）博士都断定，勃鲁氏发现的野生茶树，与中国传入印度的茶树同属中国变种；至于茶树的某些差异，那是野生已久的缘故。1892 年美国学者瓦尔茨（J. M. Warsh）的《茶的历史及其秘诀》、威尔逊（A. Wilson）的《中国西南部游记》、1893 年俄国学者勃列雪尼德（E. Brelschncder）的《植物科学》、法国学者金奈尔（D. Genine）的《植物自然分类》，1960 年苏联学者 K. M. 杰姆哈捷的《论野生茶树的进化因素》，以及近年来日本学者志村桥、桥本实等的有关研究报告，都认为中国是茶树的原产地。

以上四种观点，除主张中国是茶树原产地外，其他三种都是从 1824 年勃鲁氏在印度发现野生大茶树后才形成的，形成这些观点的惟一依据，就是中国没有野生大茶树的报告。

四、中国的野生大茶树

作为现代科学意义上的原生茶树报告，中国的确出现很晚，但中国古籍中关于野生大茶树的记载却很早就有。

早在三国（220—280 年）吴普《本草》引《桐君录》中，就有“南方有瓜芦木（大茶树）亦似茗，至苦涩，取为屑茶饮，亦可通夜不眠”之说。陆羽《茶经》中云：“其巴峡川，有两人合抱者，伐而掇之。”宋沈括《梦溪笔谈》云：“建茶皆乔木”，宋子安《记东溪茶树》云：“柑叶茶树高丈余，经七八寸。”明代云南《大理府志》载：“点苍山（下关）……产茶树高一丈”。可见，我国早在 1700 多年前就发现野生大茶树了。

根据野外考察新发现，现在全国已有 10 个省区 198 处发现有野生大茶树。

1939 年，在贵州务川县发现一棵野生大茶树，高达 7.5 米。第二年，在务川西北老鹰山海拔 1400 米处，发现十余棵茶树，高度在 6.6 米左右。

1957 年，在贵州赤水县黄金区海拔 1400 米的高山密林中，发现一棵高达 12 米的大茶树。1976 年，又在道真县海拔 1100 米的山林中发现一棵大茶树，高 13 米。

1951 年，勐海县南糯山发现三棵大茶树，高约 3 米多。1958 年，又在该地发现一棵两人合抱的大茶树，高约 5.5 米，株幅 10 米，生长在海拔 1100 米的山坡上，树龄有 800 年以上，当地群众称之为“茶树王”，并建立了纪念亭，供人参观考察。

1956 年，在西双版纳地区海拔 1900 米的孔明山，发现特大茶树，最高达 19 米。

云南省树干直径在 100 厘米以上的就有十多株。思茅地区镇源县九甲区和平乡千家寨发现野生茶树群落数千亩，其中龙潭大茶树高 18.5 米，树幅 16.4 米，基部干径为 143.5 厘米；景东县石门大茶树高 25 米，基部干径 83.4 厘米。

最值得一提的是巴达大茶树，1961 年在勐海县巴达乡的大黑山密林中，海拔约 1500 米处，发现一棵高 32.12 米的大茶树，树围 2.9 米，离地 1.5 米处有五个分枝。此树树龄约 1700 年，是迄今为止发现最大的茶树。可惜前几年，树的上半部被大风吹断，1978 年重测时，仅高为 14.7 米。这一带还发现类似的大茶树 9 棵，高度在 16 米左右，有的在 20 米以上。

五、中国西南部是茶树的原产地

有无野生大茶树，固然是确定茶树原产地的重要依据之一，但发现有野生大茶树的地方，不一定是茶树的原产地。中国和印度是世界两个文明古国，目前两国都有野生大茶树生存，但有一点是明确的，当印度人还不知道种茶和饮茶，更不知道印度有野生茶树的时候，我国发现和利用茶树都已经有了数千年的历史了。只是到了 1788 年，英国人和荷兰人才开始从中国输入茶籽在印度种茶。

我国和世界上许多其他国家的科学家，根据上述发现进行了严密的科学论证。我国科学家从茶树自然分布、地质变迁、茶树的进化类型证明我国西南地区是茶树的原产地。日本的志村桥和桥本实，他们结合多年茶树育种研究工作，通过对茶树细胞染色体的比较，指出中国种茶树和印度种茶树染色体数目都是相同的，即 $2n = 30$，表明在细胞遗传学上两者并无差异。桥本实还进一步对茶树外部形态作了分析和比较。为此，他对中国东南部台湾、海南到泰国、缅甸和印度阿萨姆茶树的形态作了分析比较；1980 年后，又三次到中国的云南、广西、四川、湖南等产茶省（区）作调查研究，发现印度那卡型茶和台湾山岳地带野生的中国台湾茶，以及缅甸的掸部种茶，形态上完全相似，并不存在区别中国种茶树与印度种茶树的界限。所以最后结论是：茶树的原产地在中国的云南、四川一带。

第二节　茶艺的概念

“茶艺”这个词是新生的名词，过去和它相似的词叫做“茶道”。饮茶艺术化，使人得到精神享受，产生一种美妙的境界，则为茶艺。

一、茶艺的定义和范围

1. 茶艺的定义

茶艺的定义，包括广义和狭义两个方面。

广义的定义是：研究茶叶的生产、制造、检验、经营、饮用的方法和探讨茶叶原理，以达到物质和精神享受的学问。

狭义的定义是：研究如何泡好一壶茶的技艺和如何享受一杯茶的艺术。

2. 茶艺的范围

凡是有关茶的产、制、评、销、用等一系列的过程，都应属茶艺的范围。例如:茶山之旅、参观或亲手制茶过程;如何选购和评审检验茶叶，如何沏泡好一杯(壶)茶、如何享用一杯茶;茶与水、壶的关系、茶文化史、茶叶经营、茶艺美学等，都是属于茶艺活动的范围。

茶艺是多彩多姿、充满情趣的生活艺术，想要享受高品质的生活，茶艺生活是重要的象征之一。利用节假日到茶山去走走，欣赏茶园风光，享受天然绿色的景致和清新的空气。一方面可以认识茶叶，同时又可以和茶农话家常，体验茶农的生活，了解茶农种茶、制茶和品茶的苦和乐。

在工作之余，能够好好地享受一杯茶，按茶叶特性选择适当的茶具来搭配，以不同的水温、用茶具泡出一杯好茶来，细细品赏，提升精神生活的境界，认识茶艺美学的内涵，会使生活更有品位。

茶艺生活可促使人们涉足艺术、文学等文化领域。学了茶艺之后，往往就会想要学插花、学书法、学陶艺、学茶道、学国乐、学化妆等等，这些都是与茶艺相关的艺术。

二、茶艺的内容

1. 茶艺的分类

(1)从时代上，茶艺可分为古代茶艺和现代茶艺。

(2)从形式上，可分为表演茶艺和生活茶艺。

(3)从地域上，可分为民俗茶艺和民族茶艺。

(4)从社会阶层上，可分为宫廷茶艺、文人士大夫茶艺、道家茶艺、佛家茶艺、市民茶艺等。

2. 茶艺的具体内容

茶艺的具体内容包含技艺、礼法和道三部分:

(1)技艺是指茶艺的技巧和工艺。

(2)礼法是指礼仪和规范。

(3)道是指一种修行，一种生活的道路、方向，是增进修养、助人内省、使人明心见性的功夫，是人生哲学。

技艺和礼法是属于形式部分，道是属于精神部分。

茶艺起源于中国，茶艺与中国文化的各个层面有着密不可分的关系。名山出名茶，清泉泡好茶，茶艺并非是空谈的玄学概念，而是生活内涵改善的实质性体现。茶是和平的饮料，只要心存恭敬，心中宁静，就可以泡一壶自己喜欢的茶来。就个人而言，饮茶可以提高生活品质，扩展茶艺领域，这也是“茶”载“艺”的主要原因。自古以来，插花、挂画、点茶、焚香并称四艺。茶花、书画、工夫茶与清游香，尤为文人雅士所喜爱。现代生活忙碌而紧张，更要茶艺来缓和情绪，使精神松弛，心灵更为澄明。茶艺还可以提供休闲活动，拉近人与人之间的距离，化解误会冲突，建立和谐的关系。

三、学习茶艺的意义

茶艺本身是以中华民族五千年灿烂文化内涵为底蕴的，因此，茶艺既是古老的，又是现代的，更是未来的。她的生命力是旺盛的，发展是方兴未艾的。

茶艺是我们中华民族的魂宝，更应屹立于世界文化之林。作为一个中国人，弘扬中华文化是责无旁贷的。学习茶艺可以达到如下四个目的。

1. 净化心灵

茶原本生长在森林中，耐得阴苦、不出风头，紧紧和大地拥抱在一起，是随和自然的常绿植物。茶作为一种物质，不管是药用、食用还是饮用，都能满足人们的物质需要。

茶字由廾、人、木三部分组成，茶与人和自然和谐统一。茶叶作为祭品、图腾，显然是种精神寄托与信仰的满足。唐代陆羽《茶经》说："茶宜精行俭德之人"。唐代韦应物的茶诗《喜园中茶行》说："洁性不可污，为饮涤尘烦……此物信灵味……得与幽人言"。宋代苏东坡直截了当地说："从来佳茗似佳人"。清代郑板桥说："只和高人入茗杯"。茶品、人品往往被人们相提并论。

通过研习茶艺、品茶、评茶，往往能够进入忘我的境界，从而远离尘嚣，远离污染，给身心带来愉悦。因为茶洁净淡泊，朴素自然，茶味醇纯。茶耐得寂寞，自守无欲，与清静相依。

儒学家推崇仁、义、礼、智、信，讲求自我修养，慎独自重，胸怀大志，标高树远，可以为不淡泊而忍受淡泊，为不寂寞而耐得寂寞，潜心茶艺，保持一种良好的心态，这无疑是茶对人类的贡献。

2. 强身健体

茶艺是现代时髦的休闲活动，因为它能促使人得到健康的身心。

(1)茶是最好的保健饮料，养成饮茶的习惯能让人精神愉快，身体健康。

(2)饮茶能振奋精神，广开思路，清除身心的疲劳，保持旺盛的活力。

(3)茶艺活动能够规范自己的行为，养成良好的习惯，提高生活品质。

(4)以茶入菜，以茶佐菜，可发挥茶的美味营养功效，增添饮食的多样化和生活情趣。

茶对于人体的健康有很多好处，现在人们为了从茶叶中获得更多对人体有益的营养和药效，如开展茶叶的综合利用，生产出红茶菌、保健茶、养生茶、降脂延寿茶等等。这些茶叶产品的开发，为茶艺事业的发展开辟了更为广阔的空间。饮茶康乐，有健康的身心，人生才能更美丽。

3. 丰富人生

在茶艺这门艺术之中，人们可以寻求探索很多东西，因为茶艺涵盖面之广，涉及学问精深，每一位茶人都必须了解掌握多层面、深层次的自然科学知识。

从人的方面来说，茶人既不是工人、农民，也不是商人，更不是服务员。茶人应当是一位真正博学的学者；是哲学家、思想家；是一位会当工人，又会当农民，更会当商人，还会做服务员的哲学家。因此，茶人应是一位有学识教养又有道德的令人尊敬的高尚人士。这就是茶艺事业对茶人的要求。

学习茶艺对个人，对于社会更是如此。今天，从追求美好、美满的家庭和美丽的人生，这一切都可以从茶艺开始。

学茶艺的目的，就是以严格的规律，促使一个人的思想以高尚文雅的方式表现在行为上，建立和谐的社会。

4. 美化生活

“茶是和平的饮料”。茶能净化心灵，强身健体，丰富人生。因此，以茶为“道”，就是以茶为生活的路。茶道就是生活之道，是生活的一部分。人与人心灵相通，化解鸿沟，促进和谐和了解，使人从一般的生活中走出来，代之以美感、价值感和充实感。

四、茶艺从业人员所具备的服务技能

茶艺一般面对的是较高层次的服务对象，要求从业人员应具备较高的文化素质和服务水平。从业人员通过自己的“讲”和“做”，使服务对象得到精神和物质文化的享受。这就要茶艺从业人员必须具备如下技能。

(1)对茶的历史、栽培、加工制造、茶叶评审检验、茶叶的分类与茶事、茶话、茶具的知识有深入的了解。

(2)能熟练运用和操作各种茶的沏泡。

(3)具备与茶文化有关的中国传统文化的基本知识。

(4)应具备良好的文化素质。

第三节　饮茶的传播

茶的传播包括对茶的饮用和种植两方面，它是受着许多因素综合影响，其中以人类生活及其活动的影响最为显著。

茶自我国西南地区的古巴蜀所在地的人民发现和开始利用以后，经一千多年的漫长时间，至西汉时代，饮茶传播地区逐渐广阔。首先是作药材商品，供应治病之用，继而茶发展为日常饮料之后便成了贸易中重要的商品，先后向国内外传播。茶的传播按传播的时间可分为前期传播和后期传播。前期传播时期较早，大概在春秋战国后期及西汉初年，在这段历史中，我国曾发生过几次大规模的战争，造成了人口的大迁徙。特别是秦统一中国以后，促进了经济和文化的交流，四川、云南一带的茶树栽培、茶叶加工及饮用方法，开始向当时的经济、政治、文化中心陕西、河南等地传播。

同时，沿长江逐渐向中下游推进，传播到东南各省，并向华北、西北及朝鲜、日本等地传播。后期传播是在十六七世纪，与欧美贸易开始形成时期才逐渐扩展起来的，由厦门和广州出口的茶叶，主要由海路传播出去的。

一、前期传播

当原始人类发现茶叶对人体有医疗效用后，对茶叶就开始注意和重视起来。据古籍记载，茶叶最初只作为药用；到了春秋时代，已经提到用茶叶作羹饮，但没有专门作为饮料的记录。因此，对茶叶何时发展为日常饮料，众说纷纭没有定论。陆羽在《茶经》中根据《尔雅》（秦汉时代著作）和《晏子春秋》两书有关茶事的记载，把传说的两书作者周公和晏婴列为我国最先知道饮茶的人。有许多文献的作者说我国饮茶始于春秋战国。有人认为，“秦人取蜀，而后始有茗饮之事”。（见清代顾炎武《日知录》），即饮茶始于秦汉时期。三国时，吴末帝孙皓因大臣韦曜酒量太小，曾在宴会上密赐茶茗代酒，于是有人认为饮茶始于三国。有人根据西晋时张载《登成都楼诗》中有“芳茶冠六情，溢味播九区”之句，便臆断在晋朝时茶叶由药用转为饮料。无论说是秦汉或是春秋，都说得太迟，更不消说是在晋代了。

据《华阳国志》记载，周武王伐纣后，巴蜀等西南小国曾以所产茶叶作“贡品”。如果在西周初期，我国西南一带部落已将茶叶作为珍贵的贡品，由此可以推想到西周以前，即夏商时代（约公元前二十一世纪至公元前十一世纪），应已发现和利用茶叶了。因此，饮茶的起源距今当有四千余年甚至更长的历史了。

王褒的《僮约》（买卖奴隶的一种契约），是我国现存最早和最有价值的茶叶文献。王褒是西汉宣帝神爵三年（公元前59年）四川资中的一位儒生，到成都参加“策问”（考试之意），寄居在他亡友的妻子杨惠家里。王褒爱喝酒，时常要寡妇杨氏的家僮便了去打酒，便了表示不满。不久杨氏将便了卖给王褒，成为王褒专用的家僮，所立契约就是王褒所写的《僮约》。在《僮约》中规定便了每天从事的劳役，其中涉及茶的有“武阳买茶”、“烹茶尽具”两句。武阳即今四川彭山县东，距彭山约五公里，为汉代政治、经济、文化的中心城市之一，附近岷江两岸为古代的产茶区。“武阳买茶”，就是规定便了要到武阳去买茶。“烹茶尽具”，就是规定在煮茶和盛茶时要洗涤、整理煮饮的器皿，不得马虎。根据《僮约》的记载，说明在西汉时期，四川产茶已有相当规模，茶叶已成为社会上层士大夫享用的饮料之一。

在远古时代发现茶有药理作用后，开始只采集一些野生茶树的枝叶就可得到满足。需要量逐步增大以后，人们就采取了砍伐茶树采集嫩叶的办法，即《茶经》中所说的“伐而掇之”。但长此下去，全部野生大茶树将有伐光砍尽的危险。为了能得到较多的茶叶，当时人们根据种植其他农作物的常识，尝试人工栽茶。当茶叶成为一种经常消费的饮料之后，茶树的栽培就由少到多地逐步发展起来。可以想像，消费是生产的推动力。茶叶消费量的增长，推动了茶叶的贸易和茶叶商品的生产。

汉代以后，记载茶事的史料逐渐增多。如西汉杨雄《蜀都赋》中就有赞美茶的句子："百华投春，隐隐芬芳，蔓茗荧郁，翠紫青黄"。在《赵飞燕别传》中，有一段关于汉代饮茶的记载：汉成帝崩，"后(即帝后)寝惊啼甚久，侍者呼问，方觉，乃言曰：适吾梦中见帝，帝自云中赐吾坐，帝命进茶。左右奏帝，后向日待帝不谨，不合啜此茶。"反映在西汉时期，茶已成为皇室中的一种饮料了。又据史料记载，汉王曾在江苏宜兴茗岭"课童艺茶"；浙江临海盖竹山有仙翁茶园，汉朝名士葛玄曾植茗于此；余姚人虞洪，上山采茗，遇仙人丹丘子，获得大茗，等等。说明当时在江苏、浙江一带已有茶树栽植，并开始招收学童，传授生产茶叶的技艺。

在西晋以前，我国广大地区还是把茶叶作为一种比较珍贵的饮料。到了两晋、南北朝，产茶渐多，传播日广，关于饮茶的记载也日益增多。据《晋书》记载：敦煌人单道开是西晋末年的僧徒，他在邺都(今河南安阳)坐禅，不畏寒暑，昼夜不卧，每日吞服几粒像小石子一样的丸药，"大如梧子，药有松蜜姜桂茯苓之气"，似乎是蒙古人现在还用的固形牛奶，混合以松子、桂皮、蜂蜜、姜、茯苓等而成的，此外，只饮茶苏(又称茶粥)一二升。《广陵耆老传》中提道："晋元帝时，有老姥每旦独提一器茗，往市鬻之，市人竞买"。《南齐书》记载：齐武帝临终前在一道诏书上写道："我灵上慎勿以牲为祭，唯设饼果、茶饮、干饭、酒脯而已。天下贵贱，咸同此制。"规定了用茶饭代替牲畜作为祭品。从以上史料看，随着茶叶生产的发展，茶叶已逐渐成为一种普通饮料，并作为俭朴的象征了。

到南北朝，自汉代就从西域传入我国的佛教已很盛行。佛教提倡坐禅，饮茶可以提神醒脑，驱除睡魔，有利于清心修行，因此，一些名山大川的寺院所在地都开始种植茶树，讲究饮茶。在我国许多品质优胜的名茶中，有相当多的一部分最初是由寺院种植和采制的。如四川蒙顶、黄山毛峰、庐山云雾、天台华顶、雁荡毛峰、西湖龙井、武夷岩茶、普陀佛茶等名茶都是在寺院附近出产的。佛教同茶有着不解之缘，对茶文化的传播起了一定的积极作用。

南北朝时期，一些士大夫之流，逃避现实，崇尚清谈，品茶赋诗，习以为常。当时茶在南方已成为一种"比屋皆饮"的普通饮料。但此时的北方还并不重视饮茶。在北朝中那些出身游牧部落的王公贵族，他们仍习惯以"乳酪为浆"，视饮茶为低贱可耻。据北魏杨衒之《洛阳伽蓝记》所载：王肃是当时显贵，从南齐奔北魏，初入国，不食羊肉酪浆，常以鱼羹为食，茗汁为饮。给事中(旧官名，掌侍从规谏)刘镐，慕王肃之风，专习茗饮。彭城王勰讽刺刘镐说："卿不慕王侯八珍，好苍头水厄，海上有逐臭之夫，里内有学颦之妇，以卿言之，即是也"。同书还记载了北魏中大夫杨元慎曾以菰稗为食，茗饮作浆，加辱梁使的故事。

史称隋文帝嗜茶，一些贪图名位之士，阿谀奉承，投其所好，这也有力地推动了社会饮茶的盛行。

唐朝一统南北天下，修文习武，重视农作，促进了茶叶生产的进一步发展，同时也为研究茶叶提供了良好的条件。文人学士提倡茗饮，纷纷以茶作为吟诗作赋的题材。陆羽《茶经》也在此时问世。书中对茶 的起源、历史、栽培、采制、煮茶、用水、品饮等作了精湛的论述。继《茶经》之后，诗人卢仝又作著名的《饮茶歌》，极力宣传茶的功效，从此饮茶之风更盛。

在唐代，南北城镇已出现了与今日相仿的茶肆。只要投钱，随时都可取饮。据唐人封演《封氏闻见记》记载：开元（公元 713—741 年）中从山东、河北的部分地区，直至当时的首都长安，“城市多开店铺，煎茶卖之，不问道俗，投钱取饮”。显然，茶已不是贵族和士大夫们的特有享受品，已普及民间，成“比屋子之饮”。《封氏闻见记》又说：“按古人亦饮茶耳，但不如今人溺之甚。穷日尽夜，殆成风俗，始自中地，流于塞外。往年回纥入朝，大驱名马市茶而归。”可知唐时饮茶之风，已由南方传播到黄河北岸，并且远传到塞外西北各地。就是原来只饮酪浆，并以茗饮为耻的少数民族，一旦领略了饮茶的神奇风味，也很快染上饮茶嗜好。茶逐渐成为他们日常生活中不可缺少的必需品。

据唐朝李肇著的《国史补》记载：唐朝有使者常鲁公，到了西番，烹茶帐中，赞普问他煮什么，常鲁公说：“涤烦疗渴的所谓茶”。赞普说，我这里也有，于是叫人拿出来指着说：“此寿州者，此舒州者，此顾渚者、此蕲门者、此昌明者、此浥湖者。”可见唐时饮茶风气之盛，连新疆、西藏一带的王公贵族家里都已贮备各色名茶了。

值得一提的是，唐代饮茶传播到西藏，是同文成公主的功绩分不开的。吐蕃的松赞干布赞普的两个王妃，一是唐太宗之宗女文成公主，一是尼泊尔王女。于是，宗教从尼泊尔输入西藏，文化与饮茶的风尚从内地输入西藏。从此饮茶与佛教更进一步结合，导致以后西藏喇嘛寺中盛大茶会的出现。

唐代，茶叶已成为全国人民的主要消费品，产茶区域已很辽阔，广及江苏、浙江、安徽、江西、湖南、湖北、四川、云南、广西、贵州、广东、福建、陕西、河南等地，产区分布与现今茶区基本相同。当时茶叶产量以江淮一带较多。浮梁、湖州都是著名的茶叶集散地。所以，白居易《琵琶行》中有“商人重利轻别离，前月浮梁买茶去”之句。唐德宗贞元九年（公元 793 年），茶税也开始征收了。

到了宋代，不仅在内地，即在西北边区也设立了茶市。这时茶已发展为交换西北边区土特产的主要商品。到元、明、清代，饮茶风气愈盛，嗜茶的人更为普遍。人们日常饮食、应酬都离不开茶叶，市镇和乡村的茶楼、茶馆比比皆是，从而进一步促进了茶叶生产的发展。

我国茶文化向海外传播的历史也很久远。据史料记载，早在西汉时期，我国曾与南洋诸国通商，汉武帝也派出使者，携带黄金、缯帛（红色的帛）和土特产，包括茶叶，由广东出海至印度支那半岛和印度南部等地，从此茶叶在这一带首先传播开来。另据推论，汉代丝绸之路通向西亚乃至欧洲，长安南接巴蜀，所以随丝绸之路的开辟必有茶的外传。

南北朝齐武帝永明年间（公元483～493年），我国与土耳其商人贸易时，茶叶也随着纺织物和瓷器成为输出商品之一。

唐代的扬州、明州（即今宁波）、广州、泉州等港口，对外贸易繁荣，朝廷专设市舶司管理海上贸易，准许外商自由买卖，因此茶叶也输往海外。唐顺宗永贞元年（公元805年），日本最澄禅师（又名传教大师）从我国研究佛学归国，把带回的茶籽试种于滋贺县。公元815年，日本嵯峨天皇曾到滋贺县梵释寺，当时寺僧献茶，天皇饮后非常高兴，茶叶栽培于是得到推广。

在宋代，日本荣西禅师先后两次来我国学习佛经，归国时又带回茶籽播种，并根据我国寺院的饮茶方法，制订饮茶仪式，晚年著有《吃茶养生记》一书，被称为日本第一部茶书。书中称茶是“圣药”、“万灵长寿剂”，这对推动日本社会饮茶有重大作用。

宋、元期间，我国对外贸易的港口增加到八、九处，市舶司的职能进一步扩大。广州、泉州通南洋诸国，明州有日本、高丽船舶往来。这时我国陶瓷和茶叶已成为主要出口商品。

明代政府采取积极对外政策，曾七次派遣郑和下西洋，遍及东南亚、阿拉伯半岛，直达非洲东岸，加强了与这些地区的经济联系，茶叶输出更为增加。在这期间，西欧各国的商人先后东来，从这些地区转运中国茶叶，并在本国上层社会推广饮茶。

茶传入朝鲜的历史也很久远。朝鲜在亚洲东端，在第四、五世纪时期有高丽、百济和新罗三小国。公元632～646年新罗王统一朝鲜，就从中国传入饮茶习俗。据云汉武帝时，渡过渤海，征服远东，攻占朝鲜、乐浪、真番等地，汉代文化随之传入，在王朝人士中已有饮茶嗜好。公元828年兴德三年，到中国的使者金大廉便由中国携回茶籽，种于智异山下的华岩寺周围。现朝鲜全罗南道北道的一部分和庆尚南道均有茶叶生产。

二、后期传播

饮茶的好处，在东方已普遍知道之后的数世纪，欧洲人才开始饮用。在欧洲文献上，最初记录的，是威尼斯作家鲁思梯谦（Rusticiano）主持编写《马可·波罗游记》，书中曾记说中国饮茶的趣事。在他的著作《中国茶》及《航海旅游记》中云：秦国有一种植物，煮饮其叶片，人称中国茶，视为极珍贵物品。此茶生长于中国四川嘉州府，用鲜叶或干叶在水中煎沸，空腹饮一二杯，可以去身热、头痛、腰痛，并可治种种疾病，为旅行必备之物等。

欧洲与中国通商初期，并无茶叶商品的记载。1556年葡萄牙天主教神父到过中国，返国用葡文撰写了有关茶事的记载：“凡上等人家习以茶敬客，其味略苦，呈红色，可资治病，为一种药草煎成的液汁”。1559年又有威尼出版的有关茶的记录：“日本人用一种药草的液汁作为饮料，称之曰‘茶’。茶可止渴生津，醒脑明目，且可延年益寿……”

首先得到中国茶的是俄国人，公元1567年即我国明穆宗即位之年，两个哥萨克人伊万·彼得罗夫和布纳什·亚里舍夫得到中国茶叶并传到俄国。到1618年，中国驻俄大使又曾以小量茶叶赠送沙俄皇帝。1687年后中俄《尼布楚条约》签订之后，茶叶则由陆路经蒙古、西伯利亚组织运茶商队运往俄国销售。俄国在第一次世界大战前后，销茶量很大，进口茶仅次于英国，但其进口茶很多系转口销于东欧和其他国家。大革命之后，苏联茶叶市场几乎面临崩溃，1925年苏联把茶叶贸易改为国营，从英国和中国转入茶叶，后来大部分来自中国。输入茶叶的口岸有海参崴、巴统和列宁格勒等港口，但有大量的茶是从新疆以及蒙古转运的。

1619年，荷兰东印度公司航船，首次开抵日本沿海的平户岛。由此运茶到爪哇万丹，再转运往欧洲。同年荷人侵占了印尼的爪哇，在此设立商行，由此到中国购运茶叶，转运去欧洲销售，当时英国人所需要的茶都由荷人供应，但数量很少，只供应英皇饮用而已。

1639年，英人初次来到广州，与中国商人接触，了解茶叶经荷东印度公司购运茶叶的情况，没有什么结果。到了1644年，英人在福建厦门找到了立足之地，在厦门设立了采购茶叶的业务机构，主要购运武夷茶，称呼茶正式应用闽南的语音，拼成 Tea 字传播欧美各国。形成为茶的主要文字。1702年又在舟山群岛设一贸易站采购珠茶。

茶叶经英国人直接购运后，在伦敦逐渐知道饮茶。1657年，伦敦的咖啡室也正式出售茶叶。1662年之后，饮茶习俗已逐渐普及于民间，销茶数量年年增加，在市区设立的茶室、娱乐场所，也习惯饮茶。在普通家庭中都备有武夷茶和绿茶，随时招待客人。

英人饮茶习俗形成以后，得知饮茶的好处，便以经营茶叶当作增加财富的惟一途径，并把茶叶转销其他殖民地，伦敦便成为世界茶市主要拍卖市场。因此，从1596～1895年英国独占世界茶市约有300年之久。1886年达到最高峰，嗣后英人在印度及斯里兰卡经营茶园，改向印、斯进口茶叶。但同时仍不放弃中国茶及其他国家茶叶的进口。

当西方船队开始从中国骆绎不绝地运走茶叶时，他们殖民掠夺的触角也伸到美洲新大陆。大批的欧洲移民来到这块新土地，不可能忘记饮茶的习惯。于是，又从东方殖民地转运大批茶叶到美洲，从而换取大量黄金。此举遭到美洲各地人民的纷纷反抗，各地人民纷纷开抗茶会，直到毁殁茶叶，导致著名的波士顿事件。1776年，英国政府不顾殖民地人民反对，强行征茶税，引起美国独立运动。美国独立战争结束不久，就希望直接与中国通商购买茶叶。1784年2月，美国第一艘“中国皇后号”商船从纽约载40多吨人参至中国广州，换取茶叶，于1785年返国，一次获利达17727美元。是年美国茶税大增。税率由12.5%改为119%。但美国统治者也并未取得茶的和平精神，反而是总结了欧洲殖民者掠夺的经验。“中国皇后号”的成绩惊动一时，美国人又想来中国淘“茶之金”。于是，自1785年后，每年都有专船直放广州，大批运回中国茶叶。中美由茶叶贸易的发展，推动美国远东航运业务迅速发达，从纽约到广州只要100天，比过去快了很多。因此，在1842年之后，许多美国商人因经营茶叶而成为巨富。不少茶商成为银行家，美国政府及商人从茶叶贸易得到好处，便想把中国茶树引进美国种植，1858年和1880年两次引种，结果均未能成功。

中国饮茶传入非洲是19世纪50年代。英国利用殖民政策，在非洲的尼西萨兰、肯尼亚、乌干达、坦桑尼亚等国家开始发展种茶，追求更高利润。20世纪初，种茶国面积扩展很快。20世纪50年代，我国又帮助马里、几内亚等国家发展种茶。

茶是友好的象征，起着沟通东西方文化的作用。人们都知道中国古代有一条丝之路。其实，后期的茶叶贸易远超过丝绸，所以很多学者认为，应称为“丝茶之路”。

从我国饮茶的传播路线来看主要有陆路和海路。

陆路有四条：

一条由我国产茶之地向长安集中，然后以新疆地区为中继地，经天山南北路通向中亚、西亚和地中海地区及东欧。

另一条由内蒙古、蒙古作中继地，通向俄国。

第三条由东北传入朝鲜。

第四条是直接由产茶地在边疆地带传入南亚相邻国家。

海路古代主要有三条：

一条是由我国浙江直通日本。

另一条则是福建、广州通向南洋诸国，然后经马来半岛、印度半岛、地中海走向欧洲各国。

第三条则从广州直接越太平洋通往美洲各地。

思考与练习

1. 为什么说中国是世界上最早发现和利用茶叶的国家？
2. 茶艺的定义是什么？
3. 茶艺有哪些内容？
4. 学习茶艺有何意义？
5. 茶是什么时候由中国传到世界上其他国家去的？世界各国对茶的称谓是如何形成的？

第二章　茶树栽培简史及茶区分布

◈ 学习提要和目标：

一、了解中国古代茶树栽培的经验，茶树的形态特性；

二、掌握茶树生长的环境条件和茶叶采摘标准；

三、熟悉我国茶区的基本情况。

我国人民发现茶树，并利用茶叶作药、祭、菜、饮之用，从神家时代算起距今已有近5000年历史了。晋代常璩所著的《华阳国志·巴志》中所说的早在公元前1066年，周武王率南方八个小国伐纣时，巴蜀将所产的茶叶作为贡品，并称"园有芳，香茗"。说明早在3000多年以前，四川已有人工栽培茶树了。

第一节　我国古代茶树栽培的宝贵经验

我国劳动人民在茶叶生产上积累了极为丰富的宝贵经验，对茶树栽培的经验，可归纳为如下几个方面：

一、茶树生物学的描述

在《茶经》中说："茶者，南方之嘉木也，一尺，二尺乃至数十尺，其巴山，峡川有大至二人合抱者。"指出茶是我国南方的一种很好的树木，为研究茶树的原产地问题提供了依据。对茶树各器官性状的描写，也很逼真，如说："其树如瓜芦，叶如栀子，花如蔷薇，实如拼榈，茎如丁香，根如胡桃"。又东汉时代(公元25~251年)《神家食经》中："苦茶……生益州川谷山陵道旁，凌冬不死，三月三日采。"

古人很早以前便已了解到环境条件对茶树生长发育和茶叶品质的关系，如《茶经》中："其地，上者生烂石，中者生砾壤，下者生黄土"；又如《茶解》中指出："茶地南向为佳，向阴遂劣，故一山之中，美恶相悬"。说明土壤、地形、地势对茶树生育均有不同的影响。

二、茶树种植经验

《茶经》中谈到种茶方法，“法如种瓜”，据《齐民要术》中的种瓜法，即挖坑深广各尺许，施粪作基肥，播子四粒。这与当前用茶籽直播法并无多大差异。又宋《北苑别录》载:“茶性恶水，宜肥地斜坡阴地走水处，用糠与焦土种之，每一圈可种六七十粒，……三年可采，凡种相去二尺一丛”。指出播种方式，应选择用地，注意排水良好的地方，管理好，三年可采收。茶树用多籽穴播，幼苗期对抵抗不良环境能力有很大优越性，已为近代科学所证实，这对于高山地区或高纬度处发展茶叶有很大帮助。

至于茶籽应用砂藏的催芽方法，明朝徐光启的《农政全书》中载:“熟时收茶籽，和湿沙土拌，罗筐盛之，穰盖，不尔冻则不生”。应用砂藏催芽，既可保持茶籽生活率，又可在种后提前出苗。据张秉伦考证茶籽穴播和砂藏在唐朝已有应用。

在山坡地扩展种茶，如何保持水土为一重要问题，我们祖先在各种坡地上广泛采用各式的梯级茶园，以保持水土，便利管理，至今仍是很宝贵的经验。种植后如何能增加土壤肥力，利用客土、铺土、铺草和合理间作等，都是值得学习的经验。宋代苏轼的种茶诗:“松间底生茶，已与松俱瘦。移植百鹤岭，土软春雨后，弥旬得连阴，似许晚遂茂。”

三、茶树品种的分类

我国的茶树品种资源极为丰富。据宋代《东溪试茶录》中就福建一地就已分为七个类型的茶树:(1)白叶茶，(2)柑叶茶，(3)细叶茶，(4)稽茶，(5)晚茶，(6)丛茶，(7)早茶。依照茶树树型，叶的性状和发芽迟早进行分类的方法至今仍有一定参考价值。

四、注意茶叶采摘标准

茶叶采摘是茶叶生产中的重要环节。不同茶类有不同的采摘标准，在古茶书中很多论述了这个问题。《茶经》中:“茶之芽者，发于丛簿之上，有三枝、五枝者，选其中之颖拔者采乌……”。又如《大观茶论》载:“凡芽如雀舌者颗粒者为斗品，一旗一枪为拣芽，一枪二旗为次之，余斯为下……”。这是指制细嫩名茶而言的标准。又如明代《茶笺》中云:“采茶不必太细，细则芽初萌，而味欠足，须至谷雨前后，觅带叶微绿色而团且厚者为上。”在采摘上如何提高劳动生产率，增进茶类的品质超群，又能增加产量，还是值得我们今后注意研究的问题。

第二节　茶树的形态特性

学习茶艺首要的任务是要了解和研究茶树生物特性，掌握其形态生命活动规律，才能在学习和运用茶的过程中，达到准确自如的目的。

一、茶树在植物分类学上的地位

植物分类是按植物特征特性，研究其亲缘关系，把地球上的植物分门别类排列成一自然的系统。其分类的基本单位是种，相近的种集合成属，相近的属集合成科，再成为目、纲、门。茶树在植物分类学上的地位属于：

种子植物门(Sperma tophyta)
　被子植物亚门(Angiospermae)
　　双子叶植物纲(Dicotyledoneae)
　　　山茶目(Theales)
　　　　山茶科(Theaceae)
　　　　　山茶属(Camellia)
　　　　　　茶种(Camellia sinensis)

茶树的学名首先由瑞典植物分类学家林奈于1753年在他所著的《植物种志》中命名为Thea sinensis。1818年司维脱将Thea属并入Camellia属。1887年孔钻将茶学名更正为Camellia sinensis。此学名自从1935年荷兰国际植物会议上被肯定采用后，茶树的学名就一直沿用为Camellia sinensis (L.) Kuntze。

二、茶树品种

茶树是一个古老的树种。我国茶区辽阔，种茶历史悠久，由于茶树异花授粉，又受自然演变和天然杂交的影响，使茶树品种不断发生变化。

我国的茶树品种资源丰富，经过调查、整理、鉴定，先后提选出了大批地方良种。1982年农业部成立了全国茶树良种审定委员会，对各省、市(区)上报的茶树地方良种进行了审定，共发现茶树品种651个，并于1984年、1987年两次共审定了52个国家级良种。

茶树为我国重要的经济作物，人们按其树型、叶类和发芽期三个经济性状可将茶树栽培品种分为三个分类等级。

第一级分类系统按树型来分，根据自然生长情况下植株的高度和分枝习性分为乔木、小乔木和灌木三种树型。乔木型的如海南大叶种、乐昌白毛茶、云南风庆大叶种等。小乔木的如凌云白毛茶、凤凰水仙、政和大白茶、梅占等。灌木型的如武夷菜茶、鸠坑种、铁观音、上梅洲、毛蟹等。

第二级分类系统是按照茶树成熟叶片的长度，并兼顾宽度而定。分为特大叶类、大叶类、中叶类和小叶类。

特大叶类：叶面积60cm以上。

大叶类：叶面积40~60cm。

中叶类：叶面积20~40cm。

小叶类：叶面积20cm以下的。

特大叶类如云南勐库大叶种、海南大叶种等。大叶种如福鼎大毫茶、梅占、水仙等。中叶类如黄、大叶乌龙等。小叶类如小叶奇蓝、武夷菜茶等。

第三级分类系统是按照发芽期迟早来分，主要根据越冬芽萌发到茶芽开采为止，一般分为特早芽种或早芽 种，如福鼎大白茶、乌龙早、龙井43等。中芽种，如江西宁州种、毛蟹、铁观音等。迟芽种，如云南风庆大叶种、福建水仙、政和大白茶等。

三、对茶树形态特性的认识

茶树是由根、茎、叶、芽、花、果等不同器官构成的整体。在生产上通常把茶树分作地上部分和地下部两大部分。地下部分为根系，地上部分为树冠，包括枝、叶、芽、花、果等部分。

1. 茶树的根

根埋在土中不易引人注意，其实它的分布与生长动态，是制订园管措施的主要依据之一。栽培茶树首先要培养好根系。俗语说“根深叶茂，本固枝荣”，正是这个道理。

茶树的根系由主根、侧根、细根、根毛构成。当种子萌发时，胚根先突破种皮，向下发展成中轴根，称为主根，可深入地下1m以下，在主根伸长过程中，不断产生分枝，称为侧根。主根和侧根上细根、根毛(通称须根或吸收根)，色洁白、寿命较短，不断死亡更新，起吸收水分和养分作用。主根和侧根寿命较长，起固定、输导、贮藏水分和养分等作用。

幼树随着树龄增长，根系逐渐向广度、深度发展。一般成龄茶树的根幅在100cm以上；根深一般在60~80cm，其吸收根大部分分布在5~50cm之间，特别是10~40cm土层中吸收根的数量最多。

2. 茶树的茎

茶树的茎包括主干、主轴、骨干、细枝和新梢。分枝以下的部位称为主干、分枝以上的部分称为主轴。从主轴上分生骨干枝。细枝是着生新梢的枝条。它们是构成树冠的整体。

茶树的分枝分为单轴分枝和合轴分枝。从幼苗开始，主茎的顶芽活动始终占优势，形成 一个极明显的直立的主枝，而侧枝则不发达。这种分枝形式称为单轴式分枝。它不利于树冠开张和产量的构成。成年期茶树因受本身生理原因或采摘、修剪的影响转变为合轴分枝。主枝到达一定高度后、生长极慢，或停止生长，侧枝迅速产生，使分枝层次增加，树冠成为披张状。根据茶树的分枝习性，就可采用打顶、剪枝采摘等合理措施，有助于大量侧芽、侧枝的生长。

茶树的茎上着生叶和芽。叶脱落后留有叶痕。在茎上着生叶的地方叫节，两叶之间的一段叫节间，茶树节间长短一般在2～4cm，长的达8～10cm，短的在1cm以下，大叶种的节间长，中、小叶种节间短。

茶树的芽分叶芽和花芽两种。通常所称茶牙是指叶芽（营养芽）而言，它是枝条上产生叶片、枝条的原始体。新梢由茶树的营养芽发育而成，也称嫩枝或芽叶。新梢展叶后，分一芽一叶、一芽二叶等，摘下后即是制茶用的鲜叶原料。在人为的修剪和合理采摘下，每年新梢形成可达4～5轮，热带地区如水分充足，每年可长7～8轮。采摘茶树，每轮新梢生长期短的20～30天，长的70～80天，一般在40天左右，因品种和外界条件不同而异。

茶树的枝茎有很强的繁殖能力，将枝条剪下一段插入土中，在适宜的条件下即可生成新的植株。

3. 茶树的叶

茶树的叶由叶片和叶柄组成。在枝条上为单叶互生，有直立状、半直立状、水平状、下垂状四种，着生状态因品种而异。叶片的形状有椭圆形、长椭圆形、卵形、圆形等，以椭圆形和卵形为最多。

成熟的叶片叶缘上有锯齿，一般16～32对；叶片的叶脉呈网状，有明显的主脉，由主脉分出侧脉，侧脉又分出细脉，侧脉与主脉呈45°左右的角度并向叶缘延伸，到叶缘三分之二处，呈弧形向上弯曲，并与上一侧脉连结，组成一个闭合的网状输导系统。茶树叶片上着生茸毛，一般常称为“毫”，茶树的嫩叶背面着生茸毛，是鲜叶的细嫩、品质优良的标志，茸毛越多，表示叶片越嫩。一般从嫩芽、幼叶到嫩叶，茸毛逐渐减少，到第四叶叶片的成熟叶，茸毛便已不见了。这些都是茶树叶片的重要特性之一。

茶树的叶片是制作饮料茶叶的原料，也是茶树进行呼吸、蒸腾和光合作用的主要器官。

4. 茶树的花

花是茶树的生殖器官之一，茶树开花很多，每年每株开花数可达数千朵，但能结实的却很少，一般为2%～4%。

茶花可分为花柄、花萼、花冠、雄蕊、雌蕊五个部分。茶花为两性花，多为白色，少数呈淡黄或粉红色，稍微有些芳香。

茶花的花瓣通常为5～7瓣，呈倒卵型，茶花由授粉至果实成熟，大约需要一年零四个月。在这一期间、仍不断产生新的花芽，继续开花、授粉、产新的果实，同时进行花与果的形成，这也是茶树的一大特征。

5. 茶树的果实与种子

茶树的果实是茶树进行繁殖的主要器官，果实包括果壳和种子两部分。

茶树果实属蒴果类型，有1～5室，每室有一粒种子，通常以二球果与三球果为多，一般一粒者为圆形，两粒者近长椭圆形，三粒者近三角形，四粒近正方形，五粒者近梅花形。果壳幼时为绿色，成熟后变为褐色。果壳起到保护种子发育和帮助种子传播的作用，质地较坚硬，成熟后会裂开，种子自落于地面。

茶树种子多为棕褐色，大小因品种而异。辨别茶籽质量的标准是:外壳硬脆、呈棕褐色，在正常采收和保管下，发芽率可达85%。茶籽中含有丰富的脂肪、淀粉、糖分和少量的皂素，因此可以榨油，饼粕可以酿酒、提取茶皂素。

第三节　茶树生长的环境条件

茶树的生活对外界环境有自身的要求和喜好，概括地讲有“四喜四怕”，即“喜酸怕碱，喜湿怕涝，喜温怕寒，喜漫射光怕强光。”

一、光照与茶树生长

阳光是茶树进行光合作用制造有机物所必须的能量源泉，也是引起茶树体内质变的必要条件。光照强度对茶叶品质有一定的影响，适当遮光，茶叶中多酚类物质有所减少，特别是儿茶素总量有明显的降低，水溶性色素也有所减少，但脂溶性色素、氨基酸、咖啡碱均有明显增加，这就有利于成茶收敛性的增强和鲜爽度的提高。喜光怕晒是茶树的特性，适当强度的光照是非常必要的。但是光照过强，超过茶树的光饱和点，茶树的生长反会受到抑制。茶树在进化过程中，长期生长在原始森林中，因此，云雾多、漫射光多的高山茶园茶叶品质往往较好。

二、温度与茶树生长

喜温怕寒是茶树的重要特性，温度是茶树生命活动的必要因子之一，它影响着茶树的地理分布，制约着茶树生育速度。

茶树的三个基点温度是指最适温度、最低温度和最高温度。在最适温度下，茶树生长发育迅速而良好；在最低和最高温度下，茶树停止生长发育，但仍能维持生命活动。茶树不同品种和不同生育时期，其三个基点温度是不同的。茶树开始生长的温度，一般为日平均气温稳定在10℃左右，茶芽才开始萌发。茶树生长的最适温度因品种和地区的生态条件而不同，多数品种生长适宜的温度在20～30℃范围内。茶树对低温是比较敏感的，最低临界温度依茶树品种而异，大叶种一般为－6℃，中、小叶种为－12℃～－15℃。北方冬季过低的低温是造成茶树冻害、难以过冬的主要障碍。茶树所能忍受的最高临界温度是45℃，但一般在35℃以上，且持续几天高温，茶树生长便受到抑制，叶片出现灼伤。

三、水分与茶树生长

喜湿怕涝是茶树的又一特性。水分是茶树重要组成部分，茶树体内愈幼嫩的部位，其含水量愈高，幼嫩的新梢含水量达75%～80%，老叶约为65%左右，枝干则为45%～50%。水又是茶树生命活动的必要条件，营养物质的吸收、运输以及光合、呼吸作用的进行和细胞一系列的生化变化都离不开水。

水分不足和过多，都会影响茶树的生育，季节性长期干旱不利于茶树生长，但低洼地长期积水，排水不畅，茶树根系发育受阻，也不利于茶树生长。俗语说:茶树喜欢水，但怕积水。这说明了茶树对水分要求的特点。

从茶树需水理来看，茶树适宜的降水量为年平均1000～2000mm，并要求生长季节月平均降水量超过100mm。我国大部分茶区降水量在1200～1800mm之间，已够茶树正常生长和获得丰产的要求，但由于降水分配不匀，夏季和秋季常出现“伏旱”和“秋旱”。空气温度一般可用空气相对温度来表示。一般认为，在茶树生长期间，要求空气相对湿度在80%～90%比较适宜。当空气相对湿度小于60%或大于90%时，茶树生长不良。

四、土壤与茶树生长

土壤是茶树生长发育的基地，是提供茶树水、肥、气热的场所。茶树在系统发育过程中，形成对土壤条件的某些特殊要求，如喜酸、肥、松、深等。

茶树是多年生的深根作物，它的根系巨大，因此，种茶的土壤一般要求土层深达1m，底土不应有粘盘层或硬盘层，并要求地下水位在1m以下。坚硬的粘盘层，不仅根系伸展不下去而且形成不透水层，使根系发育不良，严重的引起烂根，涝死茶树。

茶树能在各种质地的土壤中生长，但不同的土壤质地对茶叶产量和品质的影响是不同的。适宜种茶的土壤质地是砂质壤土，这种土壤保水、保肥以及透水通气性都较好，有利于协调茶树生育所需水分、空气、热量和养分等因子，茶区各地有“带砂土壤出好茶”的说法，我国现今品质特别优异的高山名茶多出在这种砂质壤土上。

茶树对土壤酸碱度很敏感，茶树需要酸性土壤，中性和碱性土壤不能生长。宜茶的土壤pH为4.0～6.5，以4.5～5.5为最适宜。我国各地亩产干茶200～250kg以上的高产茶园，土壤pH值多在4.0～5.0，其中一些亩产干茶突破500kg的高产茶园，行间上下层土壤pH值多数为4.0～4.7。

茶树是嫌钙植物，茶树不能在有石灰反应的土壤中生长。土壤中Ca含量在0.1%以内，茶树生长良好;含量在0.1%～0.2%，茶树生长一般;含量超过0.2%，茶树生长明显不良。所以，那些石灰岩、石灰性紫色砂页岩，还有一些原来是坟地的土地都不宜种茶。

我国北方大部分地区，冬季温度太低，土壤多为碱性土，不适合茶树生长。但北方局部地区，如陕西的南部、河南的南部、山东的胶东地区以及甘肃南部的局部地区，土壤气候条件基本适宜于茶树生长，但产量低一些。这些北方茶区，由于昼夜温差大，有利于某些品质成分的积累，所以茶叶中的水浸出物、某些香气成分较多，茶叶天然品质一般都较好。我国南方的大部分地区的气候土壤条件均适合茶树的生长。

第四节　茶叶采摘

栽培茶树一般要经过三四年才能正式采茶。采茶对种茶的人来说是获得经济收益，而对茶树来说是一种刺激和损伤，所以对处于采摘期的茶树，必须加强肥培管理工作，大量补充营养，这样才能维持持续高产优质。采茶是采摘茶树上新发出来的嫩芽叶，采摘茶的大小和老嫩度是根据不同茶类的不同要求而确定 的，也就是不同茶类有不同的采摘标准，概括起来，可分为特种名茶的细嫩采，一般红绿茶的适中采，乌龙茶的成熟采，黑茶等边茶的粗老采。

一、细嫩采的标准

细嫩采是指芽初萌至初展期进行采摘。当茶芽初萌发或初展 1 ~ 2 叶时，采一芽一叶或一芽二叶，留下一叶或鱼叶。如“白毫银针”、特级“龙井”、黄山“毛峰”、婺源“茗眉”等名优茶要求采摘单芽或一芽一叶初展为原料，采取细嫩采。

二、适中采的标准

是指广泛运用于大宗红、绿茶采摘标准。一般当一芽三、四叶时采摘一芽二、三叶或一芽三、四叶、留下一叶或鱼叶。同时兼采嫩的对夹叶。

三、成熟采的标准

或称开面采，即当顶叶驻芽形成时，采摘驻芽梢开面的二、三叶或三、四叶，也叫“三叶开面采”。乌龙茶采摘标准与一般红绿茶不一样，不是越嫩越好，太嫩的原料做不出乌龙茶的香味，当然太老的原料，香味淡薄，也不理想。乌龙茶一般要求“开面采”，顶芽停止生长，形成驻牙，顶叶有 6 ~ 7 开面时，采下 2 ~ 4 叶芽梢为原料。

四、粗老采的标准

黑茶、砖茶等边销茶原料，对鲜叶嫩度要求不高，均采取粗老的鲜叶原料。须待新梢充分成熟，新梢基部已木质化，表现为红棕色时才进行割采。采下的原料制成 的茶叶绝大多数销往边疆少数民族地区。

茶叶的采摘分人工采摘和机器采摘两种。手采是我国传统的采摘方法也是广泛应用的采摘法。特点是采摘精细，批次多，质量好，适于高档茶、名茶采摘。但费用大、工效低是其主要缺点。机械采茶具有成本低，但是茶叶无选择性、茶梗、老叶、嫩叶混在一起，对茶园的树冠管理要求特别高。

第五节　中国茶区

我国茶区地理分布广阔，范围在北纬18°～38°，东经94°～122°，垂直分布最高到海拔2400米的高山，低至几米的低丘。茶区主要分布在秦岭以南的省市，现有茶园约107万公顷。

中国处在亚热带温带地区，南方的大部分省、区都产茶，长江以北有一些省区的部分地区产茶，包括台湾在内，中国有20个省(市)、自治区产茶。它们分别是浙江、福建、安徽、江苏、江西、湖南、湖北、四川、云南、广西、广东、海南、河南、陕西、山东、甘肃、台湾、西藏、贵州、重庆。

目前中国茶区，主要分布在秦岭和淮河以南。根据茶树的生产特点，所处的地理位置、生态条件等特点，可以分为四个茶区：江南茶区、华南茶区、西南茶区和江北茶区。

一、江北茶区

江北茶区包括长江中下游以北的山东、皖北、苏北、湖北北部、河南、甘肃和陕西。江北茶区年平均气温在14℃～16℃，年降雨量为800～1100mm，可见该茶区气温较低，降水量偏少，茶树冬季易遭冻害，茶树较易受旱，依赖灌溉，这是我国茶树生长条件较差的区域。因此产量低一些，江北茶区主要生产绿茶。名茶主要有：皖北的六安瓜片、舒城兰花茶、天柱剑毫；江苏苏北的花果山云雾茶；湖北有双桥毛尖、仙人掌茶、隆中茶、碧山松针；山东有沂蒙碧芽；河南省有信阳毛尖、灵山剑峰；陕西有午子仙毫、紫阳毛尖、秦巴雾毫等。

二、江南茶区

江南茶区位于长江中、下游南部，包括浙江、湖南、江西和安徽、江苏及湖北三省的南部等地。是我国茶叶生产最集中的茶区、这个茶区年平均气温16～18℃、降雨量1300～1800mm，大部分地区夏季有旱害、冬季高山地区有冻害。

江南茶区以生产绿茶为主，也生产红茶、乌龙茶、白茶、紧压茶、花茶。主要名茶有：

1. 绿茶类

浙江省有龙井、开化龙顶、顾渚紫笋、平水珠茶、泉岗辉白、鸠坑毛尖、江山绿牡丹、雁荡毛峰、普陀佛茶；安徽南部有黄山毛峰、太平猴魁、涌溪火青、休宁松萝、老竹大方、敬亭绿雪、仙寓象芽等；江苏南部有洞庭碧螺春、南京雨花茶、金坛雀舌、前峰雪莲、无锡毫茶等；江西省有庐山云雾、婺源茗眉、狗牯脑、上饶白眉、崖雾茶、双井绿、小布岩茶、麻姑茶、井冈翠绿、三清云雾、墨菊、大障山茶、泰和蜀口、得雨活茶、浮瑶仙枝、婺绿翠芽等；湖南省有安化松针、高桥银峰、岳麓毛尖、古丈毛尖、湘波绿、江华毛尖、南岳云雾茶、月芽茶等；湖北省有象芽茶、恩施玉露、峡州碧峰、金水翠峰等。

2. 红茶类

浙江有越红、温红等；湖南有湖红；江西有宁红、河红；湖北有宜红；安徽有祁红。

3. 黄茶类

浙江有莫干黄芽；湖南有君山银针、北港毛尖等。

4. 黑茶类

湖南有黑毛茶、黑砖茶、花砖、茯砖茶；湖北有老青茶、青砖茶等。

三、华南茶区

华南茶区包括岭南以南的广东、海南、广西、福建省和台湾等区域，这个区域的年平均气温 19～20℃，，降水量 2000mm 以上，热量丰富，一年四季几乎都可采茶，是茶树种植的最适宜区。

华南茶区以生产红、绿茶为主，也是我国乌龙茶的主产地，产量、品质优良。生产名茶主要有：

1. 乌龙茶类

福建省有武夷岩茶、大红袍、铁罗汉、白鸡冠、水金龟、肉桂、佛手、铁观音、黄金桂、色种等；广东省有凤凰水仙、凤凰单枞；台湾有乌龙、人参乌龙、冻顶乌龙、包种等。

2. 绿茶类

广西有桂林毛尖、凌云白毫；福建有石亭绿、莲心茶等。

3. 红茶类

广东有英红；福建有正山小种、政和工夫等。

四、西南茶区

西南茶区是我国西南高原茶区，地形、地势比较复杂，包括云南、贵州、四川、重庆和西藏的一部分地区。这个茶区的年平均气温 15～19℃，降水量 1000～1700mm，是茶树原产地域，区内有我国最古老的茶园和茶树。

西南茶区以生产红茶、绿茶和边销紧压茶为主，主要名茶有：

1. 红茶类

云南省有滇红工夫茶、大叶种红碎茶等；四川有早白尖。

2. 绿茶类

云南省有十里香茶、云海白毫、苍山雪绿、墨江云针、绿春马玉茶等；四川省有竹叶青、文君嫩绿、峨眉毛峰、蒙顶甘露、青城雪芽等；贵州有都匀毛尖、遵义毛峰、贵定云雾茶等。

3. 黑茶类

云南省有普洱茶；四川省有四川边茶。

4. 紧压茶类

云南省有沱茶、七子饼茶、普洱方茶等；四川省有沱茶、康砖、金尖、方包茶等。

我国是一个主产绿茶的国家，近年来绿茶产量占总产量的70%左右，所有的产茶省、区都生产绿茶，但品质较好的主要分布在江南茶区和江北茶区。西南茶区和华南茶区的云南、海南、广西、广东等省区很适宜于红茶的生产，品质也较好。我国的乌龙茶主要产于福建、台湾、广东三省。茉莉花茶主产于福建、广西、湖南和四川等地。紧压茶主产于云南、四川、湖南、湖北、广西等地。

思考与练习

1. 讲述茶树在植物分类学上的分类情况。
2. 讲述目前我国茶树品种资源情况。
3. 茶树的器官有哪些？各有什么主要特征？
4. 论述茶树生长的环境条件。
5. 茶叶采摘标准有哪些？分别用来制哪些茶类？
6. 简述中国茶区范围及主产茶类。

第三章　茶叶制造技术

◈ **学习提要和目标：**

一、了解我国制茶技术发展史，黄茶、白茶、黑茶、花茶、速溶茶的制作技术。

二、掌握红茶、绿茶、乌龙茶初制技术；中国主要名茶的制作、品质特性及人文历史情况。

中国茶类之多是世无仅有的，按大类分有白茶、绿茶、黄茶、青茶、红茶和黑茶六大类。绿茶中又有蒸青绿茶、烘青绿茶和炒青绿茶。炒青中又分长炒青、圆炒青等等。其他茶类又可分出多种茶，名茶是六大茶类中的佼佼者，其品质之优无以复加，其花色品目之众、不胜枚举、各显其姿、各领其誉。

然而，中国茶叶品目之多，品质各异非一朝一夕，乃数千年之积累，经历了由粗而细，由简单到复杂，由低级到高级的发展过程。

第一节　制茶技术的发展简史

陈椽先生大致将制茶技术的发展划分为四个时期，即公元前770～220年，从春秋到东汉，历时900多年，这个历史时期是以晒为主的制茶开始时期；从公元221～1279年，即从三国到南宋，经历1000多年，制茶技术由蒸青团茶发展为蒸青散茶，这个历史时期为制茶发展时期；从公元1280～1850年，即从元朝至清朝，经历约600年，从绿茶发展到各种茶类，这个时期可称为制茶兴旺时期；从公元1851～1950年经历100年，从初制加工到精制加工，这个历史时期可谓制茶机械化发展初期。

上述四个时期是以社会发展的历史时期划分的，大体上可以看出制茶技术发展的轮廓，有助于对制茶技术发展过程的认识，但是，也应看到一个技术的发展过程，既受历史的政治、经济制约，也有其本身的、内在的连续性。技术发展往往在各个历史时期之间交错，如晋代制茶技术以晒干为主，但保存有“煮作羹饮”原始的食用方法，而今在甘肃、四川、云南、贵州和湖南、西藏、内蒙古等地的少数民族聚居地区仍是如此。如酥油茶、罐罐茶、奶茶、擂茶等都是加佐料的，这虽不属于制茶范畴，但以饮茶习惯而论，也可见技术是在历史发展过程中交错发展的。

一、茶叶的生煮羹饮与晒干

大约在公元前2000多年，即原始氏族社会神农时期，发现野生茶树的鲜叶可以解毒。这个时期必然如同其他中草药一样，生煮做汤食以治病，这时茶叶并不经过加工制造过程。

到了周代以后至春秋时代，茶叶成为祭品之一，供丧事之用。从此，自周代以后，宫廷设管茶官吏，专门聚集茶叶，为了便于贮藏和运输，于是晒茶技术应运而生。今天的白茶制造技术就是以晒为主的，古代晒茶技术是保持茶叶不腐烂的原始技术措施，可以说是制茶技术发展的初始阶段。

二、蒸青造型，碾末泡饮

茶叶由直接采生叶作汤饮食，而发展到晒干，历经了近十个世纪的漫长历史时期，到公元230年前后，《广雅》一书中，出现了“荆、巴间采茶作饼，叶老者饼成以米膏出之。若饮，先炙令色赤，捣末置瓷器中，以汤浇覆之，用葱、姜、枯子浥之。其饮醒酒，令人不眠。”可见制茶技术，到公元三世纪已有了一个新的发展。则采下的茶叶鲜叶要造型做成饼状，必先经过煮的过程，使之变软，否则是做不成饼的。饮用时先烤饼而后捣成末状，加葱、姜、枯子等佐料一起煮沸、作汤饮。

到了唐代，茶叶蒸青造型技术经过陆羽的总结，日臻完善，其技术日益规范化，刚采下的鲜叶，要经过蒸→捣→拍→焙→穿→封六道工序，而造型也多样化。陆羽说“茶有千万状”，有的像胡人的靴子；有的像野牛的胸廓；有的像山顶浮云，大而卷曲；有的像微风吹皱的水面，微波涟漪；有的表面凹凸不平……千姿百态，不胜枚举。

茶树芽叶经过蒸青过程，制成饼以后去掉了茶叶的青味，但苦味难除。于是蒸青制饼的技术又有了新的发展，即在蒸之前将鲜叶加一个洗涤的工序，制饼之前加一个压榨的工序，以除去茶汁、降低苦涩味。这个改进的蒸青制饼技术，在北宋茶区普遍应用，尤其是制贡茶更是讲究。贡茶制法分蒸、榨、研、造、过黄和烘干六道工序，制法精细。贡茶全部是用茶芽制成，茶芽采下后，先浸泡清水中，这样既可以保持茶芽的鲜活，又可洗去沾在芽上的杂质。洗过后即蒸，蒸后立即用冷水冲洗，使之冷却，保持茶叶的鲜绿色不变。冷却后入榨，去水去汁，榨后的茶叶放在盆中对水研细，再造饼烘干。烘的次数多达10~15次，视饼片的厚薄而定。

三、由蒸青饼茶到炒青散茶

这个发展阶段大约经历了由宋代到元代800多年。茶的形状团而散、制法由蒸而炒，不是跳跃式发展的，而是经过一个渐进的过程。

1. 由蒸青团茶至蒸青散茶

蒸而后榨，榨而后碾末制团，是团茶的工艺，榨而碾，茶汁出，茶叶已失真，是香气不足，蒸后不揉不压，直接烘干，是蒸青散茶的工艺，工艺流程简化，且保持茶叶色香味。

宋代在福建建州（今建瓯）的片茶（即饼茶）的生产工艺是十分考究的，“既蒸而研，编竹为格，置焙炉中，最为精洁，它处不能造，有龙凤，石乳，白乳之类十二等。……散茶出淮南归州，江南荆湖有龙溪，雨前，雨后，绿茶之类十一等”（宋·《食货志》）

到了元、明时代，末茶（即碾末制团的团茶）“今兴惟闽广用末茶而叶茶（即散茶）之用，遍于全国，外夷亦然，已不复知末茶矣。”（明·邱《大学演义补》）。

2. 由蒸青散茶到炒青散茶

散茶由蒸发展到炒，始于何时，说法不一。日本有人说中国宋代就开始有炒青制法了。中国一些研究家认为茶叶炒青制法在唐代就出现了，力证是唐·刘禹锡（公元772～842年）的《西山兰若试茶歌》，这首诗写道：“山僧后檐茶数丛，春来映竹抽新茸；宛然为客振衣起，自傍芳丛摘鹰嘴；斯须炒成满室香，便酌砌成金砖水……”。“斯须”即一会儿。从茶丛上摘下如鹰嘴一样的茶芽，炒一会儿就满室芳香，这里一个“炒”字，下个“斯须”发出满室芳香的。而且诗人对这种茶的形状、汤色、香气称赞备至；形，“新芽连拳半未舒”；香气，“木兰露香微似”；汤色“瑶草临波色不如”。

明代炒青制法已取代了蒸青制法。炒青制法已沿用数百年至今，其原因之一，炒青比蒸更能发挥茶叶的香气；原因之二，蒸青制法，特别是蒸青制团或片茶工艺较复杂，炒青比蒸青工艺简单易行。

四、从绿茶发展到六大茶类

中国茶分绿茶、黄茶、黑茶、红茶、青茶和白茶六大茶类。绿茶制法历史悠久，其他茶类则是近二三个世纪随着消费者的需要发展起来的。

黄茶：在唐代，寿州（今安徽霍山、六安等地）就产名茶“寿州黄芽，”“黄茗”，在湖北英山、蕲春等地产“团黄”，但那些都是团茶而不是叶茶。明代边销茶主要品种之一是黄茶，用篾包扎，每包七斤，产于四川。到清代，黄茶已由海路远销俄国。现在生产的黄茶主要是安徽黄大茶、黄芽 和湖南的君山银针等。

黑茶：“黑茶”二字始见于宋代。但据研究家认为，那是专指四川绿毛茶加工做色的茶，不是现在的黑茶。四川生产的黑茶，明代与黄茶一样，用篾包扎，每包7斤，运销少数民族边区，是边销茶。清代湖南安化一带，湖北羊楼洞专生产黑茶，远销俄国，但那是砖茶。

红茶:红茶形成于16世纪末与17世纪初之间，福建武夷山区首创小种工夫红茶。到清同治年间，福建红茶仅政和一县出口外洋达万余箱，可谓盛期。以后红茶生产扩大到安徽、江西、湖北、四川等。而今红茶生产又扩大到云南、贵州、广西、广东和海南等省(区)，成为中国出口主要茶类。

青茶:介于红绿茶之间的为青茶。青茶也称乌龙茶，它的外形粗大，不具绿茶、红茶那样的诱人外形，可是却富有沁人心脾的芬芳和令人欲醉的滋味。近年来日本的“乌龙茶热”兴起，就是由于它具有特异的品质。青茶创制约在清同治、光绪年间，发祥地在福建安溪，后传到闽北武夷山。

白茶:白茶是福建特产。其制法既简单又特别，其他茶类在制造过程中离不开火，而白茶加工完全不用火。白茶产区目前是福建福州、政和、松溪、建阳等地。利用日光制茶的历史，在明代就有记载，田艺衡撰《煮泉水品》(公元155年)中就有评说。福建日光制茶的历史约始于清代同治、光绪年间，即19世纪50~60年代。

第二节　茶叶加工技术

从茶树上采下的鲜叶加工为成品茶，一般要经过初制和精制两个步骤，茶树的鲜叶在初制过程中，发生一系列的物理变化和化学变化，产生茶特有的色、香、味，并形成一定的外形和色泽，初制后的产品称为毛茶，由于初制方法不同，鲜叶可以制成不同种类的毛茶。例如在初制过程中，经过萎凋、揉捻、发酵、干燥等工序，可制成红茶，所以红茶又叫发酵茶;经过杀青、揉捻、干燥，而不经过发酵工序，可制成绿茶，所以绿茶又叫不发酵茶;还有半发酵的青茶和后发酵的黑茶、黄茶等。

毛茶再经过分级、整形、拣剔和充分干燥，使之符合商品规格，称为精制，精制后的茶叶称为成品茶。

茶叶初制技术的好坏，对茶叶品质起着决定性作用，设备好、技术好，工艺流程合理，好的原料可以制出好茶叶，反之，制出的茶叶品质低次，经济效益差。

一、绿茶初制技术

绿茶属于不发酵茶类。绿茶的初制，一开始就用高温破坏鲜叶中酶的活性，使茶叶在整个初制过程中不致产生酶促氧化作用，以保持其绿色。

绿茶的品类很多，在制法上各有特色，制成品也各有其独特的风格。就绿茶的初制过程来说，大致有两种，一是杀青后揉捻而干燥，一是杀青后不揉捻直接干燥。就杀青方法而言，一是锅炒杀青，一是蒸汽杀青。而锅炒杀青因锅炒方法不同，又可分为炒青、烘青和晒青。在干燥过程中，不同操作方法，可以制成不同形状的茶制品，有长形、圆形、扁形、针形和卷曲形等。

1. 杀青

杀青是决定绿茶品质的关键，绿茶品质特征是清汤绿叶和浓厚清高的香气，形成这种品质特征与杀青有密切的关系。

杀青的目的：破坏鲜叶中酶的活性，防止发酵变红，以保持翠绿的叶色；消除鲜叶青臭气显露绿茶的清香气；散发鲜叶水分，使之柔软，以便于进行揉捻。

杀青方法有蒸汽杀青和锅炒杀青两种。蒸汽杀青是我国古代的杀青方法，在我国已基本被淘汰，但日本还在广泛采用。蒸汽杀青制成的绿茶，叶底鲜绿，滋味醇和，汤色鲜明，但味香低。我国绿茶杀青普遍用锅炒杀青，锅炒杀青的制成品香气高而持久，滋味浓而鲜爽，适合国内外消费者的要求。

锅炒杀青又分手工杀青和机械杀青两种。

杀青是否达到适度，主要是感官鉴别：杀青叶已完全失去原有的光泽，呈暗绿色；叶质柔软如绵，握紧成团，手松不弹散，嫩梗手折不断；青草气基本消失，发出清香，杀青叶稍有粘手感。

2. 揉捻

绿茶揉捻目的：破坏叶细胞组织，增加茶汤的浓度；将茶叶外形揉捻成紧结的条索。

揉捻分热揉和冷揉，老叶宜杀青后立即热揉，嫩叶宜在杀青后摊凉冷揉。

3. 干燥

绿茶干燥的作用有三：一是散发水分，防止变质；二是为了整形，如长形的眉茶、圆形的珠茶、扁形的龙井茶等等都是在干燥过程中采用不同的操作方法而制成的；三是发展茶叶的香气。

不同品类的绿茶，干燥方法不同。炒青茶干燥分三个步骤，即炒青、炒二青和辉锅，这三步都在锅中（机械炒青在滚筒中）进行，温度一步比一步低，投叶量一次比一次增加；烘青干燥方法分两次烘干，即毛火与足火，毛火应掌握高温、薄摊、快烘的原则，否则会产生叶变黄和水闷气的毛病。足火，就是低温慢烘，这样可使茶叶干燥度均匀，可以提高香气；晒青干燥是在揉捻后用太阳能干燥的，晒到六七成干进行复锅，即锅翻炒至干。晒青在我国除川陕部分地区生产外，其他绿茶产区均不生产，晒青主要销售往我国西北地区。

二、红茶初制技术

红茶属于发酵茶类，从鲜叶制成 红毛茶要经过四道工序，萎凋→揉捻→发酵→干燥，其中发酵是决定红茶品质的关键。而适度的萎凋和发酵后的及时干燥，都是为了促进和巩固最好的发酵结果。

在红茶初制过程中，由于揉捻（成条形）和揉切（成颗粒）的作业方法不同，可以制成两种不同的红茶，前者为工夫红茶（亦称红条茶），后者为分级红茶（亦称红碎茶、切细红茶），两者初制原理相同，但品质规格不一样，所以初制技术不一样。

1. 工夫红茶初制

工夫红茶是我国传统的出口茶类，其品质要求是：条索紧细圆直、香味醇和、汤色和叶底红亮，对鲜叶原料的嫩度要求较高，对初制技术较严。

(1) 萎凋。是将采下的鲜叶摊晾在萎凋槽上，使散发水分，变为萎蔫状况。叶片由硬脆变成柔软，在萎凋接近完成时，鲜叶的青草气逐渐消失而产生一种香气。

萎凋有自然萎凋法和室内萎凋法。自然萎凋即利用太阳光萎凋，所以又称日光萎凋，这个方法已逐步为室内萎凋法取代。

(2) 揉捻。鲜叶萎凋到适度后，应立即进行揉捻。揉捻目的有三：一是破坏茶叶组织细胞，使茶汁溢出粘附于茶叶表面，促进发酵作用；二是将茶叶外形揉捻成紧结的条索；三是使茶叶中可溶性成分容易溶解于水，以增加茶汤的浓度。

揉捻适度与否，一般可根据下列现象进行鉴别：茶叶已卷紧成条，没有松散折叠现象；手握茶团，稍稍用力即有茶汁从指缝中流出，并有粘手感；叶细胞破碎达 80% 以上。

(3) 发酵。发酵是红茶初制过程的中心环节。红茶的色、香、味就在这个过程中形成，所以发酵好坏对红茶品质有特别重要的作用。

红茶发酵外界环境必须具备三个条件：即温度，最适宜室温必须控制在 22 ~ 24℃范围内；湿度，发酵室空气相对湿度应控制在 95% ~ 98% 范围内；空气，发酵室必须空气流通，以保证氧气的充分供应。

发酵适度的标准：叶底呈鲜亮的新红铜色；香气，强烈刺鼻的生青气消失，浓厚的熟苹果香气出现。

(4) 干燥。干燥是红茶初制的最后一道工序，其目的是利用高温迅速制止茶叶继续发酵，使发酵适度的茶叶所形成的良好品质固定下来；同时在干燥过程中进一步发展红茶香气。

干燥分毛火和足火两道工序，毛火温度要高，使茶坯快速失水；足火温度略低，使茶叶进一步干燥，发展香气。

2. 分级红茶初制

目前世界茶叶市场销售红茶中，分级红茶占 95% 以上。分级红茶按其形状分为叶茶、碎茶、片茶和末茶四类，四类茶的分级明显，故称分级红茶。共同品质要求是：色泽乌润、香气鲜爽、滋味浓强、汤色红亮。

分级红茶的初制工艺与工夫红茶初制基本相同，只是揉捻过程中加了一道切碎工序，其他工序虽有某些不同之处，但大同小异。

分级红茶是用大叶种茶树芽叶制成的，中小叶种制不成优质分级红茶，如凤庆大叶茶、勐库大叶茶、勐海大叶茶、海南大叶茶、凌云白毛茶等，都是可制优质红茶的品种。目前我国分级红茶产区集中在华南茶区、西南茶区和一部分适宜大叶种茶树生长的地方。

三、青茶初制技术

青茶，习惯上称乌龙茶，属半发酵茶。青茶制工精细，综合了红、绿茶初制的工艺特点，即鲜叶先经萎凋、摇青、促使其轻发酵，后进行杀青、揉捻和烘干。成品茶兼有红茶之甜醇和绿茶之清香。青茶的品质特点是：绿叶红镶边，汤色金黄，香高味厚，喝后回味甘爽。优良品种制成的青茶，各自都具有特殊的香气类型，如肉桂有桂皮香，黄有密桃香，凤凰单枞有天然的花香等等。

我国青茶产区有福建、广东、台湾三省，以福建生产青茶的历史悠久，花色品种最多，品质最好，是青茶发源地和主产区。

青茶以其制法特点和品质特征，以及产地不同可分为闽北青茶、闽南青茶、广东青茶和台湾青茶。这里以闽北青茶为例，简略介绍青茶初制工艺。

1. 鲜叶原料

青茶鲜叶原料与一般茶类不同，红、绿茶以幼嫩鲜叶为优，青茶鲜叶原料的要求则不能太嫩，也不能太老，要求采摘形成驻芽 2～3 片的新梢，俗称“开面采”。

2. 萎凋

方法有日光萎凋（晒青），有加温萎凋，以日光萎凋为主。日光萎凋分两步，先开青（即晾），后日光晒青。当叶色失去光泽、叶质较柔软、叶缘稍卷缩、叶子呈萎凋状态、青气减退、清香显露，手持新梢基部，顶端第二叶下垂，而梗中水分尚足，减重约 10%～15% 即为萎凋适度。萎凋结束后，即进行做青。

3. 做青，又称摇青

做青的目的是叶子在筛、转（滚转）的机械下，叶缘磨擦而破坏细胞，使茶汁外溢，促进多酚类物质氧化，形成“绿心红边”，并使之香气形成。做青是形成青茶“三红七绿”的特点的关键性工序。

做青，是青茶制造中最细致、最复杂，技术性最强的工艺。摇青分摇青→等青（静青）→摇青，如此反复 4～8 次，历时 6～8 小时。近年来摇青工序已逐渐由手工摇青过渡到机械摇青，机摇青工效高，质量好，适用于大批量生产。

适度标准：做青适度的叶子，叶脉透明，叶面黄亮，中缘朱砂红显现，带有三红七绿的特征。叶缘背卷，青茶香显，叶质柔软。

4. 杀青（又叫炒青）

目的是制止酶的活性，停止发酵，散发水分，发展香气。杀青，以机械杀青为主，锅温达 300～350℃，掌握多闷少扬、高温、快速、短时的原则。

5. 揉捻

目的是进一步破坏叶细胞，挤出茶汁，以形成岩茶特殊的壮结外形和滋味。

6. 干燥

干燥的目的在于散发茶叶中水分，发展青茶香气，塑造青茶粗壮的外形。

四、黑茶初制技术

黑茶是我国六大茶类之一，是我国特有的茶类，生产历史悠久。黑茶的毛茶，一般要加工成各式各样的成型品种，再供各地销售。黑茶以边销为主，部分内销，少量侨销，故黑茶又称“边茶”。

黑茶品种很多，品质也不尽一致，但也有共同的特点：制黑茶的原料一般粗老；制造中都有渥堆、发酵过程；毛茶色泽黑褐油润、汤色橙红、滋味醇和不涩、叶底黄褐粗大；毛茶都必须经过再压制。

下面以湖南黑茶初制工艺为例：

1. 杀青

由于黑茶原料比较粗老，杀青时要掌握高温（280～320℃）、短时、快炒、多闷少透的原则。杀青适度同绿茶。

2. 揉捻

揉捻目的是揉出茶汁，为渥堆创造条件，同时使之初步成条。杀青叶出锅后要趁热揉捻。

揉捻要掌握轻压、短时、慢揉的原则，反之易形成“丝瓜瓤”，叶肉叶脉分离。揉捻到嫩叶成条，老叶皱折，即可下机。揉捻叶下机后不解块，立即进入第三道工序——渥堆。

3. 渥堆

渥堆是黑茶制造中特有的工序，是形成黑茶品质的决定性工序。渥堆场所要洁净，无阳光直射。下机后的茶叶立即堆积并覆盖，堆积24小时，其间翻动一次，将堆外叶翻进堆内，粗老叶还要洒少量的清水。当茶坯表面出现水珠，叶色变黄褐，发出酒糟或酸辣气，茶团粘性变小，即为适度。渥堆不足，有青草气，粗涩味重；渥堆过度，有酸馊味，汤色浑浊。

4. 复揉

渥堆后进行解块，立即上机复揉，进一步使之成条挤出茶汁，提高茶叶的色香味。

5. 烘焙

烘焙是黑茶制造的最后一道工序。通过烘焙形成黑茶特有的品质——油黑色和松烟香味。方法是用松柴明火，分层累加湿坯；长时间一次干燥。待茎梗易折断，叶易成粉末，色泽油黑松烟香气扑鼻时，烘焙即为适度，立即下烘摊晾。

五、黄茶初制

黄茶是我国六大茶类之一。黄茶生产历史悠久，唐代四川的蒙顶黄茶、安徽的寿州黄芽，即是贡茶。黄茶按鲜叶嫩度和制法不同，分黄大茶、黄小茶和黄芽茶。

1. 黄芽——蒙顶黄芽初制工艺

蒙顶黄芽产于四川省名山县蒙顶，是我国最富盛名、历史最悠久的名茶。

蒙顶黄芽品质特征：芽叶整齐，色泽金黄，形状扁直，肥嫩多毫，汤黄而碧，味甘而醇，叶底嫩匀，黄绿明亮。

黄芽鲜叶须在春分至清明采摘，采摘时须做到五不采：紫芽不采，病虫芽不采，雨水、露水叶不采，瘦弱芽不采，空心芽不采。采时要轻采轻放，防止机械损伤，采回后要及时摊放，先采先做，后采后做，顺序采制。

(1)杀青。投叶前，锅底涂以制茶专用油，每锅投叶仅 0.25～0.3 斤。炒时要抖炒闷炒交替进行，至叶色变暗，茶香溢出，即起锅。

(2)初包。杀青叶起锅后即趁热迅速用草纸包好，1 小时后叶色由暗绿转微黄。

(3)复锅。在较低锅温中进行，抖闷结合，理直、压扁茶条。

(4)复包。复锅后如初包方法，再将茶叶趁热包住，约1 小时后，叶色变黄绿，进行三炒。

(5)三炒。操作方法与复锅相同，以继续蒸发水分，并固定形状。

(6)堆积摊放。三炒后，趁热摊放，覆以草纸，时间长达24 小时以上，使叶中水分分布均匀，进一步促进变黄，以达到黄叶黄汤的要求。

(7)四炒。在较低锅温中进行理条、压扁，使茶叶扁直、光滑，香气透出，金毫显露。

(8)烘焙。低温慢烘，当含水量达到 7% 以下下烘摊放包装。

2. 黄大茶初制工艺

黄大茶原料要求粗枝大叶，十枝八九梢。

黄大茶品质特征：要求原枝原梗，梗不断损，叶片卷条，茶梗油润，呈金黄色，汤色黄红鲜艳，滋味浓厚甜醇，无焦味，有焦香。

炒制技术分四道工序：炒茶(杀青和揉捻)、初制、堆积、再烘焙。

六、白茶初制技术

白茶是我国传统的外销茶，主销港、澳和新加坡。白茶主要产区是福建福鼎、政和、松溪、建阳等县。

白茶花色品种主要有：银针白毫、白牡丹和中国白茶。

白茶制法由于不经炒揉，茶叶完整，形态自然，白毫不脱，毫香清鲜，汤色浅淡，滋味甘和、持久耐泡。

白茶春、夏、秋季均采，春茶采于清明前后，夏茶采于芒种前后，秋茶采于大暑到处暑之间。

白茶初制技术简单，只有萎凋和干燥二道工序。

1. 室内萎凋、干燥法

鲜叶进厂后立即均匀薄摊于竹制的水筛上，叶不重叠，水筛置于萎凋架上 35 ~45 小时，可达七八成干，此时毫色发白，叶色灰绿，无青气，此时可两筛并一筛，再萎凋 2 小时，进行拣剔、烘焙、定色、出售。

2. 复式萎凋，自然干燥法

7 即在萎凋开始阶段，分 2 ~4 次将鲜叶置于弱阳光下晒 3 ~5 分钟，待叶片略失光泽，转入室内进行自然萎凋、拣剔、烘焙。

3. 加温萎凋，烘焙干燥法

加温萎凋常在阴雨天采用，即将鲜叶摊于萎凋槽内，加温萎凋、烘焙，晴天白茶干燥不必烘焙。阴雨天，当叶片六七成干时即下筛烘焙，温度 80 ~100℃，不宜太高。

七、花茶窨制技术

花茶是将素茶经过窨花而制成的花茶，依窨制所用香花的种类，分为茉莉花茶、珠兰花茶、白兰花茶、玳玳花茶、玫瑰花茶、桅子花茶等等。用于窨制花茶的素茶称为茶坯，绿茶、红茶均可做茶坯，但以绿茶为主。目前我国花茶以茉莉花茶生产量最大。

茶坯主要是经过精制的烘青绿茶。茶坯需要先经高温快速复火，含水量控制在 4% ~6%，如不经过复火，茶坯吸收鲜花香气的能力弱。刚下烘的茶坯温度很高，不能马上窨花，需堆放待冷却后方可进行，但又不可太低，茶坯温度若低于 30℃，吸香气的能力又要减弱。

窨茶的茉莉香花茶要极新鲜、饱满，大小均匀、色泽洁白、含苞待放而且要求当天采的花当天就要开放。茉莉花有春花、伏花、秋花，以小暑到处暑间开的伏花最好，香气鲜浓。

茉莉花是一种气质花，它的芳香是随着鲜花开放而不断形成的和挥发的，所以要在含苞待放时采摘。鲜花进厂后要堆放，促进花苞开放，当放出新鲜浓郁的香气时即交付窨制。

花有大小，开花有先后，正在开放的大花经拣剔后窨制高档茶，小花窨制低档茶。

将鲜花与茶坯拼和在一起，使花香逐渐为茶坯吸收，称为窨茶。高级花茶窨 2 ~3 次，低级花茶只窨 1 次。窨花 2 次俗称双熏花茶，窨 3 次的俗称三熏花茶。

茶坯与茉莉花拼和时，先均匀地铺上茶坯，再撒花，各铺两层再拌匀茶与花，立即收拢堆积(叫堆窨)，或拌匀装箱内(叫箱窨)，也可以在拌匀后装入囤子里(叫圈窨)。一般高级花茶多用箱窨。无论哪种窨法，最面上都用茶坯封顶，不使鲜花外露。

当堆、箱或囤发热时，应及时摊开茶堆，通风散热，这叫通花。不如此，茶与花均会变质，通花后，温度降低，再收拢再窨 5 ~6 小时，用筛子将花从茶坯中筛出，这叫起花。起花后的茶坯应及时摊凉和复火装箱。为提高花茶香气鲜灵度，可在复火后再拌入少量优质鲜花，经过 8 ~9 个小时再将其提出。

八、速溶茶

速溶茶（又称萃取茶、茶精），是茶叶中浸提出茶汁经浓缩干燥而成的一种颗粒状或粉末状晶体，冲水即可饮用，故称速溶茶。有速溶红茶、速溶绿茶，而速溶红茶在欧美最受欢迎。我国1972年开始试产，有芙蓉牌、新芽牌，速溶茶具有溶解快，冲泡后不留余渣，卫生，携带方便等优点，故在国外日益受到欢迎。生产速溶茶的国家有：中国、美国、印度、乌干达、斯里兰卡、英国、德国、瑞士、加拿大、澳大利亚、肯尼亚、日本等国。

速溶茶生产工艺分原料加工和速溶茶加工两个方面。

原料加工方面，有两种途径：

一个途径是：萎凋、揉切、发酵、干燥，与红碎茶工序基本相同，不过在揉切中加添加剂，如茶梗、硅藻土、沙、石英、云母等。这些都是无毒害的，加添加剂的目的是增加揉切过程中的摩擦力，促使叶细胞充分破碎。

一个途径是：将鲜叶直接磨碎即进行发酵，然后加水提取、浓缩、干燥。

速溶茶加工方面：主要工艺流程是，轧碎→浸提→浓缩→干燥→包装五道工序。

轧碎：茶叶在浸提前加少量水进行轧碎处理，使固、液两相接触面积增大，加速浸提速度。

浸提：是利用溶剂（如沸水、加酶），将茶叶内有效成分浸提出的过程，这一工序又叫萃取工序，目前多以沸水浸提法。

浓缩：即是茶叶经浸提取用离心机脱水去渣的过程。

干燥：有喷雾干燥法和真空冷冻干燥法。喷雾干燥的原理，是将浓缩液雾化并与热空气接触而干燥。真空冷冻干燥，即将浓缩液置于－20℃条件下使之结冰，然后再升温抽气，由升华作用而达到干燥目的。

包装：由于速溶茶的成品是颗粒状或粉末状晶体，具有极强的吸湿性，所以包装材料要用防潮性能好的材料，包装要特别严密，包装技术要求高。

第三节　五彩缤纷的中国名优茶

当今中国茗苑在迈向一个新的兴旺发展时期，传统名茶工艺精湛，愈名天下；新品茗层出不穷，溢秀海宇。其质量之精美绝伦，花色品种之丰富多姿，堪称世界之最。

一、中国名茶发展简史

中国名茶品目繁多，不少名茶都有悠久的历史文化。历史上名茶的产生很多是与贡茶的历史密不可分，可想而知能成为皇帝御用的贡品茶，必须是层层把关，好中取优的品质特异的名品。陆羽《茶经・七之事》对唐以前已有贡茶作了记述。山谦之《吴兴记》："乌程县西二十里有温山，出御。"乌程即现今的浙江湖州，说明唐以前古湖州以西的温山已生产贡品茶。

唐代我国茶叶发展很快，已有很多贡茶产地，如四川的蒙山、浙江湖州长兴的顾渚、福州的方山、安徽的霍山等。据唐李肇《国史补》记载，唐代贡茶已有十余品目，即：剑南（现四川蒙山一带），"蒙顶石花"，湖州（现浙江长兴）"顾渚紫笋"，峡州（现湖北宜昌一带）"碧涧、明月"，福州"方山露芽"，岳州（现湖南岳阳一带）"湖含膏"，洪州（现江西南昌、修水一带）"西山白露"，寿州（现安徽霍山一带）"霍山黄芽 "，蕲州（现湖北蕲春一带）"蕲门月团"，东川（现四川江油一带）"神泉小团"，婺州（现浙江金华、武义一带）"东白"，睦州（现浙江桐庐、建德、淳安一带）"鸠坑"，常州（现江苏宜兴一带）"阳羡"等。

宋代贡茶产地进一步扩大，建州（现福建武夷山建瓯县）出产的建茶，采制技术十分考究，据熊蕃《宣和北苑贡茶录》记载，当时制造的龙团凤饼贡茶品名就达40多种。

经过元、明、清历代的发展，贡茶品目就更多了，康熙皇帝到苏州吴县品尝了洞庭山茶之后，觉得"吓煞人香"茶名不雅，随即命名为"碧螺春"；乾隆皇帝下江南到杭州品尝了龙井茶之后，随即将龙井村胡公庙前的18棵茶树定为御茶，从此每年产制进贡。"西湖龙井"与"碧螺春"的出名肯定是与帝王的欣赏分不开的。

二、中国十大名茶

现今，中国名茶数百种。各个产茶省、各产茶大县争先研究并推出各自的名优茶，随着各地名优茶评比活动的开展，近几年又涌现了大批地方名优茶品牌。

过去曾有不少人从不同的角度介绍过所谓"中国十大名茶"，说法和提法极不统一的。多数是指绿茶中的名茶如西湖龙井、洞庭碧螺春、六安瓜片、黄山毛峰、太平猴魁、蒙顶云雾、庐山云雾、信阳毛尖、南京雨花茶和顾渚紫笋等。也有将祁门红茶、大红袍、铁观音归纳在内的。茶叶专家们根据各种茶叶在国内外的知名度和历史文化的影响，兼顾绿茶、红茶、乌龙茶三大主要茶类提出以下10种茶叶作为"中国十大名茶"，龙井茶、碧螺春和黄山毛峰三种细嫩特种绿茶；婺（屯）绿和平水珠茶两种出口绿茶；祁红和滇红两种工夫红茶；大红袍、铁观音和冻顶乌龙三种乌龙茶。10种茶叶中有5种是绿茶，体现了我国是主产绿茶的国家，工夫红茶是得到了国际公认的，3 种乌龙茶除福建 2 种外还有台湾的冻顶乌龙，这也是茶人普遍认可的。

三、中国名优茶

本节主要介绍六类茶中具有代表性的名优茶并着重介绍名优茶的人文景胜、采制工艺、茶叶品质、茗事典故和茶叶生产发展的今昔兴衰，以使读者获得与茗饮生活相关的常识与茶文化知识。

1. 绿茶

因其干茶色泽和冲泡后的茶汤、叶底以绿色为主调，故得名，绿茶按其干燥和杀青方法不同，一般可分为炒青、烘青、晒青和蒸青绿茶。

绿茶为我国产茶最大的茶类，产区分布于各产茶省、市、自治区，其中以浙江、安徽、江西三省产量最高，质量最佳，是我国绿茶生产的主要基地，在国际市场上，我国绿茶占国际贸易量的 70% 以上。

(1)西湖龙井(扁形)：龙井茶产于浙江杭州西湖乡的龙井、梅家坞、云栖、翁家山、灵隐等地。“西湖之泉，以虎跑为最，西山之茶，以龙井为佳。”(明・高濂《四时幽赏录》)“龙井茶，虎跑水”，这是闻名中外的旅游胜地杭州西湖的双绝。好茶加好水为美丽的西湖增添了光彩，宋代诗人苏东坡曾有：“欲把西湖比西子”，“从来佳茗似佳人”的诗句。

西湖美景，龙井名茶，早已名扬天下。游览西湖，品饮龙井茶，是旅游者到杭州的最好享受。西湖龙井茶的品质特点是：外形扁平挺秀，色泽绿翠，内质清香味醇，泡在杯中，芽叶色绿，好比出水芙蓉，栩栩如生。西湖龙井茶素以“色绿、香郁、味甘、形美”四绝著称。

龙井茶优异品质的形成，一靠采细嫩芽叶，通常在清明节前后采摘一芽二叶初展作原料；二靠精巧的炒制技术，采来鲜叶都要经过薄层摊放，然后经炒青锅，摊凉筛分、辉锅而制成。龙井茶炒制过程中，运用了抓、抖、搭、捺、甩、推、扣、压、磨等“十大手法”。品尝高级龙井茶，常用玻璃杯冲泡，水温 85℃。

龙井茶通常分特级、一至五级 6 个级别。春茶在 4 月初至 5 月中旬采摘，全年中以春茶品质最好，特级和 1 级龙井茶多为春茶期采制，产量约占全年产量的 50%。

(2)碧螺春(卷曲形)：碧螺春产于我国著名风景旅游胜地江苏省苏州市的吴县洞庭山，洞庭山所产茶叶香气特别浓郁，俗称“吓煞人香”。康熙某年，按候以采而其叶较多，筐不胜贮，因置怀间，茶得热气异香忽发，采茶者呼吓煞人香。吓煞人者，吴中方言也，遂以名是茶云。有人购此茶以进。上以其名不雅，题之曰碧螺春。

碧螺春采摘细嫩，采回的芽叶经过拣剔，剔去夹杂物和老叶茎梗等，然后进行炒制。炒制工序分杀青、揉捻、搓团、干燥四步。其特点是：手不离茶，茶不离锅，炒中带揉，连续操作、起锅即成。全过程约 30 ~ 40 分钟。

碧螺春的品质特点是：条索纤细，卷曲成螺，满身披毫、银白隐翠、香气浓郁、滋味鲜醇甘厚，汤色碧绿清澈，叶底嫩绿明亮。有“一嫩（芽叶）三鲜（色香味）”之称。品尝碧螺春时，用玻璃杯冲泡，采用上投法，即先冲开水，后放茶。茶投入杯中即沉底，瞬时间“白云翻滚，雪花飞舞”，清香袭人。

（3）黄山毛峰：黄山毛峰产于著名的旅游胜地安徽皖南的黄山。黄山风景区内海拔700～800米的桃花峰、紫云峰、云谷寺、松岩庵、吊桥庵、慈光阁一带为黄山毛峰的主产地。风景区外的汤口、岗村、杨村、芳村也是黄山毛峰的重要产区。

据考证，黄山云雾就是黄山毛峰的前身。黄山毛峰是清代光绪年间谢裕泰茶庄所创造，创始人石谢静和，标名“黄山毛峰”，在上海等地十分畅销。由黄山毛峰窨制成花茶，在东北、华北市场非常受欢迎，后来试销英国获得成功，“名震欧洲”。从此黄山毛峰名扬天下。

黄山毛峰优良品质的形成，一是生态条件优越，二是茶树品种优良，栽种黄山大叶种，三是采制工艺讲究，采摘细嫩，特级黄山毛峰，只采一芽一叶初展，带鱼叶采。炒制工艺经过杀青、烘焙二道工序，精工细做，一般要求上午采上午制，下午采当夜制。

黄山毛峰分特级及一至三级，特级黄山毛峰又分上、中、下三等，一至三级各分两个等。特级黄山毛峰，外形似雀舌，匀齐壮实，峰显毫露，色如象牙，鱼叶金黄。冲泡后汤色清澈，清香扑鼻，香高持久，滋味鲜浓、醇厚、甘甜，沉于杯底的芽叶肥壮成朵，嫩黄色。识别特级黄山毛峰，主要是要抓住两大特征，一是“金黄片”（鱼叶），二是“象芽色”（成品茶）。

（4）婺绿：婺绿是江西省婺源县所产的绿茶。明清时期，婺源绿茶经浮梁、九江运销国内外，清末民国时期婺源曾属徽州府管辖，所产的炒青绿毛茶，大部分运往屯溪加工精制，以屯绿牌号运往上海、广东，销往海外，婺源主产品——眉茶，在国际市场上被称为品质最好的绿茶。威廉·乌克斯所著的《茶叶全书》认为：“婺源茶不独为路庄绿茶中之上品，且为中国绿茶中品质最优者。其特征在于叶质柔软细嫩而光滑，水色澄清而滋润。稍呈灰色，有特殊的樱草香气，味特强，有多种商标，以头帮茶最。”

婺源产茶历史悠久，陆羽《茶经》中就有“歙州（茶）生婺源山谷”的记述。宋、明、清都有大量史料记载婺源茶的概况。婺源绿茶在历史上最出名的是溪头梨园茶、砚山桂花树底茶、大畈灵山茶和济溪上坦源茶，这四个地方的绿茶被誉为婺绿“四大名家。”

婺源县地处赣、皖、浙三省交界处，山高林密，是国家级生态旅游文化县，这里气候温和，多雨多雾，有利于茶树生长，芽叶肥壮，内含物丰富。经杀青、揉捻、炒干所制成的绿毛茶，进一步加工的眉茶，条索紧结肥壮，汤色清绿，熟板栗香明显，滋味鲜浓爽口，耐冲泡。出口眉茶的主花色——珍眉，在出口绿茶中占有较大比重，是婺绿的代表产品，在国内外曾多次获奖，是国际市场上的抢手货。

（5）平水珠茶：平水珠茶是浙江省的特产，主产于绍兴、上虞、新昌、嵊州、鄞县、奉化等地。

平水是绍兴的一个集镇，历史上是珠茶的集散地，因此都称之为“平水珠茶”。平水珠茶在清朝作为出口茶时，是与炒青眉茶精制后，产生的圆身茶一道称作“贡熙”而出口的，意为专门进贡康熙皇帝的茶叶，因此引起了欧美商人和茶客的重视和吹嘘。18 世纪中叶，在伦敦市场上，价格最高的茶叶是武夷茶和贡熙，每磅茶售价高达十先令六便士，茶价之高不亚于珠宝。

平水珠茶是鲜叶经过杀青、揉捻、干燥三道工序而制成。珠茶制造成形的关键是干燥作业。通常是经过滚二青、炒小锅、炒对锅、炒大锅而最终完成的。使揉成条的茶叶，在锅中翻炒挤压，不断卷曲收紧，由条形变成螺形，再由螺形变成圆珠形。

平水珠茶外形浑圆紧结，色泽绿润，身骨重实活像一粒粒墨绿色的珍珠，香高味浓，非常耐泡。天坛牌特级珠茶曾在 1984 年西班牙马德里第 23 届世界优质食品评选会上获得金质奖。

2. 红茶

我国红茶种类较多，产地较广，有工夫红茶、小种红茶和红碎茶。工夫红茶是我国特有的红茶，也是我国传统出口商品。红碎茶是国际茶叶市场的大宗产品，约占世界茶叶出口量的 80%。小种红茶是福建特产，有正山小种、外山小种和烟小种之分。

(1)祁红：祁红是祁门红茶的简称，主产于安徽省祁门县。祁红是我国传统出口红茶的主要品种之一，甜醇馥郁的香气，被国际上的消费者誉为“祁门香”。

祁门县在清光绪以前，并不生产红茶，而是盛产绿茶。光绪元年(公元 1875 年)，黟县人余干臣，从福建罢官回籍经商，因在福建时已知红茶畅销利厚，于是仿照“闽红”制法试制红茶，获得成功。与此同时，祁门南乡贵溪胡云龙在贵溪也试制红茶成功。

祁红加工技术独特，首先是采摘鲜叶嫩匀，萎凋适度，揉捻充分，造成茶条紧细，烘焙时第一道毛火高温快速，而第二道足火则采取低温慢烤的技术，内含物充分转化，“祁门香”由此而得。

祁红问世后，随着产制技术的不断改进与提高，品质别具一格，成为我国红茶的后起之秀。在国际市场上，与印度大吉岭红茶和斯里兰卡乌伐红茶共称世界三大高香茶。祁红外形色泽乌润，条索细紧，锋苗秀丽；汤色红艳明亮，香甜持久，滋味醇和。清饮最能领略其独特的“祁门香味”，加奶加糖调饮也非常可口，香味不减，因而赢得国际市场消费者的高度评价，畅销 50 多个国家，100 多年来市场稳定。英国的上层人士最喜爱祁红，皇家贵族都以祁红作为时髦的饮品，并用此茶向英女皇祝寿，曾获得“群芳最”、“王子茶”“茶中英豪”的美誉。

(2)滇红：滇红是云南红茶的统称，分为滇红工夫茶和滇红碎茶两种。滇红问世后，就以它特有的香高味浓、形美色艳而驰名中外。

滇红碎茶由于质量优良，连续多年被评为国家和省优名牌产品。1979年、1980年滇红碎茶高档二号先后获全国签评第一。勐海茶厂红碎茶一号1984年、1985年荣获省优、部优、国家银质奖。

红碎茶初制分萎凋、揉切、发酵、干燥四道工序；精制采取“单级付制，分路取件，分级成箱”的办法。

滇红主产于澜沧江沿岸的临沧、保山、西双版纳、红河、德宏、思茅六个地、州的20多个县。这里气候温和，雨量充沛，冬无严寒、夏无酷暑，降雨伴随雾，晴天多下露，是云南大叶种茶生长的最适宜地区。这里生长的云南大叶种茶树芽叶肥嫩，生长期长，鲜叶内水浸出物、茶多酚、儿茶素等含量高，是制造滇红碎茶的优良原料。

滇红碎茶主要供出口，主销欧、美、亚三洲40多个国家和地区。

3. 乌龙茶

乌龙茶又称青茶，乌龙茶种类因茶树品种的特异性而形成各自独特的风味，产地不同，品质差异十分显著。

(1)铁观音：铁观音是茶名也是茶树品种名，原产于福建安溪县西坪乡，已有数百年的历史。铁观音是乌龙茶中的名品，茶汤滋味醇厚甘鲜，饮后齿颊留香，喉底回甘悠久，历来深受国内外饮茶者尤其是海外华侨华人的喜爱。

铁观音的采制技术十分严格，鲜叶采摘是：当新梢长到“小开面”或“中开面”时(即刚出现驻芽采下二三叶)，采茶要做到五不采：不折断叶片，不折叠叶张，不碰碎叶尖，不带单片，不带鱼叶和老梗。铁观音的制造要经过晒青、做青、炒青、揉捻、烘焙、包揉、复焙等多道工序。其中做青适度、包揉紧结、文火慢烘是关键。

铁观音成品茶条索卷曲、壮结、沉重，呈青蒂绿腹蜻蜓头状。色泽砂绿鲜润、似有白霜，汤色金黄，浓艳清澈，叶底肥厚，有绸面光泽，滋味醇厚甘鲜，入口回甘带蜜味，有兰花香，香气馥郁持久，七泡有余香。当地人习惯于小壶小盅的“工夫茶”品饮方式。先用沸水烫热茶具，将茶叶放入小茶壶中，冲入沸水后，就有一股兰花香扑鼻而来，正是“未尝甘露味，先闻圣妙香”。然后倾入小盅，先嗅其香，继尝甘味，那种沁人肺腑的浓郁香味，真可谓是神仙般的享受。

(2)武夷岩茶：产于福建省武夷山市东南部。武夷山所以蜚声中外，不仅仅由于它的风光秀丽，还在于它盛产武夷岩茶。“武夷不独以山水之奇而奇，更以茶产之奇而奇。”

岩茶的采摘不同于其他茶类，它掌握开面开采。新梢伸育形成驻芽时，采3~4叶，采摘春茶一般在谷雨后立夏前，夏茶在夏至前，秋茶在立秋后。鲜叶力求新鲜、完整，采摘优质品种、名丛，有特殊要求，雨天不采，有露水不采，烈日不采。岩茶焙制工序为：萎凋、做青、杀青、揉捻、烘焙。

岩茶的品质特性：武夷岩茶的香气馥郁，胜似兰花而深沉持久，“锐则浓长，清则幽远”，滋味浓醇清活，生津回甘，虽浓饮而不见苦涩。茶条壮结、匀整、色泽青褐润亮呈“宝光”，叶面呈蛙皮装砂粒白点，俗称“哈蟆背”。泡汤后叶底“绿叶红镶边”，呈三分红七分绿。

中国茶叶输入欧洲，以武夷岩茶为先。据威廉·乌克斯《茶叶全书》记载，1607 年荷兰东印度公司首次从澳门运输茶叶，销往欧洲，起初为日本绿茶，不久即改为中国武夷岩茶，从此武夷岩茶风靡海外。英国、荷兰等国上层人士，把饮用武夷茶作为宴会的一种高尚礼节。

(3)冻顶乌龙:是台湾乌龙茶中最出名者，主产于南投县鹿谷乡凤凰山一带。据《台湾通史》记载，冻顶山一带，历史上发现过野生茶，但真正意义上的种茶，据说是清道光年间，鹿谷乡村民林凤池在福建科举考试，中了举人，做了官。回台湾探亲前他到武夷山游览，得知武夷山的乌龙茶驰名中外，于是就要了 36 颗乌龙茶苗带回台湾，种在家乡的冻顶山上。在乡亲们的精心培育下乌龙茶生长很好，终于在冻顶山发展成有名的茶园。制造出来的茶叶清香可口，生津止渴，消暑退热，利水除毒，饮后大有苦尽甘来的快意，因此，冻顶茶就成为远近闻名的名品乌龙茶了。后来，林凤池奉旨晋京，就将这种茶带去献给道光皇帝，皇帝一尝，十分清香可口，连声称赞“好茶，好茶”。并说:“这茶就叫冻顶乌龙吧。”从此冻顶乌龙茶更加出名了。

冻顶乌龙茶属包种茶的一种，但属于半球形乌龙茶，鲜叶经过晒青、晾青、做青、揉捻、烘焙、包揉、复烘、复炒而制成，传统的冻顶乌龙茶，外观色泽墨绿油润，呈半球形颗粒状，紧结，身骨重实，冲泡后，香气清新持久，略带焦糖香，汤色橙黄，清澈明亮，滋味浓厚甘醇，叶底的叶缘略显红边。近年来，为适应消费者的新口味，追求花香清香类型，因此，做青动作偏轻，基本上不出现叶缘红变的现象，叶色与汤色都接近绿茶，清香更浓，具有台湾高山茶品质风格。由于品质独特，香气浓郁，耐冲泡，近年来在内地的很多城市茶馆应市，很受消费者欢迎。

4. 白茶——白毫银针

现代白茶类的创制始于白毫银针，明代田艺衡《煮泉小品》中称:“茶者以火作为次，生晒者为上，亦更自然，且断烟火气耳，”这是古代对白茶的记述。现代白茶堪称是古老而又年轻之茶品。

白毫银针的产地为福建省福鼎、政和两县。清嘉庆初年(公元 1796 年)，福鼎人用菜茶的壮芽为原料，创造白毫银针。现白毫银针的茶芽均采自福鼎大白茶和政和大白茶良种茶树。

采制工艺:白毫银针原料采摘标准为:春茶萌发一芽一叶时，即将其采下，然后用手指头将真叶、鱼叶轻轻地予以剥离。剥出的茶芽均匀地薄摊于水筛上，勿使重叠，置微弱日光下或通风荫凉处，晒晾至八九成干，再烘焙至足干即成毛针。毛针经筛取肥长茶芽，再用手工摘去梗子，并筛簸拣除叶片、碎片、杂质等，最后再用文火焙干、趁热装箱。

白毫银针早在 1891 年开始外销，1912 ~ 1916 年为极盛时期，目前白毫银针主销港、澳地区，也销往德国及美国等地。

白毫银针芽头肥壮，遍披白毫，挺直如针，色白似银。福鼎所产茶芽茸毛厚，色白富光泽，汤色杏黄，味清鲜爽口。政和所产，汤味醇厚，香气清芬。

白毫银针性寒凉，有退热祛暑解毒之功，在华北被视为治疗养护麻疹患者的良药。1981 年被商业部评为全国名茶。

5. 黄茶——君山银针

茸毛满披，色形似银针，因产于湖南岳阳市君山而得名为“君山银针”。

君山是洞庭湖中的一个小岛，与岳阳楼隔水相望。君山茶“盛称于唐，始贡于五代”。当时的君山贡茶是由单一芽头制成，白毫茸然，形似羽毛。到清朝乾隆年时（公元 1781 年）清政府就明确了君山茶每年上贡的数。《巴陵县志》载：君山贡茶自乾隆四十六年始，岁贡 18 斤。1956 年君山茶被中国茶叶公司正式定名为君山银针，并列为我国十大名茶之一。其售价也创我国名优茶之最。

采制工艺：君山银针采摘开始于清明前三天左右，直接从茶树上拣采芽头。为防止擦伤芽头和茸毛，盛茶篮内衬有白布。“雨天不采、露水芽不采、紫色芽不采、空心芽不采、开口芽不采、冻伤芽不采、虫伤芽不采、瘦弱芽不采、过长过短芽不采”，即所谓君山银针“九不采”。君山银针制造特别精细而又别具一格，分杀青、摊凉、初烘、初包、复烘、摊凉、复包、足火八道工序。历时三昼夜，长达 70 多小时之久。加工完毕，按芽头肥瘦、曲直、色泽亮暗进行分级。以壮实、挺直、黄亮者为上；瘦弱、弯曲、暗黄者次之。

君山银针风格独特，岁产不多，质量超群。其芽头肥壮，紧实挺直、芽身金黄、满披银毫，汤色橙黄、明净，香气清纯，滋味甜爽，叶底嫩黄匀亮。

6. 黑茶——普洱茶

普洱茶原产地在云南省思茅地区和西双版纳傣族自治州。18 世纪初，清宫廷专立有普洱茶“贡茶案册”，将其视为珍品。清代文学家曹雪芹在《红楼梦》中写到的“女儿茶”，即是普洱茶的一种，俄国大作家托尔斯泰在《战争与和平》巨著中，也有喝中国普洱茶的描写。清代古诗词中，还有对普洱茶的吟唱，思茅地区民间更有不少歌唱普洱茶的山歌曲调。这是悠久的普洱茶文化的体现。

普洱方茶是一种紧压茶，它是以晒青“滇青”为原料蒸压而成，因此与云南沱茶一样属紧压绿茶，只是普洱方茶所用原料茶品质稍低于云南沱茶，它是以三至五级和级外滇清为原料，经蒸压成方块形，故称“普洱方茶”。以前的普洱方茶面上有福、禄、寿、喜等凸字，现在的产品只压有“普洱方茶”字样。普洱方茶外形平整、白毫显露，香味浓厚甘和。

普洱方茶主产于云南省的西双版纳勐海茶厂和昆明茶厂。普洱方茶除云南省内销售外，还有少量运销北京、上海、广州等大中城市，近年来还远销日本、马来西亚、新加坡、美国、英国、法国、荷兰、德国等国。

思考与练习

1. 简述中国制茶技术发展简史。
2. 简述六大类茶初制工艺及其关键工序。
3. 红茶、绿茶、乌龙茶制作中各工序的目的和作用各是什么？
4. 中国十大名茶的分类方式有哪些？有哪十大名茶？各有什么特性？

第四章　精美别致的茶具

◈ **学习提要和目标：**

一、了解我国茶具发展历史及茶具的种类。

二、掌握茶具的选配方法。

第一节　我国茶具发展史

我国的茶具，玲珑满目，种类繁多，造型优美。对于茶具，由于历代饮茶习俗的不同，茶具也有所不同。茶具的发展总趋势是由繁趋简、由粗趋精。

一、汉、晋、南北朝茶具

（一）东汉茶具

西汉时期，茶叶已成为一种商品，在饮茶风尚逐渐流行的基础上，东汉饮茶风尚得到了进一步的发展，只是在当时，人们的日用器皿品种还比较单纯，用途专一的茶具就显得少见。

1. 青瓷皿系罐　侈口、束颈，肩平厚，平底。肩下设四环形系。深腹椭圆。全器内外壁施青绿色釉，仅腹下部及底部露素胎。高 29 厘米，口径 14 厘米，底径 15.5 厘米。此罐为贮茶器。

2. 陶炉　直口，平唇，筒形腹，底座四方形，座下设四乳头形足。腹中部微鼓，环一圈粗凸弦纹。炉正面有长条形风火口。高 18 厘米，口径 17.4 厘米，底座直径 19.8 厘米。此炉属烹茶器。

3. 青瓷钵　直口，壁直腹浅，口沿外壁饰凹弦文一道，平底。全器内外壁施青绿色釉，仅腹部及底部露素胎。高 6 厘米，口径 14 厘米，底径 12 厘米。汉代尚无后代所常见的碗盏，东汉中期以来始见此类钵，盛行于魏晋，沿用至南北朝。此钵为东汉时之饮食器，亦为饮茶器。

（二）三国茶具

三国时期，饮茶风气更趋流行。《三国志·吴书·韦曜传》载：

“孙皓密赐茶以代酒”，说明三国时饮茶风气已发展到宫廷，且以茶水代酒而待客。

1. 陶炉　唇宽平外折，腹壁平斜，底有三乳状足。高7厘米，口径20.5厘米。此炉属烹茶器。

2. 陶臼　唇宽平，口微敛，深腹，腰下收束，宽平底，附有臼杵，下端为瓶形陶杵头，装配石质圆柱形柄。高7厘米，口径8厘米，底径6厘米，杵长18厘米。此臼形体小巧，属研茶器。

3. 铜　直口，敛唇，弧腹，圆底，高5.5厘米，口径18.2厘米，内附匙，匙面呈卵圆形，深凹，匙柄微弯曲，柄端作龙头饰，全长18.8厘米。形制小巧，为烹茶时盛汤的器具。

（三）晋代茶具

两晋时期，随着社会经济的发展，饮茶风气已趋普遍。当时，制瓷业已进入成熟阶段，青瓷大量生产，瓷质茶具日渐增多。

1. 青瓷盖盒　口微敛，腹浑圆，底平微内凹，带盖，以子母口与盒身相密合。全器内外壁通体施青绿色釉。通高13.4厘米，口径13.5厘米，底径7.5厘米。

2. 青瓷镂孔罐　敛口，扁圆腹，平底，带盖，肩部设双系，腹壁镂孔三排，每排18~20孔，底部镂孔四排。全器内外壁施青黄色釉，底部无釉露胎，通高13.1厘米，口径13.3厘米，底径9.2厘米，最大腹径20厘米。此罐属茶的烘焙器。

3. 青瓷　口微，敛短颈，扁圆腹，宽圈足外撇，肩部设双系，器外壁饰篱状划纹。全器内外壁施青黄色釉，圈足露素胎，高16厘米，口径12厘米，底径14.7厘米。此瓷系烹茶时盛汤的器具。

（四）南北朝茶具

南北朝时期，饮茶之风传播到长江中下游，茶叶已成为日常饮料，宴会、待客、祭祀都用它。此时，江南的饮茶风尚趋于普及。据《洛阳伽蓝记》说，南朝的官员，皆“渴饮茗汁”。又《南齐书·武帝记》武帝诏书曰：“我灵上慎勿以牲为祭，唯设饼、茶饮、干饭、酒脯而已。天下贵贱，咸同此制。”可见，饮茶在南朝被视为贵贱咸同的俭朴、平常之事，而北朝尚未形成习惯。也正由于饮茶风尚的流行，促进了茶具的生产，各种精美的茶具大量出现。

1. 青瓷盏　直口，平唇、深腹，底为圆饼状实足，口沿外壁饰二道凹弦纹。全器内外壁施青绿色釉，仅近底部及底足露胎。高4.3厘米，口径7.2厘米，底径3.2厘米。此类盏是南朝广泛流行的普通茶盏。

2. 青瓷托盏　托盏是以托盘和盏相配的套器，通常称之为托子、托盏、茶托、茶盏托、茶托子。全器罩以青绿或青黄色釉，匀润光泽，成为一套造型别致、纹饰精美、独具匠心的典雅茶具。一般约通高6厘米，口径8厘米，底径7厘米。此托盏起源于晋，流行于南朝，是当时较为考究的茶具。

3. 铜罐　敛口，直唇，短颈，腹瘦长，平底，带盖，肩设四系，盖钮作正方形。全器胎薄，素面，器表乌黑光亮。通高 16 厘米，底径 12 厘米。此罐精工制作，盖封严密，属贮茶器。

4. 铜盒　盒呈扁平手鼓形，于母口，盖与盒身口沿外壁均有隆起的宽边；盖顶部凸起弦纹一周。全器胎薄，素面，器表乌黑光亮。通高 5 厘米。此盒制作精工，盖封严密，是盛装茶末的贮茶盒。

5. 铜匙　匙面呈橄榄形，微凹，扁平弧形柄，柄端呈三角形，有圆点纹饰。全长 21.7 厘米，匙 纵径 8.6 厘米，横径 3.9 厘米，柄上部宽 3.2 厘米，柄下端宽 1.6 厘米。此匙为击拂茶汤的调匙，属烹煮茶器。

二、唐代茶具

唐代是我国封建社会最兴盛的时期，文化高度繁荣，且当时茶叶生产迅速发展。经过几个世纪的积累，到了唐代中期，饮茶风气已遍及全国。从南到北，从僧俗平民到宫廷皇帝莫不崇尚饮茶生活，因此专用烹茶与饮茶器具也趋齐备。

（一）民间茶具

依据唐代的饮茶程序，可将茶具分为碾茶、贮茶、煮茶、点茶、盐台、饮茶六大类。

1. 碾茶用具　饮茶之前先将茶饼茶团碾碎。如一套瓷茶碾，由碾槽、碾轮两部分组成。

2. 贮茶用具　碾好罗出的茶末应放置于一个较大的容器之中。宫廷皇室贮茶用金盒、银罐，而民间贮茶则使用漆盒、漆罐。如漆盒，由器盖、器身两部分组成。

3. 煮茶用具　包括茶炉、铜鍑、铁鍑、银茶匙、铜火箸、铜匜等。

茶炉：属烹茶器。

铜 、铁匙：为烹茶时盛汤的器具。

银茶匙：属烹茶器。用以拂击茶汤，故茶匙要重；另外由于茶匙靠汤近火，故其柄宜长不宜短。

银火箸：属烹茶器。是使用炭火风炉不可缺少的夹炭拨火工具。

铜则：属烹茶器。是取茶末的量具。

铜 ：属烹茶器。用以贮放飘出的沸水。

4. 点茶器具　点茶应使用汤瓶。宋蔡襄《茶录》：“瓶要小者易候汤，又点茶注汤有准，黄金为上，人间以银铁或瓷石为之。”

铜壶：小口，束颈，鼓腹，底微凹，肩腹部位安装长枝状柄，壶嘴短小，横截面呈六棱形。

瓷壶：口颈部位呈喇叭形，细颈，圆肩，深腹，底近平。

5. 盐台　唐代饮茶习惯加盐。白瓷高圈足盘：盘呈浅形，有厚窄沿，束腰，下附圈足，中柄以上施白色釉，圈足内外素胎无釉。

6. 饮茶器具　这一类最为复杂，大致又可分出托盏类、碗类和杯类三个系列。

瓷托盏:一套为三件，有碗、上盖和托盘。

瓷碗:种类较多，主要有:五瓣葵碗、大敞口、青瓷碗、小瓷碗等。

银碗:大体呈浅形，侈口浅腹，底近平，一侧安花枝状柄。

深腹杯:敞口，直壁，深腹，底近平。下附矮圈足，一侧安圆环状柄 。

浅腹杯:上视呈椭长形，口部四曲花瓣状，腹壁斜收，下附低矮圈足，薄胎，腹壁有曲线凹槽。

银杯:形状与白瓷浅腹杯相近。

玉石杯:形状与白瓷浅腹杯相近。因其材料为玉石，质软，归为滑石类，易碎，故并非实用器皿。

(二)宫廷茶具

皇家宫廷茶具代表的是高级的、精致先进型的茶具文化，因此在用料制作上更显华贵精巧，独尊于世。

1987 年 4 月 3 日，在陕西省扶风县重建法门寺塔时，在塔基地宫中发现了一大批稀世珍宝，其中包括唐代宫廷御用的珍贵精美的茶器具。这批稀世珍宝中有唐宫廷御用银质鎏金茶器具等数十件。

1. 银质鎏金茶碾子　是茶饼碾末的工具。其形如老式中药铺的药碾子，但其形体为小，制作精巧 。茶碾为长方形，小巧玲珑，其结构由碾座、碾槽、碾盖三部分构成，与碾轮配套成为完整的茶碾。

2. 银质鎏金茶罗子　即茶粉末筛子，茶饼碾末后过罗用。罗下茶末才能用于烹茶。其构造精巧，匠心独运，外形如一只箱形的手饰盒，由罗箱、罗盖、罗筛、茶屉和底座五部分组成。

3. 银质鎏金末茶盒　用以储放茶粉，有龟型、方型、菱形等。

4. 银质鎏金坛子　是贮放烹茶用的椒粉香料或香油、茶食之类的容器。以银板成形，圆筒状，上有盖，下有高脚束腰座。

5. 银质鎏金手提笼子　是宫廷和贵族烹茶用的烘焙器，笼内装茶饼烘烤。有圆形、近椭圆形二种，上有盖，底部有四足支撑，为金银丝编织而成。

6. 银质鎏金盐椒盘　即摆放盐与椒之用。此盘立体造型，十分精美，由一簇荷叶、莲花、莲蕊、荷叶杆等巧妙组合而成。三支叶杆架，抑莲为盘，用于放精盐，覆叶为盖，莲蕊作蒂，蕊中空放椒粉。

7. 银质元塔形炉子　是炙茶炉或煮茶炉。炉腔中、下部有隔板，下有六个通风或添炭口，两边有提拿手。

8. 银茶则、银茶匙　银茶则为唐代烹茶时取茶粉入锅烹煮的工具，也是取茶粉的量具。其形似长柄汤匙，匙头卵圆形，微凹，平浅，匙柄略扁，上粗下细，银茶匙也是匙形，但柄比茶则为长，用于湿茶汤击沸(搅拌)。

9. 银火　即银质火筷子，煮茶夹炭火用。银筷上粗下细，距筷头约 4 厘米处有凹槽，系着一银链条，两筷不脱离。

10. 琉璃茶碗、茶托　形制近似今日四川茶馆常用的一套三件头圆形盖碗茶具，但无碗盖，只有茶碗与碗托二件合为一套为原配。茶托中凹，正好套置茶碗，碗口略摊大，至圆脚为直壁渐缩小，无弯，放置平稳。此碗与托造型合理、精巧、美观，且琉璃质能耐沸水高温而不裂。

11. 秘色瓷青碗　碗口与碗壁有五等分凹线，隐如莲花瓣。秘色瓷是越窑为宫廷特制瓷器，自唐至北宋极为珍贵，后失传。

法门寺出土的这些茶具，整体上制作工艺极其精湛，设计造型匠心独运，图案纹饰流畅优美，既是唐代宫廷实用茶具，也是完美的艺术精品，是唐代茶具文化的精华。

三、宋代茶具

宋代的饮茶风习，较之于唐代尤为流行；天下无分士庶，皆视茶为日常之必需。宋代又是我国制瓷业的蓬勃发展时期，瓷器的质地、釉色、造型装饰、产量，都远远超过前代。饮茶形成社会风尚，茶具的需求量激增，在一定程度上刺激了瓷业生产的发展。因此，宋代的茶具除仍沿用铜、铁乃至金、银制品外，主要以瓷器为大宗，其中又以各式茶盏最为常见。

1. 铜炉　呈扁圆形，鼓腹，腹中部铸凸脊一周，平底。炉面有火口，周环有 9 个小孔。炉高 12. 2 厘米，面、底径 18. 8 厘米。此炉用以煎汤烹茶，属烹茶器。

2. 铜注壶　直口，深弧腹，长直流，环形，平底，带高。通高 17 厘米。也属用于烹煮的茶具。除以铜为原料外，还有铁质、瓷质的。

3. 铁荚　宝珠顶，上略粗，有绞绳纹，下稍细，素净无饰，全长 39. 5 厘米。此类还有铜、银制作的。为烹煮茶汤时拔炭的火荚。

4. 银匙　匙面呈橄榄形，微凹。扁平弧形柄，柄端呈鱼尾形。匙面錾有折枝花卉一枝或一禽畜；如荷、菊、梅、桂、桃、牡丹和鹤、兔等。柄与匙 面连接处，錾流云纹一朵。稍下再饰三道弦纹组成部分竹节状栏界。全长 27 厘米，匙纵径 7 厘米，横径 3 厘米。此类匙用以调匀茶末，搅和茶汤，属烹煮茶器。

5. 银则　为投放茶末时的匕状量具，也属烹煮茶器，其形如匙，呈椭圆形面，平面微凹。全长 27. 4 厘米，匙纵径 7. 8 厘米，横径 5. 8 厘米。

6. 鼓钉纹瓷罐　敞口，圆唇平折，束颈，鼓腹，平底，颈部、腹部均有纹。高 6. 2 厘米，口径 7. 2 厘米，底径 2. 6 厘米。此类鼓钉纹罐流行于北宋和元代。属贮存茶末的贮茶器。

7. 青白釉托盏　托盘宽边平外坦，矮圈足外撇，盘心塑一倒扣的杯，杯上置一敞口、弦腹、葵花式唇、小圈足盏。全器通体施青白釉，仅底足素胎，通高 6. 6 厘米，盏口径 10. 6 厘米，盘底径 8. 4 厘米。此类托盏瓷质精良，制作精巧，为当时极为考究的高档茶具。

8. 青白釉盏　敞口，平唇外坦，葵花式唇缘，弧腹，圈足。全器施青白釉，底足露胎。高 4. 6 厘米，口径 12 厘米，底径 4. 5 厘米。此类盏也是当时普遍流行的茶盏。

9. 黑釉木叶纹盏　敞口，腹壁斜直，假圈足小底，全器内外壁施黑釉，漆黑光亮，底足无釉，盏内饰木叶纹，高5.5厘米，口径14.8厘米，底径3.7厘米。此类盏装饰独特，是吉州窑的名产茶具。

10. 黑釉贴花双凤纹　盏口微敛，腹略弧，矮圈足。全器内外壁施黑釉。盏内釉乌黑晶亮，外壁再以洒釉烧成窑变油滴斑纹。高6.1厘米，口径11.7厘米，底径4.4厘米。此类盏多有窑变结晶斑纹，因其唇沿下有折凹，是属注汤的标准线，如汤茶泛起，则高出标准线；汤花退去，水痕即在标准线处呈现。显然，这是为适应宋代斗茶以"水痕"为标准的需要而设计制作的。

四、明、清代茶具

时代不同，人民对茶、茶器具的爱好和审美情趣，也随着社会饮茶风习、烹饮方法及陶瓷茶具不断推陈出新。

元代蒙古人入主中原，他们虽然嗜茶如命，但主要是出于生活的需要，从文化上却对品茶煮茗之事没有多大兴趣，对宋人繁琐的茶艺更不耐烦，他们希望茶艺简约，回归真朴，因此在制茶、饮茶方法上出现了大变化，但在茶具方面却是变化不大。

明、清世风渐变，特别是明代中叶以后，整个社会审美情趣力戒浮华，主张回归自然，重自然、重逸、重神，文艺界的最新创意是以"谈"为宗。茶从娱乐文化中解脱出来，重新成为灵魂之饮，茶具不再崇金贵银，而是以陶质瓷质为尚。

明、清时代，随着散茶的流行，饮茶方法也由点茶演变成泡茶，茶碾、茶磨、茶罗以及与之相关的茶器均被扬弃了，由于饮茶者饮用各类散茶，故各类精美陶瓷茶具就应运而生了。宜兴紫砂茶具，在明代中期蓬勃兴起，价胜金玉，为时人所珍，且久盛不衰；河北定窑生产的定瓷质地洁白如玉，胎薄细腻，釉形莹润，造型典雅，自古有"定州花瓷瓯，颜色白天之"之誉；江西景德镇生产的甜白瓷茶具（壶、碗）最为精美，质地坚致细密，有丝绸光辉，体胎轻薄，造型精巧，驰名中外。

（一）紫砂茶具

紫砂茶具的历史不很久远，从文献记载和至今的实物看，开始于明代中期，约16世纪初。紫砂器的使用范围也不是很广泛，主要产品是茶壶。

在明代由于饮茶方式发展为用沸水冲泡散茶，这就需要茶壶。地处太湖西岸的江苏省宜兴市丁蜀镇，特有一种澄泥陶，颜色紫，制成的成品称作"紫砂器"，简称"紫砂"。其原料是含铁、硅量较高的陶土，烧成温度在1100℃以上，因此质地比一般陶器密度大，再因它外表不挂釉，又比瓷器的透气性强。这样的特性适合于泡茶，所以用紫砂原料制成 的茶壶就成为当时极受欢迎的茶具，特别是受到好饮茶的文人阶层的赏识。

宜兴紫砂茶具之所以受到历代饮茶爱好者的珍视，除了其色泽古朴凝重，造型千姿百态，匠心独运，韵致宜人，具有艺术鉴赏价值之外，主要在于它内蕴的趋于臻境的实用价值。紫砂制作工艺具有理想的致密度与气孔率，表现工艺精细，内外均不施釉，用其泡茶，盖不夺香，无热汤气味，却有“色、香、味、皆蕴”之妙；冷热态变应性好，寒日注入沸水或置文火上炖烧，均无胀裂之虞；如造型小巧，壶面浑圆，若常加涤拭，其光泽愈益隽美，久用之器，能使茶味陷蕴，余香暗藏，纵然注入清水，也会散发出幽淡的茶香，乃有“此处无茶胜有茶”之妙，实为品茗者必备之珍品。

宜兴紫砂茶具，是我国独具典雅风格和艺术特色的陶瓷工艺品，素以制作工艺精湛，造型丰富多彩，色泽古雅淳朴而著称于世。在清代被列为贡品，并远销日本、东南亚乃至欧美各国。明、清以来，出现了一批紫砂巨匠、艺术大师，他们凭借丰富的灵感和高超的技艺，融汇世间造物之功力，信手堆、雕、捏、塑，随意创造出了一大批陶瓷艺术瑰宝。他们是：

供春（约1506～1566年），是明代官吏吴仕（号颐山）的书僮。吴颐山带着供春在宜兴东南金沙寺读书时，寺里有一僧人善做细泥陶茶具，供春差役闲时，窃仿老僧心匠，亦陶细土，手捏圆茶壶，后为宜兴最著名的制壶家。人称其壶为供春壶，有“供春之壶，胜于金玉”之说。

时大彬（约1580～1650年），江西婺源人，他是供春的弟子，明万历年间“陶壶四名家”之一时鹏之子。他是继供春之后，最负盛名的制壶巨匠。明末时，与李仲芳、徐有泉被誉为“三壶家妙手”。时大彬早期的作品，体形较大，壶身圆浑丰满，造型凝重古朴，砂质温润，呈猪肝色；其后期的作品，受文人影响多以制作壶态可掬，造型各异的小型壶为主。时大彬制造的紫砂珍品，多为宫中收藏，声誉很高，有“宫中艳说大彬壶，千奇万状信出手”等赞美诗句。明许次纾在《茶疏》中评论茶器时说：“往时龚春茶壶，近自时彬所制，大为时人宝惜。盖皆以粗砂制之，正取砂无土气耳。随手造作，颇极精工。烧时必须火力极足，方可出窑，然火候稍过，壶又碎坏者，以是益为贵重。”

惠孟臣（约1598～1684年），作品朱紫者多，白泥者少；小壶多，中壶少，大壶罕见。所制紫砂壶大者浑朴，小者精妙，是时大彬之后的一位制壶名家。

陈鸣远（约1651～1722年），也是时大彬之后最有影响的壶艺家。他生活于清初康熙、雍正时期，平时与文人相交，受其熏陶，制作茶具雅玩几十种，善作壶、杯、瓶、盒，所制瓜果式器具，精巧逼真，当时被推为杰作。

杨彭年（约1772～1854年），是清代嘉庆时期制壶名家，其壶随意天成，有天然风致。陈曼生（1768～1822年），浙江钱塘人，精通文学、书画、篆刻，喜爱紫砂。二人合作设计了“十八壶式”，由杨彭年制作，曼生再在壶上题刻诗句铭文，他们的作品，世人称为“曼生壶”。典雅的诗句，隽秀的书法，配上古朴的造型和精湛的工艺，相得益彰，真是所谓“字依壶传，壶随字贵”。在紫砂上题刻的风气，由陈曼生开创之后，一直流传下来。

邵大亨（约1831～1874年），是清末道光、咸丰年间的制壶名家。所制鱼化龙壶，以龙头作壶上的纽，龙头和舌头都能活动，其传世作品，构思巧妙，工艺精美，线条饱满流畅，非一般陶工可比。

顾景洲(1913～1996年)，为现代最著名的紫砂壶大师，是位学者型的陶艺家，被尊称为“壶艺泰斗”、“一代宗师”。他技艺全面，各类造型的紫砂壶作品，均极精致，尤其擅长造型简练的形制，浑朴儒雅，周正含蓄。作品的线条干净利落，挺括沉稳。即使普通的低档款式，一经他手，神韵格调即可不同凡响。年逾古稀之后，每有新作精品问世，均为海内外收藏家競相求觅。

(二)陶瓷茶具

早期的茶具便是以陶瓷为主，晋代浙江主要生产一种瓷釉呈青黄色的青瓷器，北方则使用白瓷(白釉)。唐代也是盛行青瓷茶具，而北方邢州瓷窑生产的白色茶具不如越州瓷窑生产的青瓷茶具，因为“邢瓷白而茶色丹，越瓷青而茶绿。”用青瓷茶碗盛茶可以使茶汤颜色更加青绿，故得人们的好评。到了宋代，由于饮茶方法的改变，斗茶的出现，当时就盛行福建生产的黑色茶盏，因为只有用黑色茶盏才能衬托出白色的茶汤。此时江西吉州(今吉安)窑生产的黑釉茶盏，也颇负盛名。宋元时期，江西景德镇烧造的瓷器已达到很高水平，宋代的影青瓷和元代的青花瓷茶具受到人们的喜爱。特别是明代以后，人们不再斗茶，饮茶方式由点茶改为散茶冲泡，黑釉茶盏已很少使用，用景德镇生产的白瓷和青花瓷茶具冲泡绿茶更使茶汤显得碧绿可爱、春意盎然，直到今天仍受人们的青睐。

五、现代茶具

在中华民族文明历史的发展进程中，专用茶具的出现与演进，是茶文化历史中的瑰丽而常新的篇章。当今，展现在广大饮茶者面前的现代茶具，是一个造型各异五彩缤纷的艺术世界。中国茶具是灿烂的陶瓷艺术海洋中的瑰宝，向以历史悠久、品质精美著称于世，享誉中外。

(一)陶瓷茶具

瓷都景德镇的茶具，今天仍有巨大的魅力。景德镇各大窑生产的传统陶瓷茶具，已在世界瓷坛上重展。如嵌玻璃青花玲珑瓷茶具；色调鲜艳秀丽、晶莹透亮、久不褪色的粉彩瓷茶具；被誉为“白如玉、明如镜、薄如纸、声如磬”的薄胎高级茶具，都是当代茶器中的珍品。

浙江龙泉瓷厂生产的青瓷茶具，久负盛名，其造型优美，古色古香，釉彩晶莹，温润如玉。

唐山生产的白玉瓷茶具，胎薄透明，釉面光润，色泽白中泛青，以晶莹似玉而闻名。

山东淄博出品的骨灰瓷(又名钙质瓷)茶具，质地细腻，釉面光滑，再复丝网印花，益显玲珑清雅。

广州织金瓷多头茶具，以手绘花鸟鱼虫，山水人物，画工精细，色彩鲜艳，形如织绵，风格独特。

山西乡宁生产的紫砂茶具可与宜兴紫砂茶具媲美，重型古朴，形态端庄，文雅别致，或方或圆，巨微各成风格，集绘画书法于一器，有“品茶论艺益可兼得"之妙。

台湾陶瓷之乡莺歌镇各厂家出品的现代陶瓷茶具，亦以独具的艺术风格，闻名于世。

（二）玻璃茶具

在现代，玻璃茶具有很大的发展。它素以亮如晶，明如水，品茶饮酒兼可用之而受到人们青睐。如今生产玻璃茶具的厂家很多，产品各具特色。其中大连生产的铅晶质高档玻璃茶具，造型新颖，图案精美，花纹别致，手工刻制，独具一格。

（三）漆器茶具

漆器茶具始于清代，主要产于福建福州一带。北京雕漆茶具，福州脱胎茶具，江西波阳、宜春等地生产的脱胎漆器茶具，别具艺术魅力，其中尤以福州最佳，那些琳琅满目，多姿多彩的产品，令人赞叹不已，知名的品类有"金丝玛瑙"、"宝山闪光"、"釉变金丝"、"嵌白银"、"赤金砂"、"仿古瓷"、"暗花"等。这些精品，佳精美异常，红如宝石，绿似翡翠，亮如明镜，光亮鉴人，是高贵的艺术茶具。

（四）竹木茶具

在历史上，包括产茶区在内的广大农村，很多人使用竹或木碗泡茶，它物美价廉，经济实惠，但现代已很少采用。

（五）石质器具

以天然石料制作而成，是现代社会中形成的新颖的民间艺术，它巧妙地将中国茶文化与石雕艺术完整的融为一体，形成了不同的艺术风格和艺术流派，其可谓是争奇斗美，百花齐放。

石壶就是用精选完整的原石，利用现代工具与手工相结合的方法雕刻而成。常用石壶饮茶，能延年益寿；且用石壶泡茶香气留存的时间长，若是夏天泡茶比起瓷壶和紫砂壶等其他茶具来，更不易馊，也不易味。

古今茶具以陶瓷为正宗，还有用金、银、铜、玉器、玛瑙、搪瓷、竹木、椰壳等材料制作的。新材料中以玻璃茶具为佳，特别是品饮形与色俱佳的名茶如龙井、白毫银针、碧螺春等，既可品饮，又可观赏茶芽之奇姿美色，以助茶兴。

综上所述，中国茶具的发展总趋势是始粗趋精，由繁趋简，材料的使用和造型的变化反映了不同时代经济发展，科学技术和审美心理的差异。茶具的功用不仅仅是盛茶，还涵盖同时代的文化，提供审美对象，增进茶趣，以助茶兴。中国茶具文化不仅同中国茶道的发展同步，也与中国文化的发展同步。

第二节　我国茶具的种类

生活在当今时代的人们，一提到茶器茶具，往往只理解为日常生活饮茶使用的茶壶、茶碗或茶盘、托盘等，而连茶叶盒（罐、筒）、暖水瓶、烧水壶等，也不列入茶器之列，那么，完整的茶器具概念究竟指的是什么呢？按陆羽《茶经·四之器》所云，凡是直接用于煎茶、饮茶或与之相关的一切器具都属于茶器范围。

陆羽《茶经》里所列烹饮茶使用的主要器具有如下种类：

1. 风炉：煎茶用。以铜铁铸造，上有三足、两耳、三个通风窗孔和底部透火灰孔隙，其形如古鼎状。

2. 釜：煎水容器，以生铁铸造，或以陶瓷、石料为之，也有银质的。

3. 交床：是以熟铁制作的十字形支架，用以固定于风炉之上。

4. 茶碾：用以将事先在文火上烤炙好的茶饼或茶碾成粉状茶末。

5. 罗盒：是茶罗与茶盒之组合名称。用茶罗将碾好的茶末过罗，剔除其粗梗、硬片等杂质，将罗过的细粉末茶、置于茶盒内备用。

6. 则：是用以衡量往中投放茶量的小工具，以海贝壳或以铜铁、竹片制成，其形状如今时的小杓子。

7. 水方：盛清水容器。

8. 漉水囊与绿油囊：漉水囊是以丝织品等制成的滤水器，煎茶用水在倾注于釜中之前，用其将水中杂质滤出，以保持水质清洁；绿油囊是不漏水的容器，可用于携带洒水，平时漉水囊藏于其中。

9. 盂：是一种瓷或砂质的盛热水的良器，在煎茶时用以浇汤止沸。

10. 鹾簋（cuo gui）：鹾意为咸盐；簋为古代食器。青铜或陶制，用以盛食物。《茶经》里的鹾簋是用来装盐花的。

11. 碗：陶瓷茶碗为唐代主要茗饮器具。

12. 涤方：用以盛洗涤用水之容器。

13. 滓方：用以集诸滓。

14. 巾：是用布一样的粗绸子做成的，用以揩擦净洁各种茶器。

15. 畚（ben）：用白蒲卷成条而编成的用具，用以贮茶碗。

16. 列：是一种如床或似条几型的工具，为竹木制品，用以陈放各种洗涤洁净的茶器具。

17. 都篮：专用来收藏各类小件器具，或作为外出山野品泉时携带茶器之用，以竹木编织而成。

18. 此外还有若干什小器具，如炭棰、火筷子、竹夹（两种：一是用来烤炙茶饼，一是煎茶时搅动茶汤时使用）、竹刷、水瓢、装茶纸囊等共二十四件。

现在各地茶艺馆所使用的茶具，虽然不尽相同，据香港叶惠民先生在《香港茶艺小百科》书中的概括，有下列几类：煮水器、备茶器、泡茶器、盛茶器、洁涤器。现介绍如下：

一、煮水器——烧煮泡茶沸水的器具

1. 水壶：古代称注子。现在亦有称水注的。主要用来烧开水泡茶。以古朴厚重的陶质水壶最为人们喜爱。金属的水壶传热快，又坚固耐用，适合城市的生活节奏。但是煮水时所产生金属离子会影响茶香茶味，不大适宜。港台地区盛行一种像玻璃一样透明的石英壶，可避免金属水壶的缺点，颇受人们的欢迎，近年来内地的茶艺饮也多有采用。

2. 茗炉：即用来烧泡茶开水的炉子，古代是用细泥制成，以木炭为燃料，现代城市里不易买到木炭，泥炉一般亦不使用，可用电炉、液化气炉、酒精炉代替。为了表演茶艺的需要，港台茶艺馆中经常备有一种“茗炉”。炉身为陶器，可与陶水壶配套，中间置酒精炉，点燃后，将装好开水的水壶放在“茗炉”上，可保持水温，便于表演。

二、备茶器——贮存茶叶的器具和置茶的器具

1. 茶罐：装茶叶的罐子。以陶瓷为佳，也有用锡制茶罐贮茶。不宜用塑料和玻璃罐子贮茶（塑料会有异味，玻璃会跑光，使茶叶氧化变色）。

2. 茶则：则者，准则也。也有称为茶荷，荷者，荷载也。系从茶叶罐中取茶叶放入壶盏内的器具，通常以竹子或优质木材制成，但不能用有香味的木材做茶则。

3. 茶漏：圆形小漏斗，当用小茶壶泡茶时，将它放在壶口，茶叶从中漏进壶中，以免撒到壶外。

4. 茶匙：一种细长的小耙子，帮助将茶则中的茶叶耙入茶壶，茶盏，其尾端尖细可用来清理壶嘴淤塞，是必备的茶具。一般以竹、骨、角制成。

三、泡茶器——泡茶过程中的主要器皿

1. 茶壶：泡茶时将茶叶放入壶中，再注入开水，将壶盖盖好即可，一般以陶瓷制成。壶的大小视饮茶人数而定，泡工夫茶多用小壶。

茶壶可分为壶盖、盖身、壶底三个部分。壶盖自上而下分为气孔、盖钮、盖唇、盖弓四部分。壶身分为壶唇、壶肩、壶腹、壶流、壶嘴、壶把六部分。壶底分为壶脚和壶底两部分。

2. 茶盏：是一种瓷器盖碗茶杯，用它代替茶壶泡茶，再将茶汤倒入茶杯供客人饮用，但最多只可供四人饮用，局限性较大，它可泡任何茶类，故仍有不少人采用。

茶盏：全身可分为盖钮、盏盖、盏身、盏托和盏脚等部分。

四、盛茶器——装茶汤供人饮用的器具

1. 茶海：亦称茶盅，一种类似西方装牛奶的小罐子，一般用瓷器制成。为了使冲泡后的茶汤均匀，以及不使宾客闲谈致使壶中茶汤浸泡过久而苦涩，先将壶中泡出的茶汤倒在茶海里，然后再分别倒入茶杯中请客人品尝。这是近年来港台茶艺界新创制的茶具。

2. 茶杯：装茶汤直接供客人饮用的器具。一般以白色瓷杯为好，也有用紫砂茶杯喝工夫茶，茶杯有大小之分，小杯用来品饮乌龙茶等浓度较高的茶，大杯可泛用于饮绿茶、花茶和普洱茶等。

3. 杯托：用以垫托茶杯的器具，有用瓷器的，如盖碗茶杯等。也有用竹木制成的。

4. 茶盘：用来端送茶杯的盘子，常以竹木制成。

五、洁涤器——用于装茶渣、废水及揩抹溅溢茶水的器具

1. 茶池：一种扁腹的圆形罐子，上有一盖，盖上有孔，泡茶时将茶壶或茶盏置于上面，多余的水便可流入池中，多为瓷器制成。

2. 水盂：一种小型瓷缸，用来贮放废弃之水或茶渣，俗称“废水缸”。

3. 涤方：即茶巾，以棉麻等纤维制成，用来揩抹溅溢茶水。

第三节　茶具的选配

选配茶具，除了看它的使用性能外，茶具的艺术性、制作的精细与否，是人们选择的另一个重要标准。

一、不同茶类对茶具的选择

古往今来，大凡讲究品茗情趣的人，都注重品茶韵味，崇尚意境高雅，强调“壶添品茗情趣，茶增壶艺价值”。认为好茶好壶，犹似红花绿叶，相映生辉。对一个爱茶人来说，不仅要会选择好茶，还要会选配好茶具。

由于多茶类的出现，使人们对茶具的种类与色泽、质地与式样，以及茶具的轻重、厚薄、大小等等，提出了新的要求，一般说，饮用花茶，为有利于香气的保持，可用壶泡茶，然后斟入瓷杯饮用；饮用大宗红茶和绿茶，注意茶的韵味，可选用有盖的壶、杯或碗泡茶；饮用乌龙茶则重在“啜”，宜用紫砂茶具泡茶；饮用红碎茶与工夫红茶，可用瓷壶或紫砂壶来泡茶，然后将茶汤倒入白瓷杯中饮用。如果是品饮西湖龙井、洞庭碧螺春、君山银针、黄山毛峰等细嫩名茶，则用玻璃杯直接冲泡最为理想。至于其他细嫩名优绿茶，除选用玻璃杯冲泡外，也可选用白色瓷杯冲泡饮用。但不论冲

泡何种细嫩名优绿茶，茶杯均宜小不宜大，大则水量多，热量大，会使茶叶泡熟，使茶叶色泽失却绿翠；其次会使芽叶软化，不能在汤中林立，失去姿态；第三会使茶香减弱，甚至产生“熟汤味”。此外，冲泡红茶、绿茶、黄茶、白茶，使用盖碗，也是可取的。在我国民间，还有“老茶壶泡，嫩茶杯冲”之说。这是因为较粗老的老叶，用壶冲泡，一则可保持热量，有利于茶叶中的水浸出物溶解于茶汤，提高茶汤中的可利用部分；二则较粗老茶叶缺乏观赏价值，用来敬客，不大雅观，这样，还可避免失礼之嫌，而细嫩的茶叶，用杯冲泡，一目了然，可同时具有物质享受和精神欣赏之美。

二、不同地区对茶具的选择

中国地域辽阔，各地的饮茶习俗不同，对茶具的要求也不一样。长江以北一带，大多喜爱选用有盖瓷器杯冲泡花茶，以保持花香，或者用大瓷壶泡茶，尔后将茶汤倾入茶盅（杯）饮用。在长江三角洲沪杭宁和华北京津等地一些大中城市，人们爱好品细嫩名优茶，既要闻其香，啜其味，还要观其色，赏其形，因此，特别喜欢用玻璃杯或白瓷杯泡茶。在江、浙一带的许多地区，饮茶注意茶叶的滋味和香气，因此喜欢选用紫砂茶具泡茶，或用有盖瓷杯沏茶。福建及广东潮州、汕头一带，习惯用小杯啜乌龙茶，故选用“烹茶四宝”——潮汕风炉、玉书、孟臣罐、若琛瓯泡茶，以鉴赏茶的韵味。潮汕风炉是一只缩小了的粗陶炭炉，专作加热之用；玉书是一把缩小了的瓦陶壶，高柄长嘴，架在风炉之上，专作烧水之用；孟臣罐是一把比普通茶壶小一些的紫砂壶，专作泡茶之用；若琛瓯是只有半个乒乓球大小的2~4只小茶杯，每只只能容纳4毫升茶汤，专供饮茶之用。小杯啜乌龙，与其说是解渴，还不如说是闻香玩味。这种茶具往往又被看作是一种艺术品。四川人饮茶特别钟情盖茶碗，喝茶时，左手托茶托，不会烫手，右手拿茶碗盖，用以拨去浮在汤面的茶叶。加上盖，能够保香，去掉盖，又可观姿察色。选用这种茶具饮茶，颇有清代遗风。至于我国边疆少数民族地区，至今多习惯于用碗喝茶，古风犹存。

三、不同人群对茶具的选择

不同的人用不同的茶具，这在很大程度上反映了人们的不同地位与身分。职业不同，年龄不一，性别不同，对茶具的要求也不一样。如老年人讲究茶的韵味，要求茶叶香高、味溶浓，重在物质享受，因此，多用茶壶泡茶；年轻人以茶会友，要求茶叶香清味醇，重在精神品赏因此多用茶杯沏茶。男人习惯于用较大素净的壶或杯斟茶，女人爱用小巧精致的壶或杯冲茶。脑力劳动者崇尚雅致的壶或杯细品缓啜，体力劳动者常选用大杯或大碗，大口急饮。

在选用茶具时，尽管人们的爱好多种多样，但以下三个方面却是需要加以考虑的：一是要有实用性；二是要有欣赏价值；三是有利于茶性的发挥。不同质地的茶具，这三方面的性能是不一样的。一般说来，各种瓷器茶具，保温、传热适中，能较好地保持茶叶的色、香、味，形美，且洁白卫生，不污染茶汤。如果加上图文装饰，又含艺术欣赏价值。紫砂茶具，用它泡茶，既无熟汤味，又可保持茶的真香。另外保温性能好，即使在盛夏酷暑，茶汤也不易变质发馊。但紫砂茶具色泽多数深暗，用它泡茶，不论是红茶、绿茶、乌龙茶，还是黄茶、白茶和黑茶，对茶叶汤色均不能起衬托作用，对外形美观的茶叶，也难以观姿察色，这是美中不足之处。玻璃茶具，透明度高，用它冲泡高级细嫩名茶，茶姿汤色历历在目，可增加饮茶情趣，但它传热快，不透气，茶香容易散失，所以，用玻璃杯泡花茶不太适合。搪瓷茶具，具有坚固耐用，携带方便等优点，所以在车间、工地、田间，甚至出差旅行，常用它来饮茶，但它易灼手烫口，也不宜用它泡茶待客。塑料茶具，因质地关系，常带有异味，这是饮茶之大忌，最好不用。另处，还有一种无色、无味、透明的一次性塑料软杯，在旅途中用来泡茶也很常见，那是为了卫生和方便旅客，杯子又经过特殊处理，这与通常的塑料茶具相比，应另当别论了。还有一种保暖茶具，大的如保暖桶，常见于工厂、机关、学校等公共场所；小的如保暖杯，一般为个人独用。用保暖茶具泡茶，会使茶叶因泡熟而使茶汤泛红，茶香低沉，失却鲜爽味。用来冲泡大宗茶或较粗老的茶叶较为合适。至于其他诸如金玉茶具、脱胎漆茶具、竹编茶具等，或因价格昂贵，或因做工精细、或因艺术价值高，平日很少用来泡茶，往往作为一种珍品供人收藏，或者作为一种礼品馈赠亲友。

第四节 紫砂茶具选购与保养

在纷繁多姿的茶具艺术宝库中，紫砂一枝独秀。紫砂茶具之所以受到历代人们的珍视，除了色泽古朴凝重，造型千姿百态、匠心独运、韵致宜人，具有艺术鉴赏价值外，主要在于它内蕴的趋于臻境的实用价值。

一、紫砂茶具的鉴赏

鉴赏紫砂绝非一日之功，因为一件好的紫砂茶具除了它应具备完美的形象结构以外，还应有精湛的制作技巧和优良的实用功能。形象结构是指壶的嘴、板、盖、纽、趾应与壶身整体比例协调；精湛技巧表现在造型与刀法细腻；而优良的实用功能则表现在壶体容积和重量要适中，壶板、执握、圆周合缝精密，壶嘴出水流畅，色泽和图案高雅脱俗。即鉴定紫砂的所谓泥、形、工、款、功“五字诀”，前四个字为紫砂的艺术标准，第五个字为功能标准。因为紫砂是实用性很强的工艺品，它的艺全在于用。所以鉴赏紫砂重在观赏它的功能美。主要是容量适度，高矮得当，口盖紧严，出水流畅。按目前大多饮茶爱好者习惯，以 200～300 毫升最佳，手拿手提均一手之劳，亦称“一手壶”。

二、紫砂壶的选购

紫砂壶选购的要领有以下几点：

1. 造型别致，外观流畅，刀功精细，泥坯光滑；

2. 质地坚实，色泽华润，轻击声铿锵悦耳；

3. 壶内无异味、火烧味或人工着色之怪味；

4. 壶的结合部工艺精细，壶盖与壶身嵌合严实，鉴定方法是手压气孔与流口，再倾壶滴水不漏并壶盖不落；

5. 倾壶倒水能一次倒干，出水水束“集束”长而不断为上。

三、紫砂壶的保养

养壶的方法有：

1. 新壶买来，先用干净锅器盛水把壶淹没，用小火煮壶，将茶叶同时放入锅中煮。等滚沸后捞出茶渣再稍待些时候取出新壶置于干燥又无异味处，自然阴干即可使用。

2. 新壶使用时应首先用茶汤煮一番，除去新壶的烟土味和洗除污垢即可使用。

3. 旧壶重新使用，应做到每次冲完茶后，将茶渣倒掉并用开水洗涤残汤，以保持清洁。

4. 注意壶内茶垢。有些人泡用完后，往往只除茶渣，而将茶汤留存在茶壶内随壶阴干，日久后累积茶垢。但如果维护不当，壶内就易生异味。所以在泡茶前应以滚沸的开水冲烫一番。

5. 把茶渣存在壶内养壶，这种方法也不可取。一方面茶渣闷在壶内易发酸馊异味，有害于壶，饮后也有害于人体健康。

6. 壶在使用时应做到经常擦拭，并应不断用手抚摸。久后不仅手感舒服而且能焕发出紫砂陶本身的自然光泽、浑朴润雅，耐人寻味无穷。

7. 清洗壶的表面时，可以用手加以擦洗，洗后可用干净的细棉布或其他柔细的布擦拭，然后放于干燥通风又无异味处阴干。

思考与练习

1. 如何根据茶类选择合适的茶具？

2. 现代人将茶器具分为哪几大类？

3. 如何正确选购紫砂壶？紫砂壶买来后应怎样保养？

第五章　茶叶冲泡与品尝

◆ **学习提要和目标：**

一、了解古人泡茶用水的选择，泡茶环境的布置，会议接待茶礼。

二、掌握好茶的鉴别，泡茶水温及茶水比例，白茶、黑茶、黄茶、红茶的冲泡与品尝技巧，饭店茶水服务的接待礼仪。

三、熟练掌握绿茶、乌龙茶、花茶冲泡与品尝的技巧。

现代社会，专业分工越来越细，不论哪个行业，从事何种工作，都少不了有社交活动。林语堂在《生活艺术》中谈道："我以为从人类文化和快乐的观点论起来，人类历史中杰出的新发明，其能直接有力的助于我们享受空闲、友谊、社交和谈天者，莫过于吸烟、饮酒、饮茶的发明。"在我们这个饮茶大国，当今人们就更加重视茶在社交中的作用了。

以茶会友，向来是我们民族的一个优良传统，近人也多有以茶会友。诗人柳亚子与毛泽东"饮茶粤海"，一杯清茶，坦诚相见，三十一年萦怀难忘，彼此情真谊隆，早已传为佳话。鲁迅最喜欢与朋友上茶馆中喝茶，日记中记述很多。当年周恩来、陈毅常陪外国宾客访茶乡，品新茶。周恩来五次到西湖龙井茶产地梅家坞。1961 年 8 月 19 日，陈毅陪巴西朋友访梅家坞，品茶别泉，"嘉宾咸喜悦。"可称"茶叶外交"了。

客来敬茶，是我们这个礼义之邦，文明古国的传统礼节。诚如当代"茶圣"吴觉农先生所说："客人到家，不留请吃饭是可以的，不敬茶可是失礼的。"这一点上，我国不论江南还是塞北，习俗大体相同。

目前茶艺馆、茶楼遍及全国，很多星级饭店都开设茶室，客人很愿意在这种既有传统文化气息，又具现代情调的环境里聊天、休憩或洽谈生意，另外在饭店内的餐厅、会议室都会为客人提供饮茶服务，如何提高自身的服务水平，如何泡好一壶茶这里面有很多讲究。

第一节 选茶、择水、备器、雅室

一、选茶

1. 何为好茶

何为好茶，很难定论，这是因为茶是一种嗜好品，饮者各有所求，各有所好。尽管如此，凡称得上好茶者，有一个大致统一的标准，都具有以下一些共同特征。

(1)从外形看，要求茶的色泽、大小、长短、粗细、形状一致，达到整齐划一。若长短不一，大小各异，色泽多变，多细末，含有杂质都算不得佳茗。

(2)香气，凡称得上是好茶者，必须具有讨人喜欢的香气，或清雅、或浓烈，只要令人神闲意远，有开神敞怀之感即可。倘若杂有异味或染有烟焦味，并非出自茶香，岂不使人生厌，怎能冠以"好茶"两字。

(3)茶的味和韵，也就是茶对人口腔的刺激而产生的美感。通常，一杯好茶必须具备丰富的滋味，它不但要求茶汤的味道有不断滋生的感觉，而且咽下以后，仍然产生无穷的味和余韵，从物质上和精神上去满足饮茶者的追求。这种茶，自然会得到茶人的首选。在实践中，也有一些茶，饮时觉得甘甜，润滑，可饮过之后，好似白开水一杯，既无茶味，更谈不上韵味，这种茶充其量，最多是一种解渴的饮料，绝称不上是一种好茶。

2. 如何选购茶叶

走进茶叶市场，面对各种各样的茶叶品种，常为不知如何判别茶叶质量而犯愁。其实评判茶叶质量的好与差，目前主要借助视觉、嗅觉、味觉和触觉，采用一看、二闻、三摸、四尝来确定茶叶质量。所谓一看，就是看茶叶的外形，干看茶的形态和色泽，湿看茶的嫩度、匀度和汤色。二闻，就是闻茶的香气，采用干闻和泡茶后湿闻相结合的方法进行。三摸，就是摸茶叶的身骨，重实与轻飘，光洁与粗糙，以及用手研抹，估量茶叶水分的高低等。四尝，就是选购茶叶时，凡"吃不准"的，不妨泡一杯，尝一尝滋味。

当然，选购茶叶时，最好还要与饮茶者的习惯与嗜好结合起来考虑，这样才能选购到满意的茶叶。

二、择水

1. 古人关于泡茶用水的选择

水之于茶，犹如水之于酒一样重要。众所周知，凡产名酒之地多因好泉而得之，茶亦如此。再好的茶，无好水则难得其真味。故自古以来，著名茶人无不精于水的鉴别。水的好坏对茶的色、香、味影响实在太大。中国古代茶艺非常重视水质水品。明人田艺衡在《煮茶小品》中说："精茗蕴香，借水而发，无水不可与论茶也。"清人张大复甚至把水品放在茶品之上，他认为："茶性必发于水，八分之茶，遇十分之水，茶亦十分矣；八分之水，试十分之茶，茶只八分耳。"(《梅花草堂笔谈》)。

关于宜茶之水早在陆羽所著的《茶经》中，便曾详加论证。他说："用山水上，江水中，井水下。其山上水，拣乳泉、石池漫流者上，其瀑涌湍漱勿食之……其江水去人远者，井取汲多者。"陆羽在这里对水的要求，首先是要远市井，少污染；重活水，恶死水。认为山中乳泉、江中清流为佳。唐人张又新，将天下名水，列出前二十名次序。杭州虎跑泉、无锡惠山泉、庐山的谷帘泉等等，都是历史上有名的泉水。

对于水质轻重，特别好茶的乾隆皇帝别有一番见解，他曾游历南北名山大川，每次出行常令人特制小斗，严格称量每斗水的不同重量。乾隆以轻重为首要标准，认为京西玉泉山为天下第一泉。被誉为"天下第一泉"的何止玉泉山，张又新的《煎茶水记》中云："天下第一泉"是江西庐山的谷帘泉；明代著名地理学家徐霞客认定云南安宁碧玉泉为"天下第一泉"。宋代曾巩以济南趵突泉试茶，盛赞其味，故也被世人称为"天下第一泉"。

2. 泡茶用水

(1)泡茶用水量的确定。泡绿茶、花茶和红茶，投入1克干茶，冲上50 ~60ml水，能取得较好的冲泡效果，如果是200ml的一只杯或一把茶壶，那么，放上3克左右的茶叶，冲水至七八成满，就成了一杯浓淡适宜的茶汤了。若相同的杯壶，饮用的是云南普洱茶，则需放上茶叶5 ~8克。乌龙茶冲泡时用水量较少，通常投入1克乌龙茶冲水量为20ml左右，所以用茶量比大宗茶类高得多，而冲水量却要减少很多。至于边疆少数民族兄弟多喝的是砖茶，通常用较大的茶壶或锅子煮茶，一般每50克砖茶，加水1.5公斤 ~2公斤，煨在火上煎煮，随时根据需要调制成各种茶，以便饮用。此外，茶、水的用量，还与饮茶者的年龄结构、男女性别有关。大致来说，中、老年人比年轻人饮茶要浓，男性比女性饮茶要浓。

(2)泡茶适宜的水温。冲泡茶的水温高，茶汁就容易浸出；冲泡茶的水温低，茶汁浸出速度慢。"冷水泡茶慢慢浓"，说的就是这个意思。

泡茶水温的高低，还与茶的老嫩、松紧、大小有关。大致说来，茶叶原料粗老、紧实、整叶的，要比茶叶原料细嫩、松散、碎的，茶汁浸出要慢得多，所以冲泡水温要高。水温的高低，还与冲泡茶的品种花色有关。具体说来，凡高级细嫩的名茶，特别是高档的名优绿茶，一般只能用80℃左右的水冲泡。只有这样泡出来的茶汤色清澈不浑，香气纯正而不钝，滋味鲜爽而不熟，叶底明亮而不暗，使人饮之可口，视之动情。如果水温过高，汤色就会变黄；茶芽因"泡熟"而不能直立，失去欣赏性；维生素遭到大量破坏，降低营养价值。对大宗红、绿茶和花茶而言，由于茶叶加工原料要求适中，可用烧沸不久，90℃左右开水冲泡。如果是乌龙茶、普饵茶等特种茶，原料不细嫩，加之用茶量大，所以，须用刚沸腾的开水冲泡。特别是乌龙茶，为了保持和提高水温，要在冲泡前用滚开水烫热茶具；冲泡后用开水淋壶加温，才能将茶汁浸泡出来。

值得说明的是：泡茶的水温，通常是指将泡茶用水烧沸后，再让其自然冷却至所需的温度，至于已经过人工处理的的桶装矿泉水或纯净水，只要烧到泡茶所需的水温就可以了。另外，自来水因含有较多的氯气，需要储存在水缸和水桶中过夜待氯气挥发后，再煮沸泡茶，或者适当延长煮沸时间，驱散氯气，然后泡茶。

(3)泡茶的时间。泡茶时间必须适中，时间短了，茶汤会淡而无味，香气不足；时间长了，茶汤太浓，茶色过深，茶香也会因飘逸而变得淡薄。

为了获得一杯既鲜爽又甘醇的茶汤，对较为普遍饮用的大宗红、绿茶而言，头泡茶以冲泡3分钟左右饮用为好；若想再饮，到杯中剩有三分之一茶汤时，再续开水；以此类推。如果冲泡的是乌龙茶，由于用茶量较大，因此，第一泡1分钟就可以将茶汤倾入杯中；第二泡起，每次应比前一泡增加15秒钟左右，这样可使茶汤浓度不致相差太大。

另外，冲泡时间还与茶叶老嫩和茶的形态有关。一般说来，凡原料细嫩，茶叶松散的，冲泡时间可相对缩短；相反，原料较粗老，茶叶坚实的，冲泡时间可相对延长。总之，冲泡时间的长短，最终还是以适合饮茶者的口味来确定为好。

(4)泡茶续水的次数。凡大宗红、绿茶的条形茶冲泡2~3次后，如果还想继续饮茶，那么，就得去除茶渣，重新冲泡。

细嫩的茶叶，茶汁容易浸出，所以与大宗茶相比，细嫩的名茶，一般只能冲泡2次。花茶可以连续冲泡2~3次，乌龙茶可连续冲泡4~6次，甚至更多。红茶中的红碎茶，由于在加工时，鲜叶经充分揉捻切细，茶汁一冲几尽，故只能冲泡一次。白茶中的白毫银针和黄茶中的君山银针，只采一个茶芽，加工时不经揉捻是直接烘焙而成的，所以，只能冲泡一次，最多二次。目前市场上的袋泡茶，是由红茶、绿茶、花茶或普洱茶经切细后，用袋包而成的，一经冲泡，茶汁很易浸出，所以，一般只能冲泡一次，最多两次。

三、备器

要冲泡好茶叶，必须有泡茶的器具，这是不言而喻的。但是到底需要备有什么样的器具，要视情况而定。

1.我国各地饮茶择具习俗

中国地域辽阔，各地的饮茶习俗不一，因此，对茶具的选择也不一样。在长江三角洲的沪、杭、宁和华北的京、津一带，人们爱品各种名优茶，品茶时要闻香、啜味、观色，所以，多选用玻璃杯或无盖的瓷杯泡茶。西南、西北一带，人们特别钟情用盖碗泡茶，喝茶时，左手托茶托，右手拿茶碗盖，加上盖，能保香、保温，去掉盖可观其形。华北、东北一带人们饮茶大多选用大瓷盖壶泡茶，尔后将壶中茶汤倾入茶盅(杯)饮用。福建、台湾以及广东潮洲、汕头一带，习惯于用小杯啜乌龙，故选用“烹茶四宝”：潮汕风炉、玉书铫、孟臣罐、若琛瓯泡茶，以鉴赏茶的韵味。至于我国少数民族地区，如新疆、内蒙古等地，至今多习惯于用瓷碗喝茶。在西藏自治区，藏民同胞多用木碗，或嵌银的木质碗喝茶。此外，还有一些兄弟民族地区，常用竹制茶具喝茶。

2. 茶具选择要因茶而定

中国民间，向有“老茶壶泡，嫩茶杯冲”之说。

一般说来，为保香可选用有盖的杯、壶或碗泡茶；饮乌龙茶，重在闻香啜味，宜用紫砂茶具泡茶；饮用红碎茶或工夫茶，可用瓷壶或紫砂壶冲泡，然后倒入白瓷杯中饮用；冲泡西湖龙井茶、洞庭碧螺春、君山银针、黄山毛峰、庐山云雾茶等细嫩名优茶，可用玻璃杯直接冲泡，也可用白瓷杯冲泡。但不论冲泡何种细嫩名优茶，杯子宜小不宜大。大则水量多，热量大，而使茶芽泡熟，茶汤变色，茶芽不能直立，失去姿态，进而产生熟汤味。此外，冲泡红茶、绿茶、乌龙茶、白茶、黄茶，使用盖碗，也是可取的，只是碗盖的使用，则应依茶而论。

3. 茶具选配要因人而定

古往今来，茶具选配，在很大程度上还反映了人们的不同地位和身份，如在陕西法门寺地宫出土的茶具表明，唐代皇宫选用金银茶具，秘色瓷茶具和玻璃茶具饮茶，而民间多用竹木茶具和瓷器茶具。宋代大文豪苏东坡自己设计了一种提梁紫砂壶，至今仍为茶人推崇。清代慈禧太后对茶具更加挑剔，喜用白玉作杯，黄金作托的茶杯饮茶。

现代人饮茶，大凡有宾客进门，主人总会选用最好的茶具泡茶待客。另外，不同性别、不同年龄、不同职业的人，对茶具要求也是不一样的。如男性习惯于用较大而素净的壶或杯泡茶；女士爱用小巧精致的壶或杯冲茶。又如老年人讲究茶的韵味，注重茶的香和味，因此，多用茶壶泡茶；年轻人以茶为友，要求茶香清味醇，重在品饮鉴赏，因此多用茶杯冲泡。再如脑力劳动者崇尚雅致的茶壶或茶杯细啜缓饮；而体力劳动者推崇大碗或大杯，大口急饮，重在解渴。

四、雅室

品茶需要在一定的环境中进行。我国古代历来讲究品茗的环境，或青山翠竹，小桥流水，或琴棋书画，幽居雅室，追求一种天然的情趣和文雅的氛围。明代徐渭在《徐文长秘集》中说：“茶宜精舍、云林、竹灶，幽人雅士，寒霄兀坐，松月下，花鸟间，清白石，绿鲜苍苔，素手汲泉，红妆扫雪，船头吹火，竹里飘烟”。明代冯可宾《茶笺 · 茶宜》中，提出了适宜品茶的十三个环境因素和七个不适宜品茶的环境因素，这都说明了古代文人非常重视品茗环境。现代城里人难以具备这样的条件，但在可能的情况下，还是应该尽量努力使品茗的环境幽雅一些。

在家里饮茶，一般人难以有专门的茶室，只能在客厅或书房甚至卧室寻找适宜位置，配以茶几、沙发或台椅，如能靠窗向阳更好，窗台上摆点花卉，墙上挂点书画，即是相当不错的品茗环境。遇到天气暖和，而屋外景观又不错，也可在阳台上品茶，如无条件，也不必勉强，只要窗明几净，安静舒适，便于在袅袅茶香中促膝谈心即可。

如有条件可结伴去效区野外，寻一山青水秀之处，在青松翠竹掩映之下，一边欣赏鸟语花香，小桥流水，一边品茗叙谈，吟诗歌咏，可体会溶入大自然怀抱的天人合一的境界，是种难得的高品味艺术享受。

目前比较方便的是邀三五知己到茶艺馆品茶。因为现在的茶艺馆，不管其风格是古典的还是洋派的，其装修都比较考究，环境幽雅，灯光柔和，音乐悦耳，具有浓厚的文化氛围，且有专门的茶艺小姐为客人表演茶艺或帮助客人学习冲泡方法，讲解有关茶叶文史知识。在茶艺馆品茗，是现代城里人的一种文化享受，越来越受到大众的青睐。如杭州的湖畔居茶楼，临湖而立，座楼三层，飞檐翘角，画楼精雅，在此品茶，独揽湖光景色；室内布置，简洁幽雅，精美朴素；墙上是表现茶事的仿古画卷，桌上是古色古香的茶具；还有服饰典雅，整洁大方，懂茶道、会茶艺的泡茶小姐为顾客讲茶、冲茶、奉茶，使人尽享饮茶的生活乐趣。又如北京老舍茶馆，建筑设计与室内布局，具有浓重的清代风格，室内搭一个戏台，由名角弹唱；墙上挂有大家茶画，柱上雕有名家茶联，四周缀以四时花草，如此品茗尝点，使人进入到“无我”境界。

对一个具有较大规模，并拥有较多品茶室的茶艺馆而言，在统一整体格局的同时，应当兼顾每个品茶室及堂座、厅座、包厢布置的多样性，才能满足不同层次、不同心态饮茶者的需求，使顾客有更多的选择余地。

第二节　冲泡与品尝

一、绿茶冲泡与品尝

1. 上投法、中投法和下投法

所谓下投法泡茶，是指按茶和水的用量之比，用茶匙摄取适量茶叶，置入茶杯(壶、盏)，将适量的开水，高冲入杯，泡成一杯浓淡适宜，鲜爽可口的香茗。采用下投法泡茶，操作比较简单，茶叶舒展较快，茶汁容易浸出，茶香透发完全，而且整个杯的浓淡均匀。因此，有利于提高茶汤的色、香、味，常为茶艺界所采用。

在开水温度高，又急需泡茶待客时，对一部分条索比较紧洁，重实的细嫩名茶，也有采用上投法泡茶的。其法是先在杯中冲上开水至七分满，再用茶匙摄取适量茶叶，投入盛有开水的茶杯中。它与下投法相比，投茶与冲水的次序正好相反。用上投法泡茶，它虽然解决了部分坚实的高级细嫩名茶，因开水温度太高，从而造成对茶汤和茶姿的不利影响，但采用上投法泡茶，对茶选择较强，如对松散型或毛峰类茶叶，都是不适宜的，否则，会使茶叶浮在汤面。同时，采用上投法泡茶，会使茶杯中茶汤浓度上下不一，茶的香气不容易透发。因此，品饮上投法冲泡茶时，最好先轻轻摇动茶杯，使茶汤浓度上下匀，茶香得以透发。茶艺馆采用上投法泡茶时，应向茶客说清其意，以增添品茶情趣。

另处，泡茶用水温度偏高，又不是太高时，还有采用中投法泡茶的。其法是先投入适量茶叶，尔后冲上少许开水(以浸没茶叶为止)，接着，右手握杯，左手中指抵住杯底，稍加摇动，使茶湿润;再用高冲法冲水至水满。所以，中投法其实就是两次分段法泡茶，它虽然对茶的选择不是很强，也在一定程度上解决了泡茶水温偏高带来的弊端，但也使泡茶比较复杂。

2. 龙井茶的冲泡程序

冲泡龙井茶时，遵循以下程序：

(1)备具。品饮龙井茶，除茶样罐、开水壶、品茶杯(碗)外，还须茶，赏茶盘、茶荷、茶匙等。如果茶盘容纳不下，也可将开水壶另行放置。为冲泡者方便冲泡操作，一般可将茶样罐放在茶盘中前方，茶巾和赏茶盘放于茶盘下方靠右处，茶荷、茶匙放于茶盘下方靠左处，茶杯(碗)倒置，放于茶盘中间有序排开。在准备过程中，主人最好用简单几句话，说出冲泡龙井茶应选配的茶具，以引发品茶者的情趣。

(2)赏茶。在冲泡龙井茶前，根据需要，可用一两句话，介绍一下龙井茶的品质特征和文化背景。接着开启茶样罐，用茶匙摄取少量茶样，置于赏茶盘中，端于客人前，稍欠身，用双手捧上，供客人观赏闻香，给品赏者一种美的享受。

(3)置茶。将茶杯(碗)一字摆开，或呈弧形排放，以有利于冲泡为准，然后，将茶样罐打开，用茶匙将所需龙井茶拔入茶荷，分 1 ~ 2 次完成，并将茶叶一一拨入茶杯(碗)中待泡。

(4)浸润泡。根据冲泡所需水温，倾入开水，用水量为茶容量的四分之一至五分之一，提杯向逆时针方向转动数圈，目的在于使茶叶浸润，吸水膨胀，便于内含物质浸出，时间掌握在 15 秒钟以内。

(5)冲泡。提壶冲水入杯，通常用“凤凰三点头”法冲泡，使茶杯中的茶叶上下翻滚，游移于沉浮之间，从而使茶汤浓度上下一致。期间，人们可观看茶的动态舞姿，以及茶的舒展变形。一般冲水入杯至七成满为止。不过，品饮时，为使茶汤浓度上下一致，最好在入口前，提杯稍加摇动为好。

(6)奉茶。给茶人奉茶，要面带微笑，做到欠身双手奉茶。茶杯(碗)摆放位置，以方便客人提取品饮为原则。茶放好后，应向客人伸手示意，说一声“请品茶”!

3. 龙井茶的品饮

龙井茶向以色、香、味、形四绝而誉称“中国十大名茶”之首。“西湖风光美，龙井名茶佳”。龙井茶又是历代文人骚客吟咏讴歌的题材，常用“黄金芽”、“无双品”、“香而清”、“淡而远”等词句，来表达对龙井茶的酷爱。加之龙井茶采摘细嫩，炒制精良，简直成了一种精工细雕的工艺品。这就决定了品饮龙井茶要从全方位，多角度地去进行品赏和评审。

通常龙井茶一经冲泡，先应观赏形。即冲泡时，可透过清澈明亮的茶汤，观赏龙井茶在杯中的沉浮、舒展和最终颗颗成朵而又各不相同的茶芽美姿。进而还可察看龙井茶汁的浸出、渗透和汤色的显现。当端起茶杯（碗）时，不可急于饮茶，应先闻其香。其时，随着汤面的微雾冉冉升起，顿觉清香扑鼻，清心怡神。然后，呷上一口，含在口中，边吸气边使茶汤从舌尖沿舌头两侧，来回旋转，反复数次，从中充分体察茶叶的滋味，然后缓缓咽下，顿觉甘醇之味，徐徐袭来。继而，慢慢啜之，又感回味无穷，顿生清新之感。如此往复品赏，不断回味追忆，自然而然产生飘飘欲仙的感觉，难怪清人陆次云品饮龙井茶之后，发出来自肺腑之感“龙井茶真者，甘而不冽，齿颊留芳，啜之淡然，似乎无味。饮过后，觉有一种太和之气，弥沦于齿颊之间，此无味之味，乃至味也。”如此一来，茶的品饮已从物质升华到精神，乐也当然就在其中了。

4. 大宗（普通绿茶）壶泡法

大宗绿茶与细嫩名优绿茶相比，纤维素多，耐冲泡，无论是外形，还是内质，其色、香、味、形都略逊一筹，若用玻璃杯和白瓷杯冲泡大宗绿茶，显得有些不雅观。所以，“嫩茶杯泡，，老茶壶泡”。但对中、高档大宗绿茶，少数也有采用有盖瓷杯泡的。现以瓷壶或紫砂壶泡茶为例，冲泡程序如下。

（1）烫具。用热水冲入茶壶、茶杯，摇晃数下，倒去热水，意在洁净茶具。

（2）置茶。打开茶样罐，用茶匙将茶样罐中绿茶拨入茶荷。茶叶用量按壶大小而定，一般以每克茶冲 50 ~ 60 毫升水的比例，将茶叶投入茶壶待泡。

（3）冲泡。通常饮用的大宗绿茶以条形绿茶为多。冲泡时，先将 90℃开水用高冲回转法冲入，后改直流冲水法，继而用“凤凰三点头”手势冲至满壶，必要时还须用左手持壶盖，刮去壶口水面浮沫。

（4）分茶。将茶壶中的茶汤低斟倾入茶杯时，应采用循环倾注法，一般以茶汤入杯七分满为标准。一壶茶，若是分三杯茶汤的，那么，第一杯倾注三分之一，第二杯倾注三分之二，第三杯倾注七分满；再依二、一顺序顺序注七分满。若是分四杯茶汤的，那么，每杯可按四分之一、四分之二、四分之三、七成满要求倾注茶汤，再按三、二、一顺序注至七分满。余类推。

（5）奉茶。若宾客在场，应用双手捧杯奉茶，并行伸手礼，道声“请用茶！”

（6）品尝。宾客饮茶男士多用右手张开虎口拿杯，女士还须用左手托住茶杯底部。

(7)收具。奉茶完毕，将桌上的茶具全收至茶盘中，行鞠躬礼，退至后场。

二、红茶冲泡与品尝

1. 红茶的冲泡(清饮泡法)

对于红茶，特别是工夫红茶，中国的大多数地方都采用清饮泡法，即在茶汤中不加任何调料，使茶发挥本性的固有香气和滋味。饮茶时，手捧一杯好茶，静闻慢尝，细评默品，使人进入到一种忘我的精神境界。所以，对工夫红茶，特别是工夫红茶中的名优茶，一定要用清饮方法方能领悟到红茶的特有风韵，才能享受到饮红茶的奇趣。

红茶的清饮泡法，有杯泡法和壶泡法之分。工夫红茶、小种红茶、袋泡红茶多用杯泡法，红碎茶、片末红茶多用壶泡法，但采用何种饮法，在茶艺馆接待宾客时，要慎加研究。这是因为，有些地方认为用壶斟茶奉客，是不敬之举。因此，红茶冲泡时，用杯泡法还是用壶泡法，一要看红茶的种类而定，二要与民风结合起来考虑。现将两种红茶清饮冲泡简介如下：

(1)清饮杯泡法。饮茶杯通常选用白色带托的有柄瓷杯，也可以与咖啡杯通用，程序如下：

温杯：用开水冲杯，以洁净茶杯。

置茶：每杯约 2 克，杯的容量为 150 毫升左右。

冲水：用 90℃左右开水，用高冲法将提水壶中的开水冲入茶杯，冲入量为 100 毫升左右。

奉茶：将冲好的茶，用双手连托带杯，有礼貌地奉给宾客。

品饮：通常是先闻香，后观色，再尝味。

续水：除袋泡茶外，通常可冲泡 2 ~ 3 次。

(2)清饮壶泡法。通常与咖啡饮具能通用。因品饮红茶，观色是主要内容，因此除壶外，特别是盛茶杯以有柄带托的白瓷杯为好，而且壶与杯的用水量必须配套。程序如下：

温具：用开水冲洗泡茶壶和盛茶杯，以洁净茶具。

置茶：以每人 2 克的用量，置茶入壶。

冲泡：将 90℃左右开水高冲入壶。

分茶：经静置 3 ~ 5 分钟后，提起茶壶，轻轻摇晃，待茶汤浓度均匀后，一一倾茶入杯。

品茶：依次进行闻香、观色、尝味。

续水：除红碎茶外，通常可续水 2 ~ 3 次。

2. 红茶的品尝

清饮红茶的品饮重在领略它的香气和滋味。端杯开饮前，要先闻其香，再观其色，然后才是尝味。圆熟清高的香气，红艳油润的汤色，浓强鲜甜的滋味，让人有美不胜收之感，这种精神享受，需要品饮者在“品”字上下功夫，缓缓斟饮，细细品缀，徐徐体味超然自得，“吃”出茶的真味来，真正享受到清饮红茶的这种福分。

三、乌龙茶的冲泡与品尝

乌龙茶的泡法因地区差异和茶具不同，冲泡方法也不尽相同，有壶泡法和盖碗泡法两类，壶泡法又有壶盅双杯泡法和壶盅单杯泡法及壶杯泡法之分。

这里以壶盅双杯泡法为例，讲述乌龙茶的冲泡与品尝，此法在台湾比较流行，目前大陆茶艺馆也多采用。此法艺术性较强，具有一定的观赏性，从事茶艺工作者应多练习，熟练掌握。

1. 准备。中置茶床，上置茶壶、茶盅和闻香杯，品茗杯各四只；左侧放中茶盘一只，上置茶样罐、箸筒（内装茶则、茶匙、茶夹、茶针等），赏茶盘，杯托四只、茶巾盘（内放茶巾）；右边置酒精炉及石英开水壶。

2. 出场。随音乐节奏缓步行走，主泡和助泡一起行鞠躬礼，主泡坐下，助泡站于主泡右侧。

3. 备具。将左侧中盘中的茶样罐和箸筒一一端放在茶床的左上方，将茶巾盘放至其右下方，将赏茶盘放在中盘正中。

4. 赏茶。双手捧取茶样罐，左手开盖，用茶匙取样放入赏茶盘中。助泡从主泡右侧走至左侧，端起茶盘，送给宾客赏茶，将空茶盘端回放在原处，然后退至后场。

5. 温壶。主泡左手开启壶盖，右手提开水壶注开水于泡茶壶中，约为总容量的2/3，开水壶复位。左手盖上壶盖，双手拿茶巾放于左手手指部位，右手拇指和中指握住茶壶把，食指抵住壶盖上的气孔或钮基部，左手拿茶巾托住壶底，两手指部位相对，双手手腕作相反方向转动，开水在壶中晃动，使整把壶的温度一致。然后，右手提起茶壶，手腕上提使手与手臂呈90℃，手心朝向自已将壶中开水倒入品茗杯中（以后倒茶均用此手法）。

6. 置茶。左手打开茶壶盖，置于茶盘上，双手捧取茶样罐，摇动后用茶匙将茶样罐中粗大茶叶置于茶壶水孔一边，细碎的放在壶把一侧，以防止细碎茶叶冲泡后堵住水孔水流。茶样量为茶壶容量的1/3左右（半球型、松散型可多些），如果用茶则置茶样，则把茶叶倒入茶则中，用茶匙将茶的粗细分开，然后分别倒入茶壶中。

7. 温润泡。右手提开水壶，沿茶壶口回转冲入100℃开水，左手加盖，放回水壶。右手立即提茶壶（动作同温壶）将温润泡的开水倒入茶盅里，目的是使茶叶湿润并提高温度，使香、味能更好地发挥。

8. 初泡。当上一步完成后，右手提开水壶回转冲入开水至壶口沿，左手盖上茶壶盖，静置一分钟。

9. 温盅、杯。茶盅里盛有温润泡的茶水，右手握盅，左手托盅，温盅手法同温壶，再将盅内开水倒入闻香杯和品茗杯中，逐个将闻香杯及品茗杯中的开水弃去。

10. 倒茶及分茶。冲泡 1 分钟后，将茶壶平提起，用茶巾吸干壶底废水，再将壶侧提起，方法同前，将茶汤倒入茶盅里，最后几滴要全滴入闻香杯中，至杯沿下 2 毫米左右。

11. 奉茶。主泡将品茗杯覆在闻香杯中，右手心朝下，用食指、中指夹住闻香杯两侧，拇指抵住品茗杯的杯底，向左侧转动手腕，使手掌朝下，将品茗杯的杯底放在茶托上，端茶托放入左侧的中茶盘里。助泡从后场走到主泡左侧，主泡行示意礼，助泡端起茶盘后退二步，让主泡起身走在前面，随主泡走到宾客席，一一奉茶，完毕后复回原座，助泡将中茶盘仍放在泡茶台左侧，退至后场。

12. 品尝。宾客用拇指、食指夹住闻香杯两侧，稍屈两指旋转闻香杯边向上提，使茶汤都流入品茗杯中，双手合掌捧住闻香杯搓动数下。举手至鼻前，将拇指处分开一条缝，使杯口对鼻，用力吸嗅杯底香气，因手掌挡住了香气的散失，使香气集中嗅入鼻中。杯底留香时间越长，则茶的品质越好，可反复搓，嗅数次。闻香之后，用中指和拇指端起品茗杯，用无名指托于杯底，食指和小指自由伸展（女性左手托住杯底），观汤色后即可啜饮，以持杯手的虎口对住嘴部，这样啜饮时嘴不外露，以示文雅，分三口喝完，意为“品茶”（品字为三口组成）。

13. 二泡。主泡将第二道开水冲入茶壶中，静置 1 分 15 秒，将茶倒入茶盅里，将茶盅移放到左侧的中茶盘内，并放入茶巾盘，由助泡端盘至宾客处分第二道茶至闻香杯中，分毕后复回泡茶台，茶盘复原位。

14. 品尝二泡。宾客自行将品茗杯覆于闻香杯上，按前述动作将两杯倒个位，重复第一泡品尝的动作。

15. 第三泡及品尝。同第二泡，只是冲泡后静置时间加长到 1 分 40 秒。

16. 收具。主泡将中茶盘内的茶盅放于茶床上，将茶样罐、箸筒、茶巾盘均放于中茶盘内，由主泡端起茶床，助泡端中茶盘，行鞠躬礼，退至后场，再由助泡收回茶炉和茶壶。主、助泡再次出场，鞠躬谢礼。

四、白茶的冲泡和品尝

白茶因产地、采摘原料不同，有白毫银针、贡眉、白牡丹等之分，在茶艺馆中饮用最多的是白毫银针。

白茶中白毫银针的泡饮，与黄茶中的君山银针有些相似，富含观赏性。冲泡白毫银针的茶具，通常以无色无花的直筒形透明玻璃杯为好，这样可以从各个角度，欣赏到杯中茶的形和色，以及它们变幻的姿色。冲泡时的水温，以 70℃为好。其冲泡程序如下。

1. 备具。采用有托的玻璃杯，其他茶具同龙井茶泡具。

2. 赏茶。用茶匙取出白茶少许，置于茶盘，供宾客欣赏干茶的形与色，以引起对白茶兴趣。

3. 置茶。取白茶2克，置于玻璃杯中。

4. 浸润泡。冲入少许开水，让杯中茶叶浸润10秒钟左右。

5. 泡茶。随即用高冲法，按同一方向冲入开水100～120毫升。

6. 奉茶。有礼貌地用双手端杯奉给客人饮用。

7. 品尝。白毫银针的品饮方法较为独特，这是因为白毫银针在加工时，未经揉捻，茶汁不易浸出，所以冲泡时间较长。冲泡开始时，茶芽都浮在水面，此时茶芽条条挺立，上下交错，犹如雨后春笋，蔚为奇观。约10分钟后，茶汤呈橙黄色。此时，方可端杯边观赏，边闻香，边尝味。如此品茶，尘俗尽去，意趣盎然。

8. 收具。奉茶完毕后，将桌上的茶具全收至茶盘中，行鞠躬礼，退至后场。

五、黄茶的冲泡和品尝

1. 君山银针的冲泡程序

君山银针是一种较为特殊的茶，它有幽香，有醇味，具有茶的所有特性，特殊的是，它更注重观赏性，因此十分强调茶的冲泡技术和程序。冲泡君山银针，用水以清澈的山泉为佳，茶具宜用透明的玻璃杯，并用玻璃片作盖。杯子高度10～15厘米，杯口直径4～6厘米。每杯用茶量为3克，太多、太少都不利于欣赏杯中茶的姿形景观。冲泡程序如下：

(1) 赏茶。用茶匙摄取少量君山银针，置于洁净赏茶盘中，供宾客观赏。

(2) 洁具。用开水预热茶杯，清洁茶具，并擦干杯中水珠，以避免茶芽吸水而不宜竖立。

(3) 置茶。用茶匙轻轻地从茶样罐中取出君山银针约3克，放入茶杯待泡。

(4) 高冲。用水壶将70℃左右的开水，先快后慢冲入盛茶的杯子，至二分之一处，使茶芽湿透。稍后，再冲至七八分满为止。冲泡后的君山银针，往往浮卧汤面，这时用玻璃片盖在茶杯上，能使茶芽均匀吸水，加速下沉。经5分钟后，去掉玻璃盖片。

(5) 赏茶。君山银针经冲泡后，在水和热的作用下，茶芽渐次直立，上下沉浮，芽尖挂着晶莹的气泡，是其他茶冲泡时罕见的。大约冲泡10分钟后，就可以品饮了。

2. 君山银针的品饮

品饮君山银针，讲究在欣赏中饮茶，在饮茶中突出欣赏，确切地说，君山银针是一种以赏景为主的特种茶。首先说赏景：刚冲泡的君山银针是横卧水面的。当加上玻璃片盖后，茶芽吸水下沉，芽尖产生气泡，犹如雀舌含珠。继而茶芽个个直立杯中，似春笋出土，如刀枪林立。接着，沉入杯底的茶芽，少数在芽尖气泡的浮力作用下，再次浮升。如此上下沉浮，把品赏者的心情，带入到奇妙的变幻中。最后，当启开玻璃杯盖时，一缕白雾从杯中冉冉升起，缓缓消失，使人有白鹤飞天离我而去之感。赏茶之后，端起茶杯，清香袭鼻，使人感觉清新，给品茶者带来春的信息。闻香之后，自然就是品茶尝味了，君山银针的茶汤口感醇和、鲜爽、甘甜，更有一番滋味在心头。难怪很多茶人将品饮君山银针，当作是精神的升华，生活的享受。

六、黑茶的冲泡与品尝

根据普洱茶的品质特点和耐泡性，一般选用盖碗冲泡，用紫砂壶作公道杯，最后用小茶杯品茶。普洱茶在盖碗内经滚沸的开水高温洗茶，可将茶表面的不洁物和异味洗去，充分释放出普洱茶的真味。而用紫砂壶作公道杯，可去异味，聚香含淑，韵味不散，从而得真香实味。其冲泡程序如下。

1. 赏具。又称孔雀开屏。通常选用长方形的小茶洗；上置泡茶用的盖碗和品茶用的若琛杯，多用青花瓷，花纹和大小应配套；公道杯以大小相宜的紫砂壶为上。此外，还有一些泡茶辅助用具，如茶匙、茶则等。

2. 温壶。又称温壶涤器。就是用烧沸的开水，冲洗盖碗、若琛杯（小茶杯）。

3. 置茶。俗称普洱入宫，即用茶匙将茶置入盖碗，用茶量为5~8克。

4. 涤茶。又称游龙戏水，即用现沸的开水呈45度角大水流冲入盖碗中，即定点冲泡，使盖碗中的普洱茶随高温的水流快速翻滚，达到充分洗涤的目的。

5. 淋壶。又称淋壶增温，即将盖碗中冲泡出的茶水随即淋洗公道壶，达到增温目的。

6. 泡茶。又称祥龙行雨，即用现沸开水冲入盖碗中泡茶，开水用量约150毫升。冲泡时间分别为：第一泡10秒钟，第二泡15秒钟，第三泡后，依次冲泡20秒钟。若是久陈的普洱茶，至第十泡以后，茶汤依然红艳，甘滑回甜。

7. 出汤。又称出汤入壶，即将盖碗中冲泡的普洱茶茶汤倒入公道壶中，出汤前要刮去浮沫。

8. 沥茶。又称凤凰行礼，即把盖碗中的剩余茶汤，全部沥入公道壶中，以凤凰三点头的姿势，向客人行礼致意。

9. 分茶：又称普降甘霖，即将公道壶中的茶汤倒入若琛杯中，每杯倒七分满为度。

10. 敬茶：又称奉茶敬客，即将若琛杯中的茶放在茶托中，由泡茶者举杯齐眉，一一奉给客人。

品饮普洱茶，重在寻香探色，当然也有观赏内涵。先观汤色，重在闻香，尔后还得好好啜味，只有这样才能尝到普洱茶的“精华”所在。

七、袋泡茶的冲泡与品尝

1. 袋泡茶的冲泡

袋泡茶冲泡极其方便，程序如下：

(1)温杯。目的在于洁净茶杯，使茶杯保持合适的温度。

(2)置茶。用手撕开一个袋泡茶的外封套口沿，，再用拇指和食指抓住标牌，将内袋茶包拎出，呈悬系状置入茶杯，并将标牌倒悬在杯口外，通常为一杯一袋。

(3)冲泡。用80～90℃开水冲泡，用水量约为150毫升。

(4)匀茶。待冲泡3分钟后，提起标牌，将茶袋在茶汤中荡几下，使茶汤浓度上下、左右均匀一致。

(5)去袋。在饮袋泡茶前，拎起标牌，将茶包从茶汤中提出。

(6)调味。如果制作调味茶，去袋包后，可按品饮者要求，适当加进柠檬、牛奶之类。

(7)奉茶。用双手捧起茶杯，有礼貌地奉茶给品饮者。

2. 袋泡茶的品尝

袋泡茶与传统散装茶相比，不仅具有冲泡快速、方便、卫生的特点，而且经冲泡后的茶汤，纯净无茶渣。其次袋泡茶是经拼配而成，品质比较均一。至于对袋泡茶的香气，通常没有太高的要求。因此，冲泡袋泡茶的茶具，以玻璃杯或素色的白瓷杯为宜。

由于袋泡茶中的茶，是经人工切碎(24～40目)后，呈颗粒状态，一经开水冲泡，茶汁容易浸出，通常只能冲泡一次。所以，茶和水的用量之比与一般传统散装绿茶不一样，一般1克袋泡茶，可冲开水70～80毫升。常见袋泡茶的装茶量以2克为多，这样，一只容量为200毫升的茶杯，冲入150毫升左右开水，静置5分钟，就能成为一杯浓淡适宜的茶汤。对袋泡茶的茶汤和滋味的要求，不能一概而论，应与各种茶的品质要求结合而定。

八、花茶的冲泡与品尝

1. 花茶的冲泡

花茶多用盖碗冲泡，特别适合于个人品茗时使用，既可品到花茶的真香本味，也是一种较为风雅得体的品茶方法。此外，还有用杯冲泡花茶的。冲泡程序如下。

(1)温碗。其目的在于洁净、加温盖碗。

(2)置茶。视盖碗大小，每碗置花茶2～3克。

(3)浸润。先用少许开水，按同一方向高冲入碗，以浸润碗中花茶。

(4)泡茶。约10秒钟后，再向碗中冲水至七八分满，随即加盖，不使香气散失。

(5)奉茶。将茶碗连盖带托，用双手有礼貌地奉给宾客，并示意用茶。

(6)静待。通常花茶经冲泡后，需静待3分钟左右，才可开饮。

(7)开饮。花茶品饮，以闻香尝味为主，倘若有几位宾客饮用的是中、低档花茶，选用壶泡法冲泡花茶的，那么，泡茶后，还得增加“分茶”这一程序。将壶中茶汤，一一倾入茶杯后，再向客人奉茶开饮。

2. 花茶的品尝

品饮花茶，在冲泡前，可欣赏花茶的外观形状，干闻花茶香气，察看茶胚质量。而一些显眼的花干，又是锦上添花。倘若选用有盖玻璃杯泡茶，那么，冲泡后，还可观赏茶在水中的飘舞、沉浮，茶的开展和复原，以及茶汁的渗透和汤色的变幻，此乃为“目品”。冲泡3分钟后，揭开杯盖一侧，即可闻到随雾冉冉上升的香气，顿觉芳香扑鼻，精神振奋，此乃为“鼻品”。接着，小口啜茶，使茶汤在口中稍事停留，以口吸气，鼻呼气相结合的方式，将茶汤在舌面上来回往返流动，充分与味蕾接触。如此一、二次，才能尝到名贵花茶的真香实味，此乃为“口品”。因此，品尝花茶，如能做到三品，即“目品”、“鼻品”和“口品”者，才能将“一杯小世界”、充满“山川花木情”，令人齿颊留芳，精神愉悦。

一饮后，留下三分之一茶汤，续水二饮，再三饮。通过鼻闻，口尝，综合领略茶味的适口度和香气的鲜灵度、浓度、纯度，三香具备者 ，称之为“全香”。茶形、茶香和茶味全佳者，称之为花茶的高品。不过，除了极品花茶可欣赏茶形外，一般花茶的品尝只要抓住闻香和尝味就可以了。至于花茶的茶汤，因在窨花过程中，茶胚在吸香的同时，也吸收了一定数量的水分，会使茶汤颜色发生一定的变化，所以，一般不能对花茶的色泽有过高的要求。

第三节　饭店茶礼服务技巧

目前我国很多星级饭店都开设茶室、茶座、茶艺馆，另外，饭店内的餐厅、会议室及客房都会为客人提供饮茶服务。由此不难看出，饭店的饮茶服务是必不可少的。

一、餐厅茶礼接待

1. 早餐开茶服务

餐前饮茶的习惯流行于我国南方，特别是东南沿海一带。因此，早餐中开茶服务成了餐前服务必不可少的环节。值台服务员为已落座的客人送上香巾后，向客人问茶。早餐开茶服务程序是：

(1)开餐前准备好各种茶叶。

(2)根据客人对茶叶的喜好，介绍适宜的品种。

(3)为客人沏茶时，要注意卫生操作的要求，不允许用手抓茶叶，应用茶勺去取，并注意用量准确。

(4)沏好茶后，应逐一从客人的右侧斟倒。

(5)斟茶时，右手执壶，左手托壶下的垫盘，茶水不宜斟得过满，以七分满为准。

(6)一般应注意斟完第一杯茶后，把壶放在餐台上，茶壶嘴不要朝向客人，客人人数超过6位时，应上两把茶壶。

(7)随时注意加满茶壶中的开水，并掌握茶水的浓淡。

2. 正餐服务茶礼接待

午餐、晚餐也称正餐，客人用餐时间较长，食品饮料更为丰富。在正式用餐之前，服务员要为客人上餐前茶。具体服务程序是：

(1)服务员将茶沏好后，将茶杯放在茶碟里，斟至七八成满，放在托盘中，从客人的右侧一一送上。

(2)在高档次的餐厅里，上茶服务非常讲究，有专门负责茶水服务的茶艺师。客人入座后，茶艺师将装有各种茶叶的手推车推至餐桌旁，向客人介绍各种茶叶的名称，请客人点茶。客人点茶后，茶艺师将茶叶放入盖碗中，当着客人的面将茶沏上后端送给客人。

二、客房茶礼接待

客人在房间饮茶多是没有服务员的时候，因此服务员需做好准备工作。

(1)准备好干净、整洁的茶具。

(2)准备好各种茶叶。

(3)备好开水或电壶。

(4)适时到房间为客人换水，随时为客人提供良好的服务。

三、饭店内独立茶室的茶礼接待

为了满足饭店客人聊天、休憩、洽谈生意的需要，除了酒吧、咖啡厅、饭店还为客人提供有中国传统特色及丰富文化色彩的茶室，使客人在休息的同时得到身心的满足，古朴典雅的氛围，举止优雅的茶艺服务人员以及香浓的茗茶，会带给客人精神和物质的享受。

饭店茶室的服务很讲究，首先要求茶艺服务人员有良好的文化素质、丰富的茶叶知识，以及专业的泡茶技巧，其次要为客人营造一个良好的品茶氛围及准备上等的香茗。茶室服务程序是：

(1)按茶单的茶叶品种准备好各种茶叶。

(2)准备好泡茶用水。

(3)准备干净、整洁各类茶具。

(4)客人入座后按茶单点茶。

（5）客人点不同的茶，茶艺人员要用不同的茶具及不同的沏泡方法进行沏泡及讲解。

饭店中的茶室与外面独立经营的茶艺馆有相同之处，也有不同，因此，茶艺人员要根据客人不同的需求进行有针对性的服务。

四、会议茶礼接待

1. 小型会议茶礼接待

小型会议室可供30人以下的会议使用。小型会议室室内布置有两种形式，一种是设椭圆形的会议桌，另一种是不设会议桌，而设沙发和茶几。由于小型会议人数不多，客人用茶较随意，服务员可事先征求客人的意见准备袋茶、花茶、红茶、绿茶、乌龙茶等，当客人品饮茶水时，服务员还要依据不同品种的茶叶配备不同的茶具，如袋茶、花茶配瓷茶杯；红茶、绿茶要配有盖的杯或碗；而乌龙茶则要配紫砂茶具等。小型会议饮茶服务程序是：

（1）服务员为客人沏茶之前，首先要洗手，并洗净茶杯，杯内不得存有茶垢。

（2）要特别注意茶杯有无破损或裂纹，残破的茶杯要及时更换。

（3）不能用旧茶或剩茶待客，必须沏新茶。

（4）茶水不要沏得太浓或太淡，每一杯茶斟七成满即可。

（5）上茶时把茶杯放在杯托上，待客人坐定后一同敬给客人，杯把放在客人的右侧。要是客人饮用红茶，可准备好方糖，请客人自取。

（6）上茶时，应注意站在客人右侧先给主宾上，再依次给其他客人上。

如果用茶水和点心一同招待客人，应先上点心。点心应给每人上一小盘，或几个人上一大盘。点心盘应事先摆放好。

2. 大、中型会议茶礼接待

中型会议室可供30～100人的会议使用；大型会议室可供100人以上的会议使用。由于人数较多，客人用茶的方式也比较简单，是由服务员事先将茶叶或袋茶放入茶杯中，并将茶杯、茶碟摆放在桌子上，用暖壶冲水，如备有果品也要在会议开始之前摆在会议桌上，然后恭候与会者的到来。大、中型会议饮茶服务程序是：

（1）客人入座后，由服务员为客人倒水沏茶。

（2）倒水时服务员应站在客人的右侧，左手拿壶，右手拿杯进行斟倒。

（3）圆桌会议，服务员要从主位开始顺时针倒水，而长桌会议服务员就要按从里向外的顺序倒水。

（4）在开会的过程中，服务员要注意观察开会情况，适时续水。

3. 茶话会茶礼接待

茶话会是一种聚会形式。它既不像古代茶宴、茶会那样豪华隆重，也不像“茶道”要有一套严格的礼仪和规则，而是以清茶或茶点接待客人。它顺应中国人聚集一起饮茶聊天的习惯，人们借茶引言，以茶助话，因此广泛地运用于各种社交场合。

在我国，大如商议国家大事，欢迎各国使节、庆祝全国性的重大节日，小如开展文化学术交流、良辰喜庆、开张业等一般都采用茶话会的形式，特别是新春佳节，许多团体、单位都喜欢用茶话会的形式，“清茶一杯，辞旧迎新”。

茶话会质朴无华，机动灵活，形式简便。如果举办一个不超过一二十人的茶话会，只要用二三张圆桌，或用方桌拼成“一字形”、“U 字型”进行；如果是几十人，甚至上百人的茶话会，可用圆桌分开围坐，或用方桌分层拼成“U 字型”进行；如果是在近百人以上，大多是采用分桌围坐的方式进行。在茶话会上，应事先将茶叶、茶杯、茶壶分别放在铺有洁净白布的桌子上。根据茶话会的内容与季节不同，在室内四周摆放一些盆花，桌上布置一些瓶花，使人有幽雅、清心之感。另外，还可根据客人要求增加一些应季鲜果和精美糕点。茶话会饮，茶服务程序是：

(1)服务员要根据茶话会的人数备齐茶杯、茶垫和茶壶，如一桌 10 人，茶壶应有两把，茶壶下面要放垫碟。

(2)将暖瓶装满开水。茶话会前 5 分钟在茶杯内放入茶叶，加上少许开水，把茶叶焖上，待客人到达后加水就可为客人斟倒。

(3)斟茶时要站在客人右侧，不要将茶水滴在餐台或客人身上，并告诉客人茶叶的名称。

(4)茶话会开始时，通常先由主人致一个简短的欢迎词，随即主宾之间、客人之间，随意品茗叙谊。

(5)在茶话会的整个过程中，要随时注意为客人续斟茶水，当发现壶内茶水过淡时要马上更换，重新泡茶。

思考与练习

1. 何为好茶？如何选购？
2. 简述各茶类泡茶的用水量、水温、冲泡时间及续水次数。
3. 何为上投法、中投法、下投法？
4. 叙述龙井茶的冲泡与品尝，普通绿茶的冲泡与品尝。
5. 叙述乌龙茶的冲泡与品尝。
6. 叙述花茶的冲泡与品尝。
7. 简述餐厅茶水服务接待礼仪。

第六章　茶叶审评设备与方法

◆ **学习提要和目标：**

一、认识茶叶感官审评室的环境条件要求；

二、熟悉评茶设施的规格要求；

三、熟悉匀堆扦样法、就袋扦样法，抽件扦样法的操作程序，并能熟练地扦取开汤样茶；

四、能根据实际情况选择泡茶用水，泡茶水温、泡茶时间和茶水比例；

五、能够独立做好评茶前的准备工作，会把样盘，会初步进行毛茶含水量的感官测定；

六、掌握正确的嗅香气、看汤色、尝滋味、评叶底的基本方法。

茶叶感官审评是以人的感觉器官，通过一定的评茶程序，来确定茶叶品质的优次的一种评茶方法。它是目前乃至将来一段时间内评茶的主要方法。

要准确地评定茶叶的品质，必须具备两个条件：(1)要有统一的标准的仪器设备和良好的环境；(2)评茶人员必须具备良好的思想素质和较高的技术水平。

第一节　审评设备

一、审评室的设计

感官评茶易受光线的影响，审评室的光线要充足明亮，均匀一致，无异色反光。这是正确评茶的先决条件。因此审评室的设计应当是这样的：

1. 窗户要大一些，并应朝北，因为北面射进的光线从早晨到傍晚都比较均匀，变化较小。

2. 审评室的北窗外不宜有树木和其他障碍物，以免影响光线的射入和光线的纯度。在北窗口外，装置一排黑色斜斗形的遮光板，向外突出，倾斜度为30度，以保证光线稳定，提高评茶的正确性。

3. 审评室内的墙壁及天花板应刷白，因为白色可以增强室内明亮度和避免杂色反光。

4. 室内要洁净、干燥、无异味，防止样茶吸湿变质和影响香味的审评。

5. 审评室靠窗口处设置干评台，用于放置样茶罐、样茶盘，审评茶叶的外形和色泽。台高90～100厘米，宽为50～60厘米，长度和张数视审评室的长度和评茶任务的需要而定，台面漆黑色。

6. 湿评台放置在干评台的后面，漆成白色，用于放置审评杯、碗和叶底盘，供开汤审评茶叶香气、汤色，滋味和叶底用。台高100厘米，宽50～60厘米，长度依审评室大小而定，一般与干评台的张数相对应。

7. 贮样间。每个审评室都要有一个专门的贮存茶叶样品的贮样间。贮样间必须密闭，无异味，并有防潮、排湿和控温的设施。

二、评茶用具

为使茶叶审评结果准确，具有可比性和重复性，审评用具必须统一规格。评茶的主要用具有：

1. 审评盘。为干燥无异气味的木质盘，正方形或长方形，漆为白色，供一般茶叶审评外形用。正方形盘一般为23×23×3厘米，长方形盘一般为25×16×3厘米，盘的一角开缺口，便于倒出茶叶。

2. 样茶匾。供圆炒青审评外形时用，为竹编圆形匾，一般直径50厘米，边高4厘米。

3. 审评杯。用来泡茶和审评茶叶香气。瓷质白色，杯盖有一小孔，在杯柄对面的杯口上有一小缺口，呈锯齿状，便函于倒出茶汤。审评毛茶用的规格一般容量为200毫升或250毫升，审评精茶用的一般为150毫升。审评乌龙茶用的为钟形带盖的茶盏，容量为110毫升。

4. 审评碗。为广口白色瓷碗，用以审评汤色和滋味，大小与审评杯相配套。

5. 叶底盘。供审评叶底用，木质叶底盘有正方形和长方形两种，正方形为10×10×2厘米，长方形为12×8.5×2厘米，均漆成黑色，还有一种长方形白色搪瓷盘，用来盛清水漂看叶底，称漂盘。

6. 称茶器。用来称取开汤样茶，一般采用十分之一克的粗天平。

7. 计时器。供计算茶叶冲泡时间用。可用特制的5分钟砂时计，或用定时钟。

8. 吐茶筒。供审评时吐茶汁及盛茶渣用。

9. 网匙。用以捞取审茶碗内茶汤中的碎茶片。是用细密铜丝网制成的的半圆斗形小勺子。

10. 其他用品。舀取茶汤尝滋味用的茶匙（调羹）；烧水用的开水壶或电壶、电炉等。

（审评杯、碗、样茶盘、叶底盘（漂盘）等的数量都要根据每日评茶的任务大小置备充足。

第二节 扦样

审评茶叶品质的第一项工作就是扦样，茶样扦取是否正确，直接影响到审评结果的准确。因此扦样一定要有代表性，方法要正确。

一、扦样的意义

无论是毛茶收购，验收，还是产品出厂，供应等品质检验，都要从大批茶叶中扦取适量的样品进行审评和检验。一批茶叶是由许多形态各异、嫩度不同，内质也不完全相同的个体组成的群体。扦样就是要将这些品质相对不同的茶叶机会均等地，均匀地扦取出来，从而使样品的品质水平能与这批茶叶的品质相符，具有充分的代表性。如果扦取的样茶，缺乏代表性，则审评结果也难以代表这批茶的品质水平，而失去审评的准确性。所以扦样是准确反映茶叶品质客观实际的重要环节。

二、扦样的方法

扦样有收购扦样、验收和供应扦样。

（一）毛茶收购扦样

1. 匀堆扦样法。在收购中，一般都宜采用此法扦样。即将投售的茶叶分批全部倒出，拌匀，然后从堆的各个部位各扦取样茶数把放在样匾中，充分拌匀作为总样（也称大样）。再从总样中用对角取样法扦取小样 500 克左右，作审评用。对角取样法就是将样茶拌匀收扰，用手掌或用分样板通过堆的中心点从上到下十字劈开，取其对角的两部分。如果数量较多，可以反复分取，直到满足要求为止。

2. 就袋扦取法。从每批茶叶的每袋中的上、中、下各个部位各扦取一把茶叶在样匾上，先看外形的色泽、粗细及干嗅香气是否一致，如无差异，就可以将各袋中扦出来的样茶并拢作为总样，再用对角取样法扦取小样，如果袋与袋之间的茶叶品质差异较大，则要将茶袋中茶叶倒出，匀堆后，再从大堆中取样。

3. 抽件扦取法。如果遇到一批毛茶的件数过多，可随机抽取数件，按上述匀堆法扦样，但扦取件数应不少于总数的三分之一。

4. 毛茶收购扦样注意事项

（1）扦样前要把投售单位的名称、批数、各批件数，分别登记清楚，编好号码，一批茶扦取一个样品。

（2）若遇片末茶过多或含水量过高时，应割末或退回投售单位复火后再行扦样。

(3)倒出匀堆扦样的茶叶，扦好样后，应即时装袋堆好，按序过磅。

(4)审评后的样茶应倒回原批茶叶中。

(二)毛茶进厂验收扦样

一般采用随机抽件扦取。同一批毛茶至少要每十袋抽一袋扦样。扦样时必须从上、中、下各扦一把拌匀。如果上下之间品质有差别，要全袋倒出拌匀后再扦;如果发现袋与袋之间的品质差异较大，则要增加扦样的袋数。在扦样时应先查明毛茶交货拨运单的批次，等级、数量、收购单价，对照来货扦取。

(三)称取开汤样茶

开汤审评茶叶的内质，只用一小撮茶叶作代表，撮取时必须十分仔细。其操作过程是:从样茶罐中倒出的样茶应先拌匀，取200～250克放在样盘里，再拌匀后稍微拨拢成堆，轻轻地压平，用拇指、食指和中指撮取审评样茶。不同茶类手法略有不同，条形茶将食指、中指并拢与拇指弯成马蹄形，从堆的中间或边角插入到盘底撮取;圆炒青则将三个指尖形成三角形，从堆面中间插到匾底撮取。撮取的一小撮茶应包括上、中、下三层茶，使之具有充分的代表性。撮取后放到粗天平上称取所需数量投入审评杯中。每杯用量应一次抓够，宁可手中有余茶，不宜多次抓茶添加。

第三节　评茶用水

水质的好坏对茶叶的品质有较大影响，因为审评茶叶的内质是通过开水冲泡后来评定的。审评用水和冲泡方法对茶叶的香气和滋味关系十分密切。现就泡茶水的选择，泡茶的水温、泡茶的时间和茶水的比例等方面加以讲述。

一、水的选择

水的种类很多，有河水、湖水、海水、雨水、井水、自来水、蒸馏水等。泡茶用水以山泉水和雨水为好。湖水和井水较差，海水和死池塘水不能用来泡茶。

不同的泉水水质差别比较大，要选择慢慢流出的山泉，以含钙和镁化合物最少的泉水为好。江水中含有溶解物质和不溶物较高，用于泡茶香味差。井水属于地下水，空气不流通，水中杂质不易氧化，容易进行化学反应，所以井水泡茶效果也较差。雨水是天落水，含杂质很少，纯度较高，泡茶较好。清洁的溪水和经过滤消毒后的自来水，蒸馏水，泡茶效果都不错。

总之，泡茶水源可以有多种，但必须符合下列要求：

1. 酸度接近中性。茶水色泽对酸度的反应很敏感，用pH值为7的水泡茶，茶汤的自然酸度为pH4.8～5.0，这时绿茶的汤色黄绿明亮，红茶汤色红艳明亮；当pH值大于7时，绿茶汤色加深，红茶汤色因茶黄素自动氧化而晦暗；pH值大天9时，茶汤暗黑；但pH值小于3时，茶汤出现浑浊沉淀物。

2. 水的硬度低于25度。用硬度高的水泡茶，茶汤形成沉淀而浑浊。水的硬度一般 以每升水所含的碳酸钙的量来衡量，含量为1毫克每升时为一度。硬度小于10度的水质为软水，大于10度的水质为硬水。泡茶以软水为佳。

3. 重金属和细菌、真菌指标必须符合饮用水的卫生标准。

4. 透明度好，无异味。

二、泡茶的水温

开汤审评茶叶的内质与泡茶的水温有很大关系，研究表明，审评泡茶用水的水温为100℃，未达沸腾的水和沸滚过度的水都不适于泡茶。因为未达100℃的水，水温低，茶叶中的香气物质不能很好地散发出来，能溶于茶汤中的一些物质不能很好地浸出，影响茶汤的浓厚度。而沸腾过久的水，溶解在水中的空气全被驱除，显得无刺激性，失去应有的新鲜滋味。

为了保持泡茶的水温不会下降太快，从古至今比较讲究泡茶都有一个温杯的过程，特别是冬季，环境温度低，杯子又很冷，先用开水温杯显得更为重要。据试验，用开水冲在冷的茶杯里，不一会儿，温度便降到82℃，五分钟后降到68℃。如果用开水温杯，冲泡0.5分钟后，水温只降到89℃，3分钟后才降到82℃，5分钟后降到80℃。

在不同水温下，茶叶经过冲泡5分钟后，茶汤中所溶解的咖啡碱和多酚类的百分率是不同的，用93.3℃和65.5℃的开水泡茶，5分钟后茶多酚和咖啡碱的浸出量相差将近一倍，可见开水温度对茶叶审评的影响是很大的。蒸青绿茶的审评对水温的要求有所不同，日本玉露茶，用40～50℃的开水冲泡，中级煎茶用60～80℃开水冲泡，一般番茶则用100℃开水冲泡。高级名茶的冲泡，开水温度宜在80～90℃，因高级名茶原料细嫩，温度高会使芽叶黄熟，使香味缺乏新鲜感，影响名茶的品质。

三、泡茶的时间

茶叶中可溶物质的浸出量不仅与泡茶水温有关，还与浸泡时间有很大关系。茶叶浸泡的时间越长则浸出的量就越高。茶汤冲泡10分钟，所有有效成分几乎全部浸出，茶汤总色泽临近最高值。咖啡碱的溶解速度快，而多酚类的溶解速度较慢，在冲泡到6分钟时，前者几乎全部浸出，后者只浸出2/3。冲泡时间过长，虽然茶汤 中水浸出物的含量较多，但由于比例不协调，品质不一定好。此外，如泡茶时间少于5分钟，不但汤色浅，汤 味淡，而红茶的汤色往往缺乏明亮度，因为茶黄素的浸出速度低于茶红素。因此，审评一般红绿茶，冲泡时间以5分钟为宜，时间过长，滋味浓涩，过短则汤味淡薄。

四、茶水比例

审评的用水量和用茶量的比例高低，对汤味浓淡厚薄关系甚大。审评用茶量多而水少，叶难泡开，并过分浓厚。相反，茶少水多，汤味就过分淡薄。

审评茶叶时往往多个茶样同时评比鉴定，用水量必须一致，才有可比性。国际上审评红绿茶，一般所采用的比例是 3 克茶叶用 150 毫升水冲泡，如毛茶审评杯容量为 250 毫升，应称取茶样 5 克，茶水比例为 1:50。对于审评乌龙茶则例外，用特制钟形茶瓯审评，其容量为 110 毫升，投茶量 6 克，茶水比例为 1:18。乌龙茶着重的是香味和耐泡次数，故审评方法不同于一般的红绿茶。

第四节 评茶程序和方法

评定茶叶品质的优劣，价值的高低，主要根据茶叶的外形、香气、汤色、滋味和叶底等，通过感官审评来决定。

感官审评分外形审评和内质审评，也叫干评和湿评，在一般情况下，外形和内质能统一起来，即外形好的茶叶内质也好，外形差的茶叶内质也差。在小批量的毛茶收购过程中，大多只用外形审评，有争议时才开汤审评。按照正规的审评，应该外形内质兼评，这样才能准确地反映茶叶品质。

为提高茶叶审评的效率和结果的准确性，就要有一套合理的、科学的评茶程序。

一、审茶前的准备工作

在评茶前，先要烧开水，用电水壶的要灌好水，插上电源，用一般的水壶烧水要将炉子生火。接着清理好审评台，把要用到的样茶盘(匾)、审评杯(碗)、叶底盘(漂盘)、砂时计(定时钟)以及茶匙、网匙、吐茶筒等清洗干净，分别安放在适当的位置上，并将杯盖揭开放在碗中。样茶盘(匾)、叶底盘(漂盘)等应按编号顺序排列。审评杯(碗)如果有编号，也应按顺序排列。茶匙可用一只汤碗摆放，碗里盛开水、便于舀取茶汤时洗涤。随后取出要用的各级标准样茶，依等级摆放好，按标准样的使用方法，分取适量置于样盘中。再将待评样茶排好队，依次用对角取样法，分取适量置于样盘中。如果待评样茶只数较多，可以分批进行，每批一般以五只样茶为宜。

各项准备工作做好后，即可开始审评。

二、审评次序

茶叶审评的次序一般是:(1)称取开汤样茶;(2)干评外评;(3)冲泡开汤;(4)嗅香气;(5)看汤色;(6)尝滋味;(7)看叶底。为了节约时间，也可以称取开汤样后即进行冲泡，然后仍按上述次序进行，如果冲泡五分钟后，外形还没评完，可暂停，转评香气、汤色、滋味后，再补看外形，最后评叶底。

三、外形审评

(一)感官测定毛茶含水量

毛茶含水量的测定，可用感官和仪器两种方法。目前收茶站一般用感官测定。毛茶含水量不同，反映的特征也不相同，如毛茶的硬软韧脆的程度、手捏茶叶时感觉的强弱，茶叶受力后发出的声音，以及香气的高低等都不相同。评茶人员可以利用这些不同的特征，用手握、指捻和干嗅香气等方法来判断毛茶含水量的高低。

感官测定毛茶的含水量，要在评茶实践中不断积累经验，才能提高测定的准确性。一般应先选择几种干燥程度不同的毛茶，把感官测定水分的结果与烘箱法测定的结果核对，校验感官测定的正确程度，从中积累经验。下面举例说明感官测定毛茶含水量的具体方法和毛茶不同水分所表现的特征。

抓茶一把，握之感到非常刺手，紧握时发出“沙沙”的响声，用手指捻搓，即成粉末而没有细小片粒，干嗅香气充足，其含水量在7%以下;如手握感到有些刺手，紧握响声欠清脆，用手捻搓即成粉末和片粒，粉末多，片粒少，嫩梗稍用力折之可断，干嗅香气正常，其含水量一般为9%左右;如手握无甚刺手感，用手捻搓虽成碎片末，但片多末少，折梗虽断但梗皮不分离，干嗅香气微弱，其含水量在10%以上。

(二)干评外形

审评干茶外形，因茶类、花色不同，外在的形状、色泽是不一样的。因此审评时应首先查对样茶，判别茶类、花色、名称、产地等，然后再扦取有代表性的样茶，进行审评。

审评茶叶的外形是靠视觉和触觉来鉴别的，是把样茶置于样茶盘或样茶匾中进行的。一个样茶是由许多粗细、长短、大小、整碎等不同的个体组成的，为了更清楚地看清这些组成的情况，就要有一种察看的方法，这就是摇样盘(匾)或称把盘。摇样盘(匾)是评茶操作的基本功。一般的茶叶都用摇样盘(匾)来评。摇样盘(匾)的操作步骤如下:

1. 摇(筛)。把盛放样茶的样盘用双手托平，臂与腕部成直角，双手握住样盘有缺口的一角和它的对角。样匾则握住两侧中部的边沿。轻轻而均匀地回旋转动，茶叶随着盘(匾)的转动而均匀地旋转，通过力的作用，使茶叶按轻重、粗细、大小均匀地分布在样盘(匾)中。

2. 收。把均匀分布在样盘(匾)上的茶叶，通过反转或顺转，使分布开的茶叶收拢集中成馒头形。在收的过程中还要前后左右颠几次，使之收得更拢。这样，经过筛和收，使茶叶分出上、中、下三个层次。一般是条索粗松轻飘的浮在上层，这层茶称为面装茶；紧结重实的集中在中层，叫中段茶；细小的碎茶及片末沉在下层，叫下身茶。收拢后就可评看面装茶的优次。

3. 削或抓。审评条形茶时，在看完面装茶后，把面装茶和中段茶轻轻抓在手里，先察看盘里的下身茶，再翻转看手里的中段茶，对照标准样分析各段茶的优次和各段茶的比例；审评圆炒青时，用手掌沿包子形茶堆脚轻轻地象削皮一样，一层一屋削开，削开一层评一层，直到底层为止。操作时手势要轻，防止层次弄乱。

4. 簸扬。圆炒青在削看以后，还要簸看。先把削好的茶叶轻轻地左右摆两下，使各层茶拉匀拉平，然后将样匾上下簸几下，再轻轻地左右摆两下，使茶叶按颗粒大小，前后依次均匀地铺满在样匾里，进行全面观察。对照标准样茶进行评比，分析品质优次。审评条形茶，除抓看外也可簸看，以辅助抓看还没有看清楚的地方，特别是下身茶。

对照标准样评比分析时，样盘(匾)要互相交换位置，反复评看，以避免因光线强弱不一致造成目光上的误差。

看形状的同时，可结合看干茶色泽。在摇盘之前或看形状之后，可抓一把茶叶在手中掂几下，以了解茶叶身骨的轻重。看外形后，也可干嗅一下香气是否正常，其方法是：抓一把茶叶在手中，靠近鼻端干嗅，了解香气类型和是否有异气。

经过摇样盘，将茶叶分成三个层次，对照标准样茶，根据茶叶的嫩度、条索、色泽、净度这四项因子逐一审评，作好记录。嫩度以芽叶细嫩，锋苗好，白毫多的为好；芽叶粗大，短钝、轻松的为差；条索以细、紧、重、整为好，松、轻、曲、扁、团块为差；色泽以鲜明，油润为好，枯、暗、花杂的为差；净度以含夹杂物少为好，夹杂物多为差。

四、湿评内质

湿评内质，首先是泡茶，然后按嗅香气，看汤色、尝滋味、评叶底的顺序进行。

(一)泡茶或叫开汤或沏茶

是评内质的第一步，操作时根据审评杯的容量，按茶水比例(一般红绿茶和黄茶、白茶，150 毫升容量的审评杯称茶 3 克，200 毫升容量的审评杯称茶 4 克)称取样茶投入杯内，杯盖放入审评碗中，然后用 100℃的开水从右到左以较快的速度冲泡茶叶，泡水量应比缺口处低 1 ~ 2 毫米。从冲泡第一杯时开始记时，从低档茶泡起，随泡随加杯盖，盖孔朝向杯柄，5 分钟后按冲泡次序将杯内茶汤倒入审评碗内。倒茶汤时，杯应卧搁在碗口上，以便滤尽杯中残余茶汁。

有时为了使茶汤的浓度保持一致更加合理地审评汤色和滋味，将排成一行的审评碗从右到左依次注开水，并分两次注满。第一次注七成，第二次注满。

（二）嗅香气

香气的产生是茶叶中所含的芳香物质，通过沸水冲泡而挥发的芳香气体，刺激鼻腔上部粘膜而产生香的感觉反应。

嗅香气有热嗅、温嗅、冷嗅三种，可结合进行。嗅茶叶的香气一般是嗅茶汤倒出后，杯中叶底的香气。热嗅是辨别香气正常与否和高低有无突出香气（如花果香等）。但因茶汤刚倒出来，杯中蒸气很热，嗅觉神经受到烫的刺激，灵敏性受到一定的影响，因此辨别香气的优次还是以温嗅为宜，准确性大。在热嗅之后，杯中温度逐渐下降，接着温嗅，核对一下与热嗅有无差别。冷嗅是在杯中热气散失后再嗅，主要对香气较浓的茶叶考察其持久性。有时有两杯以上茶叶在温嗅时香气不相上下，可根据冷嗅的余香程度来区别。

嗅香气的方法是：左手托杯，右手将杯盖微斜开，杯沿靠近鼻端轻嗅或深嗅。为了正确辨别香气的高低和类型，应重复一二次，但每次嗅的时间不宜过久，否则不但容易失去嗅觉的灵敏感，而且杯数较多时，先热后冷，就难以评比。每次嗅时都应将杯内叶底抖动一下，使其透出香气，嗅后随即把杯盖盖好。嗅时还要注意不能将自己呼出的气体进入杯内。

一次审评若干杯茶叶香气时，为了区别各杯茶的香气，嗅评后分出香气优次，把审评杯前后移动，一般是将香气好的往前推，次的往后摆，这个操作过程叫香气排队。审评香气时，室内不能放置有气味的物质，评茶员和辅助人员不能喝酒、抽烟、擦香脂，用香皂洗手等，否则会影响香气审评的准确性。

（三）看汤色

茶叶的汤色靠视觉器官进行审评。看汤色主要比汤色的深浅，明暗、清浊等。

看汤色要及时，要快，因为茶汤中的多酚化合物以及其他物质和空气接触后，容易发生氧化，使绿茶汤色变黄，红茶汤色变暗，尤以绿茶变化更快。因此嗅香之后，要抓紧时间看汤色。在审评杯数较多时，也可把嗅香气放在看汤色之后。

汤色还易受光线照射角度，茶碗规格，排列位置、茶汤多少、沉淀物多少等多种外界因素的影响。如各碗茶汤水平不一，就应加以调整；如茶汤中混有茶渣残叶，应用网匙捞出，并用茶匙在碗中打一圆圈，使沉淀物旋转集中于碗中央，然后开始审评，为了避免受光线的影响，在评比中可以将审评碗位置互相交换对比，评其优次。

（四）尝滋味

滋味是由味觉器官来辨别的。尝滋味主要分辨滋味的浓淡、强弱、爽涩、鲜滞等味感。

茶汤的滋味如何，决定于茶汤中各种呈味物质的含量和比例。审评滋味应在评汤色之后马上进行，茶汤的温度一般为40～50℃，温度太高，口被烫，味觉器官受到强烈刺激而麻木，影响正常的评味；如茶汤温度过低，则尝味受两个方面影响：一是味觉对温度较低的饮料灵敏度较差；二是茶汤中滋味物质随温度下降而逐步析出，滋味由协调变为不协调。

品尝滋味的方法是：用茶匙舀取茶汤大半匙吮入口中，不要咽下，用舌头打转，让茶汤在口腔内循环回旋，使茶汤与舌的各部位充分接触，然后吐掉。从而引起味觉器官的兴奋而形成味感。每尝一杯，茶匙即应放入盛有开水的汤杯中洗净残液，再尝第二杯，以免互相影响。

舌的各部分味蕾对味觉是有不同分工的，舌尖最易为甜味所兴奋，舌的两侧最易为咸味和酸味所兴奋，酸味在舌背也能感觉到。而近舌根和舌心则易被苦味所兴奋。所以茶汤要在舌面上来回循环，才能正确地、较全面地辨别茶叶滋味。经过锻炼味觉的感受性可以提高。为了正确评味，在审评前最好不要吃有强烈刺激味觉的食物，如辣椒、葱蒜和糖果等，不能喝酒、吸烟，以保持味觉的灵敏度，尽量使审评结果准确。

（五）评叶底

审评叶底是靠视觉和触觉来评定的。

在评过香气、汤色、滋味后，把杯中的叶底倒在叶底盘或漂盘中，看叶底的嫩度，匀度和色泽。倒时要注意把粘在杯壁杯底和杯盖上的茶叶刮干净。

用叶底盘审评的，先用手指把盘中的湿叶拌匀、铺开、揿平或稍加茶汁揿平，再将茶汁倒出，然后进行观察，看完正面后，用手将平铺在盘中的湿叶轻轻地全部抓起整个翻转过来，或将叶底盘反扣把叶底倒在桌上，看其反面。必要时在叶底正反两面都看过之后，再把叶子抖散开来分析。用漂盘看的则加清水漂叶，使叶张漂在水中观察分析。评叶底的过程中要充分发挥眼睛和手指的作用，手指按揿叶底的软硬，厚薄，平实，壮瘦等，眼看芽头含量，叶张卷摊、光糙、色泽及均匀度等。综合区别叶底的好坏、评定优次。为避免光线强弱影响，观察时可将盘子位置相互交换，反复评比。

思考与练习

1. 审评扦样为什么要具有代表性？

2. 审评泡茶为什么要用100℃的开水，浸泡5分钟？

3. 请你到茶叶市场去，试着用所学的知识，通过感官测定几种毛茶的含水量。

4. 请你设计一个茶叶感官审评室。

第七章　茶叶品质特性

◈ **学习提要和目标：**

一、了解我国六大茶类初制中的关键工序。

二、我国绿茶的分类，主产地区和总的品质特征，重点掌握各花色中有代表性的茶叶的品质特征。

三、熟悉工夫红茶中祁红、滇红、川红、宜红、宁红、闽红各自的特征和红碎茶的品质要求。

四、熟悉乌龙茶中铁观音、武夷岩茶，凤凰单枞的产地特点及品质特性，了解台湾乌龙茶的基本特点。

五、黄茶、白茶的基本特征及分类，黑茶的主产地区及主要花色的品质特征。

六、茉莉花茶，珠兰花茶的品质特性，了解什么是速溶茶。

我国生产的茶类有绿茶、黄茶、黑茶、乌龙茶、白茶和红茶六大类，各类茶均有各自的品质特征。主要是制法不同，使鲜叶中的主要化学成分特别是多酚类中的一些儿茶素发生不同程度的酶性和非酶性氧化，其氧化产物的性质也不同。绿茶，黄茶和黑茶类在初制中，都先通过高温杀青，破坏鲜叶中酶的活性，制止了多酚类的酶促氧化，从而形成绿茶清汤绿叶的特征；黄茶和黑茶初制过程中，通过闷黄和渥堆工序使多酚类产生不同程度的非酶性氧化，黄茶形成黄汤黄叶，黑茶则干茶油黑，汤色呈橙黄色。

红茶、乌龙茶和白茶类，在初制过程中，都先通过萎凋，为促进多酚类的酶促氧化准备条件。红茶继而经过揉捻或揉切，发酵和干燥，形成红汤红叶；乌龙茶又进行做青，使叶子边缘的细胞组织破坏，多酚类与酶接触发生氧化，再经炒青固定氧化和未氧化的物质，形成具有汤色金黄和叶底绿叶红镶边的特征。白茶经长时间萎凋后干燥，多酚类缓慢地发生酶性氧化，形成白色芽毫多、汤嫩黄、毫香毫味显的特征。

各类初制茶称毛茶，毛茶筛制后称精茶或成品茶，部分毛茶、精茶经再加工称为再加工茶，如各类花茶，压制茶及速溶茶等。各类毛茶、精茶及再加工茶都具有各自特殊的品质。

第一节 绿茶的品质特性

绿毛茶初制的共同特点是先用高温杀青，破坏鲜叶中酶活性后，再经揉捻和干燥而成。在技术上尽量避免儿茶素的酶性和非酶性氧化，从而使绿茶具有清汤绿叶的品质特征。根据炒制方法的不同，绿茶可分为炒青、烘青、晒青、蒸青、半烘炒等类型。

一、炒青绿茶

用锅炒干燥的绿茶属炒青绿茶。因炒制方法不同，形状也不同，主要有长炒青，圆炒青、扁炒青。长炒青的产区最广，产量最多。而圆炒青、扁炒青只是个别生产。因而通常所称的炒青即指长炒青。

(一)长炒青

长炒青是精制加工外销眉茶的原料。其产区广阔，因产地不同，分别冠以地名。浙江有杭炒青、遂炒青、温炒青;安徽有屯炒青，舒炒青、芜炒青;江西有婺炒青、饶炒青;贵州有黔炒青，江苏有苏炒青、湖北有鄂炒青，湖南有湘炒青，古丈炒青，四川有川炒青、河南有豫炒青，广东有粤炒青等等。其中浙江、安徽、江西是长炒青的主产区。各地炒青，通常还随着外销产品的称谓，分别叫作“某绿”，如杭绿、婺绿、屯绿、温绿等。

长炒青总的品质特征是条索紧直，匀整、有锋苗，色泽绿润;香味鲜爽、汤色清澈，叶底明亮。其中婺炒青、屯炒青条索较肥壮，香高持久，滋味鲜醇爽口，叶底肥厚，婺炒青比屯炒青收敛性较强;遂炒青品质接近屯炒青，舒炒青条索细紧，香气鲜嫩，滋味鲜醇、叶底嫩绿;杭炒青条索细紧有锋苗，香气清高，滋味鲜醇，叶底嫩匀;温炒青条索细紧，芽锋较显，香气嫩香显，滋味鲜浓，叶底嫩匀，黔炒青条索较直带扁，香气尚高，滋味尚浓。下面仅介绍屯炒青和婺炒青的品质规格要求：

(1)屯炒青按毛茶收购标准分为六个级，其品质要求如下：

表7-1　屯炒青各级茶的品质规格

级别	外　形	内　质
一级	条索紧细、匀整、有锋苗，色绿	香气鲜嫩，滋味醇爽，汤色黄绿明亮，叶底柔嫩，黄绿匀亮。
二级	条索紧、匀整，稍有锋苗，色绿。	香气高，滋味浓醇，汤色黄绿亮，叶底黄绿嫩匀，稍有芽头。
三级	条索紧结匀称，稍有朴片，色绿。	香气高纯，滋味浓厚，汤色黄绿尚亮，叶底黄绿尚匀。
四级	条索尚紧，较匀，有朴片，色绿带黄。	香气纯正，滋味尚浓，汤色黄绿，叶底黄绿。
五级	条索尚紧，欠匀，身骨较轻飘，色黄绿不匀。	香气平和，滋味淡稍涩，汤色黄绿，叶底老嫩不匀，有梗、朴片。
六级	条索粗松，轻飘，梗朴较多，色黄枯。	香气粗老，滋味淡涩，汤色黄暗，叶底黄绿暗，梗朴片较多。

（2）婺炒青：按毛茶收购标准分六个级，其品质要求如下：

表7-2　婺炒青各级毛茶的品质规格

级别	外　形	内　质
一级	条索紧直、匀整，有尖锋，色翠绿油润，稍有嫩茎。	香气清高鲜爽，滋味浓厚，汤色黄绿清澈，叶底鲜嫩，芽头多。
二级	条索紧结，匀整，有尖锋，色泽绿润，稍有片末。	香气清高，滋味醇厚，汤色黄绿明亮，叶底嫩匀，尚柔亮，有芽头。
三级	条索紧结，间有尖锋条，色泽黄绿有少量梗片。	香气较高，滋味尚浓，汤色黄绿亮，叶底较匀，尚柔亮，稍有芽头。
四级	条索较紧，色泽黄绿花杂，有茶梗，片末。	香气纯正，滋味醇和，汤色黄明，叶底欠匀亮。
五级	条索欠紧，色泽黄绿带枯，有黄片、茶梗、茶朴，末。	香气平淡、略带粗气，滋味平淡略涩，汤色橙黄，叶底较老。
六级	条索粗松，身骨轻飘，色泽枯黄，老黄片及茶梗较多。	香气粗老，滋味淡涩，汤色橙黄，叶底粗大有弹性。

长炒青精制后称眉茶，成品的花色有珍眉、贡熙、雨茶、茶芯、针眉、秀眉、绿茶末等，各具不同的品质特征。

（二）圆炒青

圆炒青是我国绿茶的主要品种之一，是制外销珠茶的原料。由于历史上主要集散地在浙江省绍兴县平水镇，因而国际上称为“平水珠茶”。毛茶又叫平炒青。其品质特征是外形呈颗粒状，圆紧似珠，匀齐重实，色泽墨绿油润；内质香气纯正，滋味浓厚，汤色清明，叶底黄绿明亮，芽叶完整，与长炒青相比较，由于做形过程采用长时间的加盖闷炒，因此汤色比长炒青略黄，收敛性也降低。圆炒青毛茶分六级十二等，精制后的成品花色有珠茶、雨茶、秀眉、茶末等。

(三)扁炒青

扁炒青外形呈扁条，有龙井、旗枪、大方三种。

1. 龙井

西湖龙井是驰名中外的珍品名茶，产于浙江杭州市郊西湖四周群山中。因产地不同，产品各有特色。历史上有"狮"、"龙"、"云"、"虎"四个品类之别。后来根据生产的发展和品质风格的实际差异性，调整分为"狮峰龙井"、"梅坞龙井"、"西湖龙井"三个品类。"狮峰龙井"香气高锐而持久，滋味鲜醇，色泽略黄，素称糙米色；"梅坞龙井"外形挺秀，扁平光滑，色泽翠绿；"西湖龙井"叶质肥嫩，香气不及狮峰、梅坞所产。三个品类中以"狮峰龙井"品质最佳。

近年来为适应市场的需要，增产了一种"浙江龙井"，产于浙江萧山等地，它的外形和嫩度可与西湖龙井媲美，但色泽和香味较西湖龙井稍差。

高级西湖龙井形似碗钉，扁平、尖削、挺秀，光滑匀齐，色泽翠绿或嫩绿，调匀光润；香气鲜嫩，清高持久，滋味鲜爽甘醇，有鲜橄榄回味，汤色杏绿清澈明亮，冲泡在玻璃杯中，芽叶匀嫩成朵，一旗一枪，芽芽直立，向以"色翠、香郁、味甘、形美"四绝著称。龙井品质规格分特级及一至十级，共十一个等级。

2. 旗枪

旗枪形状类似龙井、稍粗长，欠光滑，主产于浙江杭州市郊区及其毗邻的富阳、余杭、萧山，江苏也有少量生产。旗枪品质特征是外形平扁光洁，尚匀整，叶端带嫩茎，色泽嫩绿光润；内质香气清爽，滋味醇正鲜和，汤色浅绿清明，叶底嫩绿明亮，细嫩尚成朵。低级茶外形条欠扁，紧皱条多，色泽黄绿带枯，内质香味粗涩、汤色较黄欠明。

3. 大方

老竹大方产于安徽歙县东北部皖浙交界的昱岭关附近、集中产区有老竹铺、三阳坑、金川，品质以老竹岭和福泉山所产的"顶谷大方"为最优。与歙县毗邻的浙江临安，也有少量生产。顶谷大方的品质特点是外形扁平匀齐，挺秀光滑，翠绿微黄，香气高长，有板栗香，滋味醇厚爽口，叶底嫩匀，芽叶肥壮。普通大方色泽深绿褐润似铸铁，形如竹叶，故称铁色大方，又叫"竹叶大方"。现在大方按品质分为顶谷大方和普通大方。

大方茶还可精制加工窨制成"花大方"，如"珠兰大方"、"茉莉大方"。由于大方茶自然品质好，吸香能力强，窨成花茶后，颇有特色。花大方还具有名茶风格，花香茶味调行性好，花香鲜浓，茶味醇厚。不窨花的常称为"素大方"，在市场上也颇受欢迎。日本医药界宣称大方茶有减肥健美工效，而冠以“健美茶”之美名。

二、烘青绿茶

采用烘焙干燥的绿茶都属烘青结茶，有毛烘青、条茶、尖茶等。

（一）毛烘青

毛烘青为条形茶，产区分布广，各主要产茶区均有生产，以浙江、安徽、福建三省产量为最多。品名一般在“毛烘青”前冠以地名，如浙毛烘青、徽毛烘青、闽毛烘青、湘毛烘青、苏毛烘青、川毛烘青等。

毛烘青外形条索尚紧细、有锋苗、露毫、色泽深绿油润。内质香气清纯，滋味鲜醇，汤色黄绿清澈明亮，叶底嫩匀完整，嫩绿明亮。其中徽毛烘青条索壮实，叶质肥厚，香味较浓；闽毛烘青条索细紧较直，匀齐，净度也好；浙毛烘青条索稍松，嫩度较好，香味鲜爽醇和。毛烘青的品质规格分六级十二等，主要作为窨制花茶的原料。

（二）尖茶

尖茶产于安徽太平、泾县一带。鲜叶杀青后不经揉捻即进行烘干，三级以下稍加揉捻。品质特点是茶条舒展，松弛、呈不规则状态，枝叶相连，显白毫，芽叶肥壮；香气清高，味醇回甘，汤色黄绿明亮清澈，叶底黄绿，肥嫩，耐冲泡。尖茶历史上有猴魁、魁尖、天尖、地尖、人尖、和尖等品种之分。现分六级十二等，其中猴魁为著名的尖茶。

太平猴魁产地仅限于猴坑一带，产量不多。其他地区所产统称魁尖，制法与猴魁基本相同，外形与猴魁相似，但品质风格却“泾渭分明不堪攀比”。太平猴魁的外形是两叶抱芽，平扁挺直，自然舒展，白毫隐伏，有“猴魁两头尖，不散不翘不卷边”之称，叶色苍绿匀润，叶脉绿中隐红，俗称“红丝线”；香气花香高爽，滋味甘醇，有独特的“猴韵”，汤色清绿明净，叶底嫩绿匀亮，芽叶成朵肥壮。品饮时能领略到“头泡香高，二泡味浓，三泡四泡幽香尤存”。

（三）条茶

条茶产于安徽青阳、太平、泾县、巢县、宣城、宁国、繁昌等十余县。

条茶与烘青相类似，条索比烘青松弛，但比尖茶为紧，色泽花绿，汤色黄亮，味醇略透火香，品质次于烘青。

三、晒青绿茶

鲜叶经杀青，揉捻后，直接利用日光晒干，所以品质不及烘青和炒青。晒青绿茶以云南大叶种的品质为最好，称“滇青”，其他的如川青、黔青、桂青、鄂青等品质都不及滇青。其品质特点是条索尚紧结，色泽乌绿欠润，常有日晒气，汤色及叶底泛黄，常有红梗红叶。

晒青绿茶大部分就地销售，部分再加工成压制茶后内销、边销或侨销。在再加工过程中不闷堆的如云南沱茶、饼茶等仍属绿茶，经过堆积的如普洱沱茶、紧茶、七子饼茶，老青砖等，属黑茶类。

四、蒸青绿茶

蒸青绿茶是利用蒸汽杀青而得名。日本的茶叶基本上是蒸青绿茶，有沫茶、玉露茶、碾茶、煎 茶等，锅炒杀青的很少。印度也有蒸青绿茶生产。我国除湖北省有少量蒸青玉露茶生产外，上世纪70年代由于外销需要，从日本进口蒸青茶机，在福建、浙江、安徽、江西等省的一些茶厂生产蒸青煎茶，但数量不多。

蒸青绿茶的品质特点是干茶色泽深绿，茶汤浅绿，叶底青绿，但香气较闷带青气，涩味也较重，不及锅炒杀青绿茶那样鲜爽。

五、特种绿茶

特种绿茶是色香味出众，有独特形状的高级茶，一般生长在优越的自然环境中，茶树品种优良，采摘细嫩，制工精湛，加工方法有炒青、烘青、半烘炒三种，但色、香、味、形各有特色，形状上有扁形、片形、卷曲形（螺形）、条形、圆形、束形等多种。上世纪80年代以来，由于市场的需要，恢复了不少已湮没的历史名茶，并创制了很多新名茶。

对于特种绿茶的品质，一般都要求鲜叶质量要优良，制造技术要精巧，茶叶外形要美观（芽叶完整，大小一致，形状一致，净度好），色泽要“艳丽”（绿润鲜活），香气要纯正高长，滋味要醇和鲜爽，回味好，与外形内质相对应的理化指标要适当。总的来说应该是色、香、味、形并重。

第二节　红茶的品质特征

红茶在初制时，鲜叶先经萎凋，减重约30%～45%，增强酶活性，然后再经揉捻或揉切，发酵和烘干，形成红茶红汤红叶，香味甜醇的品质特征。

红茶有红碎茶和红条茶之分，红碎茶品质要求汤味浓强鲜，发酵程度偏轻，多酚类保留量较多，约为55%～65%，红条茶滋味要求醇厚带甜，发酵程度适当偏重，多酚类保留量较少，低于50%。

一、红条茶

红条茶按初制方法的不同分小种红茶和工夫红茶两种。

（一）小种红茶

小种红茶是我国福建省特产，初制工艺是鲜叶→萎凋→揉捻→发酵→过红锅→复揉→薰焙等六道工序。采用松柴明火加温萎凋和干燥，干茶带有浓烈的松烟香。

小种红茶的品质以崇安星村桐木关所产的为最佳，称“正山小种”或“星村小种”。福安、政和、坦洋、北岭 、屏南、古田、沙县及江西铅山等地所产的仿照正山品质的小种红茶、质地较差，统称“外山小种”或“人工小种”。有的将低级工夫红茶薰烟制成小种工夫，称“烟小种”，亦叫“假小种”。现人工小种市场已被淘汰，唯正山小种百年不衰。

正山小种的品质特征是条索肥实，色泽乌润，泡水后汤色红浓，香气高长带松烟香，滋味醇厚，带有桂圆汤味，加入牛奶香味不减，形成糖浆状奶茶，液色更为绚丽，叶底厚实光滑成古铜色。

（二）工夫红茶

工夫红茶是我国独特的传统产品，因初制揉捻工序特别注意条索的紧结完整，精制时颇费工夫而得名。外形条索细紧平伏匀称，色泽乌润，内质汤色叶底红亮，香气馥郁，滋味甜醇。因产地、茶树品种等不同，品质也有差异。较出名的有祁红、滇红、川红、宜红、宁红、闽红等。

1. 祁红

是我国传统工夫红茶的珍品，至今已有一百多年的生产历史。主产于安徽祁门县，与其毗邻的石台、东至、黟县及贵池等县也有少量生产。制工精细，外形条索细紧而稍弯曲，有锋苗，色泽乌润略带灰光，内质香气带有类似蜜糖或苹果的香气，持久不散，在国际市场上被誉为“祁门香”，汤色红艳明亮，滋味鲜醇带甜，叶底鲜红明亮。祁红工夫主销英国，其次为荷兰、德国、丹麦、瑞士、瑞典、法国、美国、澳大利亚、加拿大、新加坡及港澳等十几个国家和地区。与印度大吉岭茶、斯里兰卡乌伐托季节茶并列为世界公认的三大高香茶。

2. 滇红

产于云南凤庆、临沧、双江等地，用大叶种茶树鲜叶制成，品质特征明显。外形条索肥壮紧结重实，匀整、色泽乌润带红褐，金毫特多，内质香气高，汤色红艳带金圈，滋味浓厚刺激性强，叶底肥厚，红嫩鲜明，是我国工夫红茶中的新葩，以外形肥硕紧实、金毫特显露和香高味浓的品质著称于世。

3. 川红

产于四川宜宾等地，是上世纪50年代产生的工夫红茶，外形条索紧结壮实美观，有锋苗，多毫，色泽乌润，内质香气鲜而带橘子果香，汤色红亮，滋味鲜醇爽口，叶底红明匀整。川红问世以来，在国际市场上享有较高声誉，多年来畅销俄罗斯、法国、英国、德国及罗马尼亚等国。堪称中国红茶的后起之秀。

4. 宜红

产于湖北宜昌、恩施两地区，邻近的湖南石门、桑植、慈利等也有部分生产。外形条索细紧有毫，色泽尚乌润，内质香气甜纯似祁红，汤色红亮，滋味尚鲜醇，叶底红亮。

5. 宁红

是我国最早的工夫红茶之一，主产于江西省修水县，武宁、铜鼓次之，毗邻修水的湖南平江县长寿街一带的红毛茶，也是由修水茶厂加工的宁红。其品质特点是外形条索紧结有红筋、稍短碎，色泽灰而带红，内质香气清鲜，汤色红亮稍浅，滋味尚浓略甜，叶底开展。

6. 闽红

系福建特产，为政和工夫、白琳工夫的统称，三种茶产地不同，品种不同，品质风格也不同，各自拥有自己的消费爱好者，盛兴百年而不衰。

(1)白琳工夫:产于福鼎县太姥山白琳、湖林一带。系小叶种红茶，外形条索细长弯曲多白毫，带颗粒状，色泽黄黑，内质香气纯而带甘草香，汤色浅而明亮，滋味清鲜稍淡，叶底鲜红带黄。

(2)坦洋工夫:主产福安、拓荣、寿宁、周宁、霞浦等地，外形条索细薄而飘，带白毫，色泽乌黑有光，内质香气稍低，茶汤呈深金黄色，滋味清鲜甜和，叶底光滑。

(3)政和工夫

产于闽北，以政和为主，分大茶和小茶两种。

①大茶。用大白茶品种制成，外形近似滇红，但条索较瘦小、毫多、色泽灰黑，内质香气高而带鲜甜、汤色深，滋味醇厚，叶底肥壮尚红，是闽红三大工夫茶的上品。

②小茶。用小叶种制成，外形条索细紧，色泽灰暗，内质香气像祁红，但不持久，滋味醇和，欠厚，汤色、叶底尚红艳。

二、红碎茶

红碎茶在初制时经过充分揉切，细胞破坏率高，有利于多酚类物质酶性氧化和冲泡，形成香气高锐持久，滋味浓强鲜爽加牛奶白糖后仍有较强茶味的品质特征。因揉切方法不同，分为传统红碎茶、CTC红碎茶，转子(洛托凡)红碎茶、LTP(即劳瑞式锤击机)红碎茶和不萎凋红碎茶五种。各种红碎茶又因叶形不同分为叶茶、碎茶、片茶和末茶四个花色，都有比较明显的品质特征。因产地不同，品质特征也有很大差异。

(一)不同叶形红碎茶品质特征

1. 叶茶。传统红碎茶的一种花色，为条形茶，条索紧结挺直匀齐，色泽乌润，内质香气芬芳，汤色红亮，滋味醇厚，叶底红亮多嫩茎。

2. 碎茶。外形颗粒重实匀齐，色泽乌润或泛棕，内质香气馥郁，汤色红艳，滋味浓强鲜爽，叶底红匀。

3. 片茶。外形全部为木耳形的屑片或皱折角片，色泽乌褐，内质香气尚纯，汤色尚红，滋味尚浓略涩，叶底红匀。

4. 末茶。外形全部为砂粒状末，色泽乌黑或灰褐。内质汤色深暗，香低味粗涩，叶底红暗。

(二)不同产地、品种红碎茶的品质特征

因产地、品种不同，我国有四套红碎茶标准样，用大叶种制成的一、二套样红碎茶品质高于用中小叶种制成的三、四套样红碎茶。

1. 大叶种红碎茶。外形颗粒紧结重实，有金毫，色泽乌润或红棕，内质香气高锐，汤色红艳，滋味浓强鲜爽，叶底红匀。

2. 中小叶种红碎茶。外形颗粒紧卷，色泽乌润或棕褐，内质香气高鲜、汤色尚红亮，滋味欠浓强，叶底尚红匀。

第三节　乌龙茶品质特征

乌龙茶又名青茶，其品质特征的形成与它选择特殊的茶树品种（如水仙、铁观音、肉桂、黄棪、梅占、乌龙等），特殊的采摘标准和特殊的初制工艺分不开。鲜叶采摘掌握茶树新梢生长至一芽四五叶，顶芽形成驻芽时，采其二、三叶，俗称“开面采”。鲜叶经晒青、凉青、做青，使叶子在水筛或摇青机内，通过手臂或机器的转动，促使叶缘组织遭受摩擦，破坏叶细胞，多酚类发生酶促氧化缩合，生成茶黄素（橙黄色）和茶红素（棕红色）等物质，形成绿叶红镶边的特征，而且散发出一种特殊的芬芳香味，再经高温炒青，彻底破坏酶的活性，之后经过揉捻，使乌龙茶形成紧结壮实的条索，最后烘焙，使茶香充分发挥。乌龙茶的氧化程度在酶性氧化中是最轻的，但与非酶性氧化程度最重的黑茶相比，仍略为重一些。

乌龙茶产于福建、广东和台湾三省，福建乌龙茶又分为闽北和闽南两大产区。闽北主要是崇安、建瓯、建阳等县，产品以崇安武夷岩茶为极品；闽南主要是安溪、永春、南安、同安等县，产品以安溪铁观音久负盛名。广东乌龙茶主要产于汕头地区的潮安，饶平等县，产品以潮安凤凰单枞和饶平水仙品质为佳。台湾乌龙茶主要产于新竹、桃园、苗栗、南投等县，产品有乌龙和包种。

一、武夷岩茶

产于崇安县武夷山，因这里山山有岩，岩岩有茶，茶树大多生长在岩凹、石隙，以及依岩砌成的梯级茶园中，故称岩茶。其总的品质特征是外形条索肥壮紧结完整，带扭曲条形，俗称“蜻蜓头”，叶背起蛙皮状砂粒，俗称“蛤蟆背”，色泽绿润带宝光，俗称“砂绿润”。内质香气馥郁隽永，具有特殊的“岩韵”，俗称“豆浆韵”，滋味醇厚回甘，润滑爽口，汤色橙黄，清澈艳丽，叶底柔软匀亮，边缘朱红或起红点，中央叶肉浅黄绿色，叶脉浅黄色，耐泡五次以上。

岩茶分正岩茶，半岩茶和洲茶。正岩茶也称大岩茶，是指武夷山中三条坑各大岩所产的茶叶；半岩茶也称小岩茶，为正岩茶产区以外所产的茶叶；溪沿洲地所产的为洲茶。品质以正岩茶最高，半岩茶次之，洲茶最差。

岩茶多数以茶树品种的名称命名，用水仙品种制成的为“武夷水仙”，以菜茶或其他品种制成的称为武夷奇种。在正岩中如天心、慧苑、竹窠、兰谷，水濂洞等岩中选择部分优良茶树单独采制成的岩茶称为单枞，品质在奇种之上，单枞加工品质特优的称为“名枞”，如“大红袍”、“铁罗汉”、“白鸡冠”、“水金龟”被称为“武夷四大名枞”。目前，武夷岩茶主要有武夷岩水仙和武夷岩奇种两种。

（一）岩水仙

岩水仙外形条索肥壮结实，叶端皱折扭曲，如蜻蜓头，色泽油润有光，具有“三节色”（蜻蜓头、鳝鱼皮、青蛙腿）特征，内质香气浓郁清长，“岩韵”明显，滋味浓厚而醇，爽口回甘，汤色金黄浓艳，叶底绿叶红边，肥软明净。

（二）岩奇种

岩奇种外形条索紧结，叶端皱折扭曲，色泽油润，具“三节色”特征。内质香气清锐细长，“岩韵”明显，滋味醇厚、浓而不涩；醇而不淡，回味清甘，汤色清澈呈浅橙红色，叶底绿叶红边，柔软匀齐。

二、闽北乌龙茶

产地包括崇安（除武夷山以外）、建瓯、建阳等地，以水仙和乌龙品质较好。崇安的龙须茶，政和及福鼎的白毛猴，也属乌龙茶。

（一）闽北水仙

外形条索紧结沉重，叶端扭曲，色泽油润间带砂绿密黄，内质香气浓郁，具有兰花清香，汤色清澈显橙红色，滋味醇厚鲜爽回甘，叶底肥软黄亮，红边鲜艳。

（二）闽北乌龙

闽北乌龙外形条索紧细重实，叶端扭曲，色泽乌润，枝梗少，无夹杂物；内质香气清高细长，滋味醇厚鲜爽，汤色清澈呈金黄色，叶底绿叶红边，匀整柔软。

三、闽南乌龙茶

闽南乌龙茶产地包括安溪、永春、南安、同安等地。

（一）安溪铁观音

安溪铁观音外形条索壮结，重实、卷曲、多成螺旋形，身骨沉重，色泽油润带砂绿，红点明显，俗有“青蒂、绿腹、蜻蜓头”之称；内质香气浓郁清长，“音韵”明显，滋味醇厚鲜甜，入口微苦，瞬即转甜，稍带蜜味，汤色金黄清亮，叶底肥软、亮、红边均匀，耐冲泡。它是乌龙茶类中的极品。

安溪铁观音品质以春茶为最好；秋茶次之，其香气特高，俗称秋香，但味较薄；夏茶品质较次。

（二）安溪色种

安溪色种是由奇兰、梅占、本山、毛蟹、佛手（香橼）等多品种的茶树鲜叶混合制成。其外形条索紧结、卷曲、匀净，色泽油润，红点明显；内质香气清纯，滋味醇厚，汤色金黄，叶底软亮。

（三）安溪黄棪（黄金桂）

安溪黄棪外形条索紧结，色泽金黄油亮；香气清 高鲜雅，俗谓“色如黄金，香奇似桂”，滋味甜醇，汤色金黄清澈，叶底软亮、黄多绿少、红边明显，发酵均匀。

四、广东乌龙茶

广东乌龙茶主要产区为潮安、饶平、陆丰等县。潮安的凤凰水仙品种不显毫，但香气清雅。选择优良单株采制，做工精细的称为凤凰单枞，以香高味浓耐泡而著称，次为凤凰水仙、凤凰浪菜。

（一）凤凰单枞

凤凰单枞外形条索紧结卷曲肥壮，色泽青褐油润叶脉泛红，内质香气浓，有自然的花香，滋味醇厚鲜爽回甘，汤色黄艳带绿，叶底柔嫩，绿叶红边，耐冲泡，冲泡多次尚有余香。

（二）凤凰水仙

凤凰水仙外形条索肥壮匀整，色泽灰褐乌润；内质香气浓带花香。滋味醇厚爽口，汤色清红，叶底鲜嫩，红边绿心。

（三）饶平乌龙

饶平乌龙外形条索紧结秀匀，色泽砂绿鲜润；内质香气清细有花香，滋味醇厚鲜爽，汤色橙黄清澈，叶底匀亮开展，叶缘银朱色，叶中浅黄色。这种茶较耐冲泡，具有独特风味。

五、台湾乌龙茶

台湾乌龙茶分乌龙和包种，品质以乌龙较好。乌龙是乌龙茶类中发酵程度最重的一种，也是最近似红茶的一种，其鲜叶采摘标准是带嫩芽采摘一芽二叶；包种发酵程度较轻，品质接近绿茶。

（一）台湾乌龙

台湾乌龙形状卷皱含有芽叶，色泽青褐，有天然的强烈果香，汤色橙红，滋味醇和，品质因生产季节不同而有较大的差异。春茶形状粗松，芽叶较少，茶汤浅薄，香气低，品质最差，夏茶外形美观，芽叶较多，白毫也多，内质汤色鲜艳，香气馥郁，滋味醇厚，品质好；秋茶滋味浓强香气不及夏茶；冬茶外形美观，但茶汤淡薄，香气低，品质接近春茶。

（二）台湾包种

以文山包种为代表。品质优良的包种茶条索卷皱弯曲而稍粗长，外观深绿色，带有青蛙 皮般的灰白点，干茶具有兰花清香，冲泡后茶香芬芳扑鼻，汤色黄绿清澈，茶汤滋味有过喉圆滑甘润之感、回甘力强，具有“香、浓、醇、韵、美”五大特色。并有清香、舒畅的风韵。

第四节　黄茶、白茶、黑茶的品质特性

一、黄茶

黄茶初制工艺基本与绿茶相同，只是在干燥前后增加了一道堆积“闷黄”工序，促使多酚类部分进行自动氧化，使复杂儿茶素大量减少，导致黄茶香气变纯，滋味变醇。黄茶按鲜叶老嫩不同可分为黄芽茶、黄大茶、黄小茶三种。

1. 黄芽茶，分为银针和黄芽两种。前者如君山银针，后者如蒙顶黄芽、莫干黄芽、霍山黄芽等。其中君山银针为举世瞩目的极品名茶，为全国十大名茶之一。君山银针产于湖南省岳阳君山，全由未开展的肥嫩芽头制成，其品质特征是外形芽头肥壮挺直，匀齐。满披茸毛，色泽金黄光亮，称“金镶玉”。内质香气清鲜，汤色浅黄，滋味甜爽，冲泡后芽尖冲向水面，悬空竖立，继而徐徐下沉杯底，状如群笋山土，又似金枪直立，汤色茶影，交相辉映，极为美观。

2. 黄小茶，鲜叶采摘标准为一芽一、二叶，有湖南的沩山毛尖和北港毛尖，湖北的远安鹿苑茶，浙江的平阳黄汤，皖西的黄小茶等。总的品质特点是黄汤黄。各种茶由于初制时采用工艺不同，品质特色也各有差异。沩山毛尖具色泽黄亮和松烟香味的品质特征，主要关键是在杀青后采用了“闷黄”和烘焙时采用了“烟薰”两道工序；远安鹿苑茶具有“三黄”品质和“环钩状，鱼子泡”的外形，主要是因为干燥过程中通过了整形处理和锅炒干燥。

3. 黄大茶鲜叶采摘标准为一芽三、四叶或一芽四、五叶，产量较多，主要有安徽霍山黄大茶和广东大叶青。霍山黄大茶鲜叶为一芽四、五叶，初制经杀青→初烘→堆积→烘焙等工序，堆积时间较长(5～7天)，烘焙火功较足，下烘后趁热踩篓包装，是形成霍山黄大茶品质特征的重要原因。其品质特征是外形叶大梗长，梗叶相连，色泽金黄鲜润，内质香气有突出的高爽焦香，似锅巴香，汤色深黄明亮，滋味浓厚，耐冲泡，叶底黄亮。为山东沂蒙山区的消费者所喜爱。

二、白茶

白茶是轻微发酵茶，基本工艺过程为晾晒、干燥。白茶要求鲜叶“三白”，即嫩芽及两片嫩叶满披白色茸毛。初制过程虽然不揉不炒，但由于处于长时间的萎凋和阴干过程，儿茶素总量约减少四分之三，从而形成外形毫心肥壮，叶张肥嫩，叶态自然伸展，叶缘重卷，芽叶连枝，毫心银白，叶色灰绿或铁青色，内质毫香显，汤色黄亮明净，滋味鲜醇，叶底嫩匀的特征。

白茶是我国的特产，主要产于福建的政和、建阳、福鼎等县，按茶树品种的不同分为大白、水仙白和小白三种，又可按芽叶嫩度的不同分为银针白毫，白牡丹和贡眉三种。各具不同的品质特征。这里介绍不同嫩度白茶的品质特征。

（一）银针白毫

用大白茶的肥嫩芽头制成。芽头满披白毫，色白如银，形状如银针。按产地不同分为北路银针和南路银针。北路银针产于福鼎，外形优美，芽头肥壮茸毛厚，富光泽；香气清淡，汤色碧清，浅杏黄色，滋味清鲜爽口；南路银针产于政和，芽瘦长，茸毛略薄，光泽较差，但香气清芬，滋味浓厚适口，内质较佳。

（二）白牡丹

外形没有条索，好像枯萎花瓣，色泽灰绿，汤色橙黄清澈明亮，叶底芽叶各半，因产地不同，品质特征也有差别。水吉白牡丹用水仙茶树品种的芽叶制成，芽瘦长，毫不多，但火候好，香味佳；政和白牡丹香气清微，滋味清淡甜和，入口毫味重，火候较差。

（三）贡眉

用大白茶的芽叶或菜茶种的瘦小芽叶（一芽二、三叶）制成。色香味都不及白牡丹。品质较差的称作寿眉，品质特征是外形芽心较小，色泽灰绿稍黄，香气鲜纯，汤色黄亮，滋味清甜，叶底黄绿，叶脉带红。

三、黑茶

黑茶的鲜叶较为粗老，初制工艺分为杀青→揉捻→渥堆→干燥，其中形成黑茶特有品质的关键工艺是“渥堆”，在干燥前后进行。渥堆过程堆大，叶量多，温度高，时间长，促使多酚类充分进行自动氧化，因此黑茶中的儿茶素含量都比黄茶少，从而使黑茶的香味变得更加醇和，汤色深，橙黄带红，干茶和叶底色泽都较暗褐。

黑毛茶精制后大部分再加工成压制茶，少数压成篓装茶。还有用晒青加工成紧压黑茶。

黑茶以湖南、湖北、四川、云南、广西等省为主要产区。其年产量很大，仅次于红茶，绿茶，成为我国第三大茶类。黑茶以边销为主，部分内销，少量外销，因此习惯上又把黑茶制成的紧压茶称为边销茶。

（一）湖南黑茶

主要产于安化，益阳、宁乡、临湘、桃江等县，毛茶分四个等级，高档茶较细嫩，低档茶较粗老。内质要求香味醇厚，带松烟香，无粗涩味，汤色橙黄，叶底黄褐。以湖南黑毛茶压制成的紧压茶有黑砖茶、花砖茶、茯砖茶、湘尖茶等，主销新疆、青海、甘肃、宁夏等省区。

（二）老青茶

主产于湖北薄蒲圻、咸宁、通山、崇阳、通城等地，为压制老青砖的原料，分面茶和里茶两种，面茶较精细，里茶较粗糙。老青茶品质要求为一级茶（洒面）条索较紧、稍带白梗 、色泽乌绿；二级茶（二面）叶子成条，红梗为主，叶色乌绿微黄。三级茶（里面）叶面卷皱，叶色乌绿带花，茶梗以当年新梢为度。

青砖茶饮用时需将茶砖破碎，放进特制的水壶中加水煎煮，茶汁浓香可口，具有清心提神，生津止渴，暖人御寒，化滞利胃、杀菌收敛、治疗腹泻等多种功效，陈砖茶效果更好。

（三）六堡茶

因原产于广西苍吾县六堡乡而得名，现产区扩大到浔江、郁江、贺江、柳江和红水河两岸，鲜叶采摘标准为一芽二、三叶或一芽三四叶，经杀青、揉捻、渥堆、复揉、干燥五道工序而制成，其品质特点是长整尚紧，色泽黑褐光润，汤色红浓，香气醇陈，滋味甘醇爽口，叶底呈铜褐色并带有松烟味和槟榔味。

六堡茶有散茶和篓装紧压茶两种，六堡散茶可直接饮用，民间常把贮存数年的陈六堡茶用于治疗痢疾、除瘴、解毒。六堡散茶除内销广东、广西外，还远销香港、澳门、新加坡、马来西亚、日本等国家和地区。压制成的六堡茶为圆柱形，方底圆身，高57厘米，直径53厘米，每篓重37～55公斤，压制后通常要进仓晾贮半年以后才可形成六堡茶红、浓、醇、陈的品质特点。六堡茶泡饮时滋味越陈越好。茶叶中有“发金花”的，即生有黄色霉菌的最受欢迎，因黄色霉菌能分泌多种酶，使茶叶物质加速转化形成特殊风味，药效也显著。

（四）普洱茶

采用优良品种云南大叶种制成，鲜叶采下后经杀青、揉捻再晒干，制成晒青茶（滇青）之后经过泼水堆积发酵（沤堆）工艺，加工制成普洱茶。

普洱散茶外形条索粗壮肥大，色泽乌润或褐红（俗称猪肝色），滋味醇厚回甘，并具有独特的陈香。普洱茶性温和，耐贮存，又能解渴提神，对人体具有多种保健功能，因此在日本、法国、德国、意大利、香港、澳门等国家和地区有“美容茶”、“减肥茶”、“益寿茶”、“窈窕茶”之美称。普洱茶紧压茶由于规格不同以及压制后的形状差异，又分为碗形的沱茶，心脏形的紧压茶，圆形的饼茶，正方形的方茶等。普洱茶是后发酵茶，贮存时间愈长，其滋味和香气愈加醇香，品质也愈好，通常经贮存二三十年后的普洱茶，内香潜发，味醇韵正，胜绝他芳，为茶中极品。

第五节　花茶和速溶茶

一、花茶

花茶吸收了花香，饮之既有茶味又有花的芳香，是我国北方非常适销的一种再加工茶类。有绿茶花茶、乌龙花茶、红茶花茶等，其中以绿茶花茶为最主要，其余只是少量生产。绿茶花茶以茉莉花茶为大宗产品，其次是珠兰花茶和白兰花茶。茉莉花茶产区辽阔，产量最大，品种丰富，销路最广，是用经加工干燥的茶叶与含苞待放的茉莉鲜花混合窨制而成的再加工茶，其色香味形与茶坯的种类和质量及鲜花的品质有密切关系。大宗茉莉花茶与烘青绿茶为主要原料，统称茉莉烘青，共同的特点是外形条索紧细匀整，色泽墨绿油润，香气鲜灵持久，滋味醇厚鲜爽，汤色黄绿明亮，叶底嫩匀柔软。用特种绿茶作茶坯窨制的花茶，则分别在茶名前加“花”字如花龙井、花大方等。珠兰花茶主产于安徽歙县，其次是福建漳州、广东广州，以及浙江、江苏、四川等地。其品质特征是香气芬芳幽雅，持久耐贮藏。高档的珠兰花茶选用高级黄山毛峰、徽州烘青、老竹大方等优质绿茶作茶坯，与鲜花混合窨制而成。普通珠兰花茶外形条索紧细匀整，色泽墨绿油润，花粒黄中透绿，香气清纯隽永，滋味鲜爽回甘，汤色淡黄透明，叶底黄绿细嫩。白兰花茶主要产地为广州、苏州、福州、成都等地，多以中低档烘青茶坯作原料，品质特征是外形条索紧结重实，色泽墨绿尚润，香气鲜浓持久，滋味浓厚尚醇，汤色黄绿明亮，叶底嫩匀明亮。

二、速溶茶

是以成品茶、半成品茶、茶叶副产品或鲜叶为原料，通过提取、过滤、浓缩、干燥等工艺过程，加工成的一种易溶解于水而无茶渣的颗粒状、粉状或小片状的新型饮料，具有冲饮携带方便，不含农药残留等优点。我国速溶茶主要产品有速溶红茶、速溶绿茶、速溶乌龙茶、速溶保健茶等。

思考与练习

1. 绿毛茶初制的共同特点是什么？

2. 简述长烘青、毛烘青各自的品质特点及主产区。龙井、大方、猴魁，各有什么著名特色？

3. 祁红和滇红各自的品质特性是什么？红碎茶有哪些花色？各有什么品质要求？

4. 简述乌龙茶的品质特征及主产地区，其中著名的乌龙茶有哪些？各有什么特征？

5. 说出君山银针、白毫银针、六堡茶、普洱茶所属的茶类、产地及品质特色。

6. 说说茉莉花茶和珠兰花茶的产地及品质要求。

第八章 茶叶审评及鉴别

◈ **学习提要和目标：**

一、掌握大宗红绿茶审评的项目和审评因子。

二、掌握红茶、绿茶、乌龙茶、花茶及紧压茶的审评方法。

三、理解并掌握各类茶审评的侧重点。

四、会用红茶、绿茶、乌龙茶、花茶及紧压来的审评方法对这些茶进行审评。

五、掌握一些日常茶叶鉴别的方法。

茶叶审评是通过人的视觉、嗅觉、味觉、触觉，对茶叶的形状、色泽、香气、滋味等进行审查评定，是确定茶叶质量和经济价值的主要方法。

第一节 大宗红绿茶审评项目和审评因子

确定茶叶品质高低，一般分干评外形和湿评内质。红绿毛茶外形审评分条索、色泽、整碎、净度四项因子，或分嫩度、条索、色泽、整碎、净度五项因子，结合干嗅香气和手测毛茶水分。红绿精茶外形审评因子与毛茶相同。

内质审评分汤色、香气、滋味、叶底四个因子。评茶时必须外形与内质兼评，深入了解各个审评因子的内容，进行细致地综合分析，比较熟练地掌握审评方法，以求得正确的审评结果。

一、外形审评

（一）嫩度

是决定茶叶品质的基本条件，是外形审评的重点因子。一般来讲，嫩叶水溶性成分含量高，饮用价值也高。叶质柔软，叶肉肥厚，利于初制作形，制成的茶叶条索紧结重实，芽毫显露，完整饱满，外形美观。而嫩度差的则不然。审评时应注意，一定嫩度的茶叶，具有相应符合该茶类规格的条索，同时，一定的条索，必须具备相应的嫩度。因为茶类不同，外形要求不同，嫩度和采摘标准也不同。如乌龙茶要求新梢有一定成熟度，六安瓜片也要采摘成熟的新梢，再攀片制成。所以评茶叶的嫩度，就要在普遍中注意特殊性，对该茶类各级标准样的嫩度要求进行详细分析，并探讨该因子审评的具体内容与方法。干看茶叶的嫩度，一般可从外形的松紧光糙程度和锋苗芽毫情况，身骨的轻重，色泽的润枯等方面来鉴别。

一般嫩度好的，嫩叶芽尖多，外形紧结光滑，芽毫显露，嫩度较差或粗老的，外形欠紧或粗松，少芽或无芽，而且欠光洁或毛糙。审评时，要全盘观察芽头和嫩叶的比重是否匀称，进行综合评价。芽叶上的茸毛，又称毫（绿茶称白毫，红茶称金毫），一般多而长的嫩度好，但茶类花色不同，初制工艺不同，其含毫量也不同。芽叶紧卷做成条索的锐度，叫做锋苗，条索紧结，芽头完整锋利，锋苗就好，表明嫩度好，制工好。嫩度差的，制工虽好，条索完整但不锐无锋，品质就次。一般炒青绿茶看锋苗，烘青绿茶看芽毫，条形红茶看芽头。因为炒青绿茶茸毛脱落不易见毫而烘青绿茶茸毛保留，芽毫显而易见。但有些采摘细嫩的名茶虽是炒制，因手势轻，嫩度高，芽毫仍显露。芽的多少，毫的稀密，常因地区、茶类、季节、机械或手工揉捻等而不同。同样嫩度的茶叶，春茶显毫，夏秋茶次之，高山茶显毫，平地茶次之；人工揉捻显毫，机揉次之；烘青比炒青显毫，工夫红茶比炒青绿茶显毫。

嫩度好的茶叶，一般身骨较重实饱满；嫩度差的，一般身骨较轻飘。叶质的厚实与瘦薄对于身骨的轻重也有密切关系。

嫩度好的茶叶，一般色泽油润，绿茶绿润，红茶红润，嫩度差的一般色泽枯燥，绿茶枯灰或枯黄，红茶枯红或枯褐。

（二）形状

形状指茶叶外形的形态，是干看外形的重点项目。不同的品类具有不同的外形规格，这是区别茶叶商品种类和等级的依据。外形呈条状的茶有炒青、烘青、条茶、条形红茶、乌龙茶等，条形茶的条索要求紧直有锋苗，除烘青允许条索略带扁状外，都以松扁、短碎的差。乌龙茶条索紧卷结实，略带扭曲。龙井、旗枪等是扁条形茶，以平扁、光滑、尖削、挺直、匀齐的好；粗糙、短钝和带浑条的差。珠茶要求颗粒圆结的好，呈条索的不好。黑毛茶条索要求皱折较紧，无敞叶的好。审评形状时长条索评比条索的松紧、弯直、壮瘦、圆扁及轻重等。扁条形茶比条形的规格及糙滑；圆珠形茶比颗粒的松紧，匀整及轻重空实程度。

（三）色泽

干茶色泽包括色度与光泽度两个方面。色度指干茶的颜色和深浅程度，光泽度指色彩的油润调匀或枯暗花杂的程度。茶类不同，茶叶的色泽不同，条形红茶以乌黑油润为好，黑褐、红褐次之，棕红更次。绿茶以翠绿、灰绿、深绿光润为好，绿中带黄、黄绿不匀较次，黄花杂者差。乌龙茶中的名品以青褐呈宝色较好，黄绿色次之。枯暗花杂者不好。黑毛茶以油黑色为好，黄绿色或铁板色为差。审评干茶的色泽时，色度方面主要评比颜色的深浅，光泽方面评比润枯、鲜暗、花杂等。

审评时，色度与光泽度应结合起来，如干茶色泽符合规格，有光泽，油润调匀，表示鲜叶嫩度好，品质好。干茶色泽枯暗花杂，通常表示鲜叶原料粗老，老嫩不匀或是初制不当。不同程度的劣变茶或陈茶，色泽往往枯、暗、灰。高山茶色带黄，光泽好，鲜活，低山茶或平地茶色深绿。绿茶初制干燥火功高的茶色枯黄，火温低，干燥不及时的茶色灰黄而暗，粗老鲜叶，制工正常的绿茶色黄而微绿。所以同是黄色，其产生的原因各不相同，看时应结合其他因子进行分析。

（四）整碎

指茶叶外形完整和断碎程度，鲜叶是完整的，碎茶和断条是在制茶过程中产生的，断碎的茶多，则完整有锋苗的茶条就减少，而下段茶就显得多。审评时一般以完整为好，断碎为差；下脚茶看是否为本茶本末。精茶的整碎主要评各孔茶的拼配比例是否恰当，要求筛档匀称不脱档，面张茶平伏，下盘茶含量不超过标准样，上中下三段茶互相衔接。毛茶要求条索紧结完整有锋苗。

（五）净度

指茶叶中含夹杂物的程度。茶叶中所含的夹杂物可分成两类，即茶类夹杂物和非茶类夹杂物，茶类夹杂物指茶叶的茎、梗、朴、片、籽、末等；非茶类夹杂物指采、制、存、运中混入的杂物如杂草、树叶、泥沙、石子、竹丝、木片、棕毛、羽毛等。茶叶是供人们饮用的食品，要求符合卫生规定，对非茶类夹杂物或严重影响品质的杂质，必须拣剔干净，禁止混入茶中，对于茶梗 、籽、朴等，根据含量多少，评定品质优劣。

二、内质审评

将审评杯中浸泡好的茶汤 倒入审评碗中，先嗅杯中香气，后看碗中汤色（绿茶宜先看汤色再嗅香气），再尝滋味，最后评叶底。

（一）看汤色

审评汤色主要鉴别茶汤的颜色及其深浅、明暗、清浊等方面。不同茶类有不同的汤色，绿茶汤色绿而微黄，红茶红艳明亮，乌龙茶橙黄明亮，白茶浅黄明净，黄茶黄汤，黑茶橙黄等，同一品类作比较，通常色深而亮，表示汤中内含物质丰富，色浅而明则表示汤淡内含物不丰富。

茶汤能一眼见底而且反光强的称为“明亮”；反之，茶汤不清，视线不易透过汤层，难见碗底，汤中有沉淀物或细小悬浮物，则称为“混浊”或“晦暗”。茶汤纯净而且透明无混杂的为“清”；绿茶的亮与清往往联系在一起，称之为清澈明亮。凡茶汤明亮度好的，品质也好，明亮度差的品质也差。绿茶汤色，一般以浅绿或绿中呈黄、清澈明亮的为好；深黄暗浊的为差。红茶汤色以深厚红艳明亮为好；浅红带黄或红暗的为差。良好的红茶茶汤沿碗边有金黄色的圈（俗称金光圈）。优质红茶茶汤冷却后还会产生

“冷后浑”现象，是品质好的表现。

审评汤色时速度要快，因为多酚类溶解在热水中后与空气接触，很容易氧化变色，使绿茶汤色变黄变深，乌龙茶汤色变红，红茶汤色变暗，尤以绿茶变化最快，故审评绿茶时宜先看汤色，即使是其他茶类，在嗅香气之前宜先很快看一遍汤色，做到心中有数，并在嗅香气时把汤色结合起来看。

（二）嗅香气

茶叶的品类和等级不同，其香气类型和高低也不同。高级绿茶具有鲜嫩，清高的香气，炒青绿茶香气浓高或浓醇，烘青绿茶香气清鲜和爽，红茶具有馥郁芬芳的甜香等，审评香气时，首先鉴别香气是否正常，其次鉴别其类型和高低，再次鉴别其持久程度。

1. 正常与不正常，也叫香气纯异。正常（纯）是指具有本品类应具的新茶香气，正常的香气要区别三种情况即：茶类香、地域香和附加香。茶类香如绿茶要有清香，黄大茶要有锅巴香，黑茶和小种红茶要有松烟香，乌龙茶要有花香或果香，白茶要有毫香，红茶要有甜香等。茶类香中还要注意区别产地香和季节香。产地香即高山、低山、洲茶之区别，一般高山茶香气高于低山茶。不同季节的茶叶香气不同，我国红绿茶一般是春茶香高于夏秋茶，秋茶香气又比夏茶好。大叶种红茶香气夏秋茶又比春茶好。地域香即地方特有的香气，如同是工夫红茶，祁红有类似蜜糖香、川红有橘糖香等；同是炒青绿茶有花粉香、兰花香等。附加香是在茶叶中添加某种有利于茶叶香气的成分，如各种花茶的香气。

不正常的香气有两种情况：一种是由于初制不当而使茶叶本身产生不愉快的气味，如青草气、水闷气、熟烂气、日晒气、发酵气、老火气等，严重的则有烟、焦、酸、馊、霉等气味；另一种是沾染外来的异气，如泥土气、石灰气、油气、化肥气、鱼腥气、木气、农药气等。

2. 高低。香气的高低主要鉴别香气的浓、鲜、清、纯、平、粗。一般以鲜嫩、清高、浓郁为好，纯正、平和次之，低淡、粗老的为差。

3. 长短。即香气的持久性，茶叶热嗅，温嗅香气好，冷嗅仍有香气的为持久，是香气良好的表现，如清香持久、浓香高长等。热嗅、温嗅香气虽好，但冷嗅时已基本没有香气的为不持久。

火工（火候）与茶叶的香气有很大关系，火工偏高的茶叶往往带有火气（火香或焦香），初嗅时香气似乎很高，深嗅之不难辨别，而且火香不持久，很快就会消逝。火工不足，茶叶中的芳香物质难以挥发出来。因此在审评时，是真香还是火气，要细加辨别。

（三）滋味

审评茶汤滋味，先鉴别是否纯正，然后鉴别其浓淡、强弱、鲜爽醇和等。对不纯正的，鉴别其苦、涩、粗、异等及其轻重程度。

1. 纯正。指品质正常的茶应具有的滋味、浓淡：浓表示茶汤中有效成分含量多，比例协调，刺激性强，富收敛性；淡则表示水浸出物含量少，滋味淡。鲜爽:鲜指似吃新鲜水果的感觉，爽指爽口。醇与和:醇表示茶味尚浓，回味也爽，但刺激性不够强;和表示汤味平淡正常。

2. 不纯正。表示滋味不正或变质，有异味。苦味是茶汤滋味的特点，但要加以区别，茶汤入口先微苦后回味转甜，是好茶。先微苦，后不苦也不甜者次之，先微苦后也苦又次之，先微苦后更苦最差。后两种属苦味。涩:似吃生柿，有麻嘴紧舌之感。涩味轻的在舌面两侧有感觉，重的整个舌面有麻木感。粗:粗老茶的汤味在舌面感觉粗糙。以苦味为主的苦涩味控制整个舌苔，俗称辣舌苔，可结合有无粗老气来判断。“异”属不正常的滋味，如烟、焦、酸、馊、陈、霉等。

（四）叶底

叶底的优次，很大程度上可以反映茶叶色、香、味的品质情况。审评叶底主要看叶质的老嫩程度，匀度和色泽三个方面。

1. 嫩度。以芽头、嫩叶的含量多少和叶质的老嫩来衡量。芽头以肥壮颖长的好，细瘦短小的差。叶质老嫩可以从叶质的软硬和有无弹性，以及叶表面平糙等方面进行比较。手指揿压叶质柔软无弹性，放手后不松弛，叶表面平滑叶脉不显的表示嫩度好。指压粗硬有强性，放手后立即回松，表示粗老。叶脉隆起坚硬触手的更老。此外，叶肉厚软的为上，软而薄的为次，硬而薄的更次。

2. 匀度。主要看芽头、叶张老嫩、大小、厚薄等组成情况及整碎度等因子的接近程度。

基本一致的为匀度好，反之则差。看匀度是鉴定整盘叶底嫩度的平均水平，匀度好不等于嫩度好，匀度差也不等于嫩度差，因为粗老鲜叶如采制较好，也可使叶底大小比较一致。因此看叶底匀度主要看各种叶子组成的老嫩总水平。

3. 色泽主要看色度和亮度，其含义与干茶色泽相同，绿茶叶底以嫩绿、黄绿、翠绿，明亮者为优，深绿次之，青暗、黄暗或红梗 红叶较差，青蓝叶底为紫色芽叶制成，在绿茶中品质较差，红茶叶底以红艳、红亮为优，红暗，褐暗为差，有乌条、花青为最差。

第二节　各类茶叶的审评

茶叶有毛茶和精茶之分，毛茶是指鲜叶经初制加工而成的半成品茶，精茶指毛茶经精制加工而成的成品茶。审评时首先应熟悉不同茶类精毛茶的品质特性、特征及其等级规格要求，然后对照标准样茶进行对样评茶。

一、绿茶审评

绿毛茶因制法不同，有炒青、烘青、晒青、蒸青之分，因其形状不同，炒青又分为长炒青、圆炒青、扁炒青、特种炒青等，烘青又分为普通烘青和特种烘青。绿茶精茶有眉茶，珠茶和蒸青煎茶等。

（一）绿毛茶审评

绿毛茶审评分干评外形和湿评内质。评外形先取有代表性样茶250～500克，投入评茶篾匾中，经筛转把样茶分成上、中、下三段，对照标准样评定各段茶的等级和优次。把盘后先看面张茶条索的松紧度、匀度、净度和色泽，然后拨开面张茶，看中段茶的嫩度、条索，再将中段茶拨开，看下段茶的断碎程度和碎、片、末的含量以及夹杂物等。一般上段茶轻、粗、松、杂，中段茶紧细重实，下段茶体小断碎。上中下三段茶比例适当为正常，如面张茶和下段茶多而中段茶少则称为“脱档”。

绿毛茶外形审评以老嫩、松紧为主要因子，整碎、净杂为辅助因子。一般绿毛茶嫩度和条索特点是，优质茶细嫩多毫，紧结重实，芽叶肥壮完整；低级茶粗松、轻飘、弯曲、扁平。色泽特点是原料嫩，做工好的，色度调和一致光泽明亮，油润鲜活；原料粗老或老嫩不匀，做工差的，色泽驳杂，枯暗欠亮；劣变茶色泽更差；陈茶无论老嫩，一般都枯暗。

绿毛茶评内质时先把样拌匀，之后按称取开汤样茶的方法称取样茶4克倒入200毫升审评杯中，用100℃沸水冲泡5分钟，将茶汤倒入审评碗，按看汤色、嗅 香气、尝滋味、评叶底的顺序评定内质优次和所属等别。主要评比叶底的嫩度与色泽，对汤色、香气、滋味则要求正常。优质毛茶汤色清澈明净，低级毛茶汤色较淡欠明亮，酸馊劣变茶汤色混浊不清，陈茶暗黑，杂质多的毛茶杯底有沉淀。毛茶香气有花香、嫩香、甘甜香为高，清香、熟板栗香为优，淡薄、低沉、粗老为差。如有烟焦、霉气等为次品或劣变茶。滋味以浓、醇、鲜甜为好，淡、苦、粗、涩为差，忌异味、变味。凡中级以上茶，感觉越快，收敛性越强，品质越好；中级以下茶，滋味越粗涩，感受越快，品质越次，感受慢的，品质尚好。叶底以嫩而芽多，厚而柔软、匀整、开展为好，叶质粗老、硬薄、花杂为差（原料老嫩不一，叶底大小不匀，色泽也不调和）。忌叶张破碎，红梗红叶，焦斑、焦梗 、黑条、生青和闷黄叶。叶底色泽有淡绿黄色、黄绿色、深绿色、暗绿色等，一般以淡绿微黄，鲜明一致，叶背有白色绒毛为最好，其次是淡黄绿色，暗绿，深绿都差。暗褐或带红为变质茶。

低级毛茶一般干评为主，辅以干嗅香气是否正常。

最后综合外形和内质审评结果确定等级。

（二）绿茶精茶的审评

我国绿茶精茶以外销的珍眉为大宗，产品有珍眉、特贡、贡熙、针眉、秀眉等。其次是珠茶，其产品包括雨茶。还有少量蒸青绿茶。

1. 眉茶审评

眉茶品质要求外形内质并重，外形评比条索、色泽、整碎、净度四项因子，内质评比香气、汤色、滋味，叶底的嫩度和色泽。外形审评方法同毛茶，内质审评方法是称取样茶3克，投入150毫升审评杯中，其它操作同毛茶。

条索：评比松紧、粗细、长短、轻重、空实、有无锋苗。以紧结圆直、完整重实，有锋苗的好；条索不圆浑，紧中带扁、短秃的次之；条索松扁、弯曲、轻飘的品质差。

色泽：比颜色、枯润、匀杂。以绿润起霜为好，色黄枯暗为差。

整碎：比面张茶、中段茶、下段茶这三段茶的老嫩，条索的松紧、粗细、长短，拼配比例是否适当。拼配比例适当的为匀正或匀齐。忌下段茶过多。

净度：看梗、筋、片、朴的含量。净度对外形的条索、色泽及叶底的嫩度、香气、滋味有不同程度的影响。净度差的条松色黄，叶底花杂，老嫩不匀，香味欠纯。

汤色：比亮暗、清浊。以黄绿清澈明亮为好，深黄次之，橙红暗浊为差。

香气：比纯度、高低、长短。以香纯透清香或熟板栗香高长的为好，而烟焦及其他异味为劣。

滋味：比浓淡、醇苦、爽涩。以浓醇鲜爽回味带甜的为上品，浓而不爽的为中品，淡薄粗涩为下品，其他异杂味为劣品。

叶底：比嫩度和色泽。嫩度比芽头有无，多少，叶张软硬、厚薄。以芽多、叶质柔软、厚实，嫩匀为好，反之则差。色泽比亮暗、匀杂。以嫩绿匀亮为好，色暗花杂为差。

2. 珠茶审评

珠茶外形审评看颗粒、匀整、色泽和净度。颗粒比圆紧度、轻重、空实。要求颗粒紧结、滚圆如珠，匀正重实。颗粒粗大或朴块状、空松的差。匀整指各段茶拼配比例匀称。色泽比润枯、匀杂。以墨绿光润为好，乌暗晦滞为差。审评方法同眉茶。

内质比汤色、香气、滋味和叶底。汤色比颜色、深浅、亮暗。以黄绿明亮为好，深黄发暗，沉淀物多，新茶近似陈茶的为差。香味比纯度、浓度。以香高味醇和的为好，香低味淡为次，香味欠纯带烟气闷气熟味者为差。叶底评比嫩度和色泽。嫩度比芽头与叶张匀整。以有盘花芽叶或芽头、嫩张比重大的为好，大叶、老叶、摊张比重大的为差。叶底色泽评比与眉茶基本相同，但比眉茶色稍黄属正常。审评方法同眉茶。

3. 蒸青绿茶审评

目前我国蒸青绿茶有恩施玉露和普通蒸青两种。前者属名茶规格，外形如松针、紧细、挺直、匀正，色泽绿润、香清持久，味醇爽口。普通蒸青具三绿特征(即干茶绿、汤色绿、叶底结)，高档茶条索紧直呈针状，匀称有锋苗；一般茶条索紧结挺直带扁状，色泽鲜绿或墨绿有光泽。

蒸青绿茶开汤审评通常用白色瓷碗，每批茶样称两份，分别放入两个茶碗，冲沸水2~3分钟后先嗅香气，另一碗供评滋味，把茶叶捞出来，先看茶汤色泽，然后尝滋味、看叶底。干评外形同眉茶。

蒸青绿茶外形评比色泽和形状。色泽比颜色、鲜暗、匀花。以浓翠调匀者为好，黄暗花杂者为差。形状比条索和松紧、匀整、轻重、芽尖的多少。条索以细长圆形、紧结、重实，挺直、匀整、芽尖显露完整的为好，条索折皱，弯曲、松扁的次之，断碎、下段茶多的为差。内质比汤色、香气、滋味。汤色比颜色、亮暗、清浊。高级茶浅金黄色泛绿、清澈明亮；中级茶浅黄绿色；色泽深黄、暗浊，泛红的品质不好。香气以鲜嫩带有花香、果香、清香、芳香的为上，有青草气、烟焦气的为差。滋味比浓淡、甘涩。以浓厚、新鲜、甘涩调和，口中有清鲜清凉的余味为好，涩、粗、熟闷味为差。叶底青绿色，忌黄褐及红梗 红叶。

二、红茶的审评

（一）红毛茶的审评

红毛茶主要指条形茶，审评方法与审评因子与绿毛茶相同。外形以嫩度和条索为主，内质以叶底的嫩度和色泽为主，香气、滋味只要求正常。低级红毛茶以干评外形和干嗅 香气为主。

外形的嫩度是重要因子，嫩叶质地柔软易成条，芽毫显露，有锋苗，随着嫩度下降，芽毫少而短秃。审评嫩度时要区分正常芽和休止芽，以及对夹叶和枝干茶，还要区别毛茶出售前为了求得外形平伏而自行过筛加工（又称毛茶精做）的断碎茶。以免把同一嫩度的茶看成嫩度较好的茶。红毛茶的色泽，因老嫩和制工不同，有乌润、乌黑、黑褐、红褐、褐红、棕红、暗褐、枯红、花杂等区别。乌、黑、润为上，枯、暗、花为下。

高级红毛茶香气常带有甜香、果香或花香；低级茶香气带粗老气，还要辨别有无劣变、异气等。一般香好味也好，香差味也差。汤色要求红艳明亮，浅黄、红暗为差。但红茶茶汤的冷后浑（又称乳凝）现象比绿茶明显，冲泡后汤色开始是红艳明亮，茶汤冷却后呈现一种乳状，如再冲以开水，提高汤温复又变清，这是乳降现象，其快慢与程度和茶叶品质有很大关系。叶底的嫩度评比与绿茶基本相同，而红茶叶底色泽以红艳、红亮为好，红暗或带褐、青暗、乌暗、花杂的差。

红毛茶的次品劣变茶，干看外形亦可发现，但有些情况不易识别，必须干湿兼看。如焦茶是在过高温度下干燥时被炭化，假如让其再受潮、摊凉一段时间再干燥，干嗅就不易发现焦气味，开汤后看叶底方可看出是焦条。又如在夏秋季节，将揉捻后的粗老茶踩紧后盖上布，放在太阳下曝晒较长时间再干燥，可改善其外形色泽，但叶底呈黑色。干燥对提高红茶品质有十分重要的作用，在初制正常的情况下，还需正确识别各种干燥方法的毛茶。用炭火烘干，外形条索紧结，色泽乌黑、油润，汤色红艳，香气浓。烘干机烘干，外形条紧，色泽乌黑，汤色红亮，香气一般。用萎凋槽烘干，外形条稍松，色黑褐显枯，汤色红，香气平淡。

(二)红茶精茶的审评

1. 工夫红茶审评

工夫红茶是我国独有的传统产品，审评时分外形、香气、汤色、滋味、叶底五项。

外形的条索比松紧、轻重、扁圆、弯直、长秀、短钝。嫩度比粗细、含毫量、锋苗，兼看色泽的润枯匀杂。整碎度比匀齐、平伏和下段茶含量。净度比梗、筋、片、朴、末及非茶类夹杂物含量。以条索紧结圆直，身骨重实、锋苗及金毫显露，色泽乌润调匀，上中下三段茶拼配比例适当，不脱档，平伏匀称，不含茶类和非茶类夹杂物为品质好。中档以下茶根据等级不同，对筋、梗、片有不同程度限量，但不得含有非茶类夹杂物。

工夫红茶香气以开汤审评为准，区别香气类型、鲜纯、粗老、高低和持久程度。一般高级茶香高而长，冷后仍有余香，中级茶香气高而稍短，低级茶香低而短或带粗老气。以高锐有花香或果香，新鲜持久为好。汤色比深浅、明暗、清浊。以汤色红艳、碗沿有明亮的金光圈，有“冷后浑”的为品质好。红亮或红明次之，浅暗或深暗混浊者最差。叶底比嫩度和色泽。评比内容与红毛茶基本相同，要求芽叶整齐匀净，柔软厚实，色泽红亮鲜活，忌花青乌条。

2. 红碎茶的审评

红碎茶分叶、碎、片、末四个花色，审评以内质的汤味，香气为主，外形为辅。开汤审评内质的方法是：取有代表性样茶 3 克，投入 150 毫升审评杯中，以 100℃沸水冲泡 5 分钟，之后将茶汤倾入瓷碗中，按嗅香气、看汤色、尝滋味、评叶底的顺序进行。评叶底时将叶底由杯中倒在翻过来的杯盖上，放在茶杯上进行。

碎片末茶评比的内容如下：

重实程度：比身骨重实或轻飘程度；

匀度：碎茶比颗粒紧卷或松泡，大小及匀称程度，所含片末多少；片末茶比皱折角片及砂粒状茶的粗细、大小，匀称程度。

色泽：看鲜活、枯灰、匀杂。碎茶加看含毫量。

净度：比有无筋皮、毛衣、茸灰、梗和杂质含量。

香味：评浓、强、鲜、淡薄、粗涩等。

汤色：看茶汤浓度，金圈宽窄，鲜艳、明亮、暗浊等。

叶底：看色泽红艳、暗杂和调匀驳杂程度，以及老嫩，软硬程度。

叶茶外形审评整碎、色泽、净度与工夫红茶相同，条索除评比松紧、轻重、扁圆、弯直、长短外，增比匀度。内质审评与碎片末茶相同。

红碎茶品质看重内质的香气和滋味的浓、强、鲜，外形是第二位。外形碎、片、末茶规格要分清，碎茶中不含片末茶，片茶中不含末茶，末茶中不含灰末。叶茶条索紧直匀齐，碎茶颗粒紧结重实，片茶皱片而厚实，末茶成砂粒状。色泽乌润或带褐红调匀为好，忌灰枯或泛黄。香味要求浓、强、鲜，具刺激性，青涩或淡薄缺乏刺激性都不好。汤色要求红艳明亮，深暗、浅暗、浑浊都较差。叶底色泽以红艳明亮为上，暗杂为下；叶底嫩度以柔软匀整为上，粗硬花杂为下。红碎茶叶底看重红亮度，而嫩度相当即可。

国外习惯采用加牛奶审评的方法，每杯茶汤中加数量约为茶汤十分之一左右的鲜牛奶，加量过多不利于识别汤味。加奶后茶汤以呈粉红明亮或棕红明亮为好；淡黄微红或淡红次之；暗褐、淡灰、灰白为不好。加奶后的汤味，仍能尝出明显茶味，这是茶汤浓的反映，茶汤入口后两腮立即有明显的刺激性，是茶汤强度的反映；如果只感到明显的奶味，而茶味淡薄，则茶汤品质差。

三、乌龙茶审评

乌龙茶审评以内质香气和滋味为主，其次才是外形和叶底，汤色仅作为参考。

审评乌龙茶的内质，用一种特制的有盖倒钟形杯（俗称茶瓯），容量为110毫升，冲泡前用沸水将杯碗冲洗烫热。然后称取混匀的样茶5克置于杯中，以100℃沸水冲泡后，用杯盖刮去杯中水面飘浮的泡沫，附着在杯盖凹面的泡沫用开水冲洗干净，立刻将杯盖盖好，经2分钟后，揭取杯盖，沿盖嗅香。嗅香的方法是将杯盖竖起，靠近鼻端，此时茶香随着水汽蒸发，从盖沿散发，用鼻深吸几次，辨别香气高低。之后倒出茶汤，评其汤色和滋味，随即再冲泡约3分钟，冲泡第三、四遍各为5分钟，重复审评。在嗅香时，一般是第一泡嗅香气的高低，有无异气；第二泡嗅香气类型，有无花香、音韵、岩韵、鲜爽程度、粗细、长短以及有无异气；第三泡嗅 其持久程度。一般高级茶冲泡四次，中级茶三次，低级茶两次，以耐泡而有余香者为好，最后倒出叶底于叶底盘或杯盖上审评。

乌龙茶外形审评对照标准样评比条索、色泽、整碎、身骨轻重和净度等因子。由于乌龙茶着重品种特征，在审评外形时必须同时判断属什么品种。乌龙茶初制分包揉和不包揉两种，外形条索分拳曲形和直条形。铁观音、色种、佛手经过包揉、外形拳曲紧结；岩水仙、岩奇种没有包揉，呈直条形，叶端扭曲。同属拳曲形，铁观音重实，佛手壮实圆结，色种紧结。同是直条形，水仙比奇种壮大，岩水仙壮大弯曲，主脉宽大扁平，具三节色和蜻蜓头特征，岩奇种条形中等。闽北乌龙较为瘦小挺直，无蜻蜓头特征。无论是何种乌龙茶，条索均以紧结重实为好，粗松轻飘为差。

乌龙茶色泽评比颜色、枯润、鲜暗，多数以鲜活油润为好，死红枯暗为差。依品种不同有砂绿润、乌油润、青绿、乌褐、绿中带金黄等。

乌龙茶外形重视整碎度，忌断碎，因断碎失去品种特征。

看乌龙茶净度视茶梗、茶朴、老叶等夹物含量。

乌龙茶内质审评香气时，判断其高低、长短、粗细。品种不同香气各有特点，如铁观音有桂花香具观音韵，岩茶有兰花香具岩韵，黄金桂香（黄棪）香，清高如梨香和桂花香，肉桂有桂皮香，凤凰单枞有黄枝花香等。乌龙茶汤色审评判断其深浅、明亮和清浊。以橙黄清澈为好，橙红带浊为差。汤色受火候的影响，火候轻汤色浅，火候足汤色深，一般高级茶火候轻，低级茶火候足，品质由高到低，火候由轻到足，汤色也由浅而深。但品种之间汤色深浅是不能相比的，如岩茶火候足，汤色深，品质也好。应了解不同品种汤色的特点。乌龙茶滋味评比其浓淡、厚薄、爽涩及回味长短，以浓厚、醇厚，鲜爽回甘者好，粗淡，粗涩者差。乌龙茶叶底评比厚薄、软硬、匀整、色泽、做青程度等。以叶张完整、柔软、厚实、色泽青绿稍带黄，红点明亮的为好，叶底单薄、粗硬、色泽暗绿，红点暗红的为差。

四、黄茶的审评

黄毛茶主要为黄大茶，其他则属高级特种黄茶。黄毛茶审评方法与绿茶的审评方法基本相同。黄大茶干看条索色泽和梗叶是否完整，湿看汤色、香气、滋味、叶底。以汤色深黄，香气焦香高爽、味浓厚、叶底黄明、耐冲泡、梗长而壮，叶大而厚，梗叶不断损为好。忌茶梗折断、脱皮、皮皱缩和烟、酸、霉味。

五、白茶的审评

白茶为福建特产，依茶树品种和采制方法不同，可分为大白、水仙白、小白。白茶审评方法和用具同绿茶。白茶审评重外形，评外形以嫩度，色泽为主，结合形态和净度。评嫩度比毫心多少，壮瘦及叶张的厚薄。以毫心肥壮、叶张肥嫩为佳；芽毫瘦小稀少，叶张单薄的次之；叶张老嫩不匀，薄硬或夹有老叶、蜡叶为差。评色泽比毫心和叶片的颜色和光泽，以毫心叶背银白显露，叶面灰绿(即所谓“银芽绿叶，绿面白底”)为佳，铁板色次之，草绿黄、黑红色、暗褐色及有蜡质光泽为差。评形态比芽叶连枝，叶缘垂卷，破张多少和匀正度。以芽叶连枝，稍微并拢，平伏舒展，叶缘垂卷，叶面有隆起波纹，叶尖上翘不断碎，匀整的为好。叶片摊开、折皱、折贴、卷缩、断碎的为差。评净度要求不含茶籽、老梗、老叶及蜡叶。

审评内质时汤色比颜色和清澈度，以杏黄、杏绿、浅黄、清澈明亮为佳；深黄或橙黄次之；泛红、红色、暗浑的为差。香气以毫香浓显，清鲜纯正为好；淡薄、青臭、发酵气，熟老气等为差。滋味以鲜爽、醇厚、清甜为好；粗涩、淡薄为差。评叶底比嫩度和色泽，叶底嫩度比老嫩，叶质软硬和匀正度；叶底色泽比颜色和鲜亮度。以芽叶连枝成朵，毫多芽壮，叶质肥软，叶色鲜亮、匀整为好；叶质粗老，硬挺、破碎、暗杂、花红、黄张、焦叶红边的为差。

六、黑茶的审评

黑毛茶审评干看和湿看项目与红绿茶基本相同。审评外形以嫩度和条索为主，兼评净度、色泽和干香。嫩度主要看叶质老嫩，芽尖多少。条索主要看松紧、弯直、圆扁、皱平、下段茶比例及茶叶身骨的轻重，以条索紧卷，圆直为上，松扁、皱折、轻飘为低。净度看黄梗浮叶和其他夹杂物含量。色泽看颜色枯润，纯杂，以油黑为好，花黄绿色或铁板色为差。嗅干香区别纯正、高低、有无火候香和悦鼻的松烟香，以有火候香带松烟香为好;火候不足和烟气太重较次;粗老气，日晒气，香低微为差。

黑茶开汤审评的方法是:称取拌匀后的样茶10克放在容量为500毫升的白瓷杯中，用100℃的开水冲泡后加盖，中间用筷子将杯中叶子拨动一次，使叶子充分展开，经过5分钟后，将叶底夹到碗盖上，依次审评香气、汤色、滋味和叶底。也可用250毫升的审评杯碗称放样茶5克冲泡审评。湿评以叶底嫩度和色泽为主。汤色以橙黄明亮为好，清淡混浊为差。香气以松烟香浓厚为佳，检查有无日晒、馊、酸、霉、焦等气味及程度。滋味以紧口(微涩)后转甘甜为好，粗淡苦涩为差。叶底以黄褐带青色、叶张开展，嫩度一致，无乌条暗叶为好，红绿色或红叶花边为差。

第三节　再加工茶审评

一、花茶审评

花茶外形审评各项目与条形绿茶相同，评比条索、嫩度、整碎、净度。窨花后条索比素坯略松，色带黄属正常。开汤审评按嗅香气，看汤色，尝滋味，评叶底的顺序进行。汤色一般比素坯加深，但滋味较醇，叶底色泽也比茶坯叶底色泽稍黄。香气是花茶品质的主要方面，通常从鲜灵度，浓度和纯度三个方面来鉴别。

不同的花茶有不同的香型，一般茉莉花茶香气芬芳隽永，玉兰花茶香气浓烈，珠兰花茶香气清幽，柚子花茶香气爽纯，玳玳花茶香气浓郁，玫瑰花茶香气甘甜等。

花茶内质审评一般采用两种方法，即单杯审评法和双杯审评法。

(一)单杯审评法

又分一次冲泡和二次冲泡两种方法:

1. 单杯审评一次冲泡法。一般称取拌匀后的样茶3克，用150毫升的杯碗，冲泡前拣净花渣(花枝、花瓣、花蕊、花蒂，因为花渣中含有较多的花青素，使茶汤略带涩)，冲泡时间为5分钟，开汤后先看汤色是否正常，接着趁热嗅香气，审评香气的鲜灵度，温嗅评香气浓度和纯度并结合滋味审评，上口时评滋味鲜灵度，要花香味上口快而爽口，在舌尖打滚时评比滋味的浓度、醇度。最后冷嗅香气评香气持久性。这种方法对审评技术比较熟练的评茶人员较适用。

2. 单杯两次冲泡法:是一杯样茶分两次冲泡。第一次泡3分钟，审评香气的鲜灵度，滋味的鲜爽度。第二次泡5分钟，评香气的浓度和纯度，滋味的浓醇。这种方法准确性较5分钟一次冲泡法好，但操作麻烦、时间长、且汤色、滋味较5分钟一次冲泡法稍有差别。

（二）双杯审评法

是同一样茶冲泡两杯，又分为"双杯一次冲泡"和"双杯二次冲泡"两种形式：

1. 双杯一次冲泡法。同一样茶称取两份，两杯同时一次冲泡，时间为5分钟，把茶汤倒入碗中，然后热嗅香气的鲜灵度、温嗅 香气的浓度、纯度、冷嗅香气的持久程度。

2. 双杯二次冲泡法。同一样茶称取两份，每份为3克，150毫升杯碗。第一杯只评香气，分两次冲泡，第一次泡3分钟，评鲜灵度，第二次泡5分钟，审评香气的浓度和纯度。第二杯专供评汤色、滋味、叶底，原则上一次冲泡，时间为5分钟。具体操作是两杯样茶一起冲泡，第一杯泡3分钟，第二杯泡5分钟，先评第一杯香气的鲜灵度，当香气嗅 得差不多时，第二杯冲泡时间到，即倒出第二杯茶汤，如第一杯香气鲜灵度没评好，可继续审评，评好后进行第二次冲泡，时间为5分钟，并立即审评第二杯的汤色、滋味、叶底。如此时第一杯第二次冲泡时间到，则先将茶汤倒出，仍继续审评第二杯的汤色、滋味、叶底，待第一杯第二次冲泡的杯温稍冷后，温嗅香气浓度和纯度。这样两杯交叉进行，直到审评结束。如意见有分歧，可将第二杯也进行第二次冲泡，时间为5分钟。这种方法较以上三种更准确，往往在样茶品质差异较小时或审评意见不一致时采用。因为此法操作繁琐，花费时间较长。

二、压制茶审评

压制茶审评一般分干评外形和湿评内质，同时还鉴定单位重量（出厂标准正差1%，负差0.5%）、含梗量和含杂量。压制茶内质审评分冲泡法和煮渍法两种。如湘尖、六保茶、紧茶、饼茶、沱茶等用冲泡法；黑砖、茯砖、青砖、花砖、米砖、康砖、金尖等均用煮渍法。称样和泡水比例按各自要求而定，一般冲泡法的茶水比例为1:50，煮渍法的茶水比例为1:80。

（一）外形审评

1. 分里面茶的审评。如青砖、米砖、康砖、紧茶、圆茶、饼 茶、沱茶等，评整个外形的匀整度、松紧度和洒面三项因子。匀整度看形态是否端正，棱角是否整齐，压模纹理是否清晰。松紧度看厚薄，大小是否一致，紧厚是否适度。洒面看是否包心外露，起层落面，洒面茶应分布均匀 。再将个体分开，检查梗子嫩度。里茶和面茶有无霉烂，夹杂物等情况。

2. 不分里面茶的审评。筑制成篓装的成包或成封产品有湘尖、六堡茶，其外形评比梗叶老嫩及色泽，有的评比条索和净度。压制成砖形的产品有黑砖、茯砖、花砖、金尖，外形评比匀整，松紧、嫩度、色泽、净度。匀整即形态端正，棱角整齐，模纹清晰，有无起层落面。松紧指厚薄、大小一致。嫩度看梗叶老嫩，色泽看油黑程度，净度看筋、梗 、片、末、朴、籽的含量以及其他夹杂物，条索如湘尖、六堡茶看是否成条。茯砖加评“发花”状况，以金花茂盛，普遍、颗粒大的为好。

审评外形的松紧度时，黑砖、青砖、米砖、花砖是蒸压越紧越好，茯砖、饼 茶、沱茶就不宜过紧，松紧要适度。审评色泽时，金尖要猪肝色、紧茶要乌黑油润，饼茶要黑褐油润，茯砖要黄褐色，康砖要棕褐色。

（二）内质审评

汤色比红明度。花砖、紧茶呈橘黄色，沱茶要橙黄明亮，方包茶为深红色、康砖、茯砖以橙黄或橙红为正常，金尖以红带褐为正常。

香味：米砖、青砖有烟味是缺点，方包茶有焦烟气味为正常。

滋味审评是否青、涩、馊、霉等。

叶底色泽：康砖以深褐为正常、紧茶、饼茶嫩黄色为佳。

含梗量：米砖不含梗子，青砖、茯砖、黑砖、花砖、紧茶、康砖、饼茶按品质标准允许含有一定比例当年生嫩梗，但不得含有隔年老梗。

三、速溶茶审评

速溶茶品质注重香味、冷溶度、造型和色泽。审评方法尚未统一，仍以感官审评为主。

速溶茶外形评比形状和色泽。形状有颗粒状，碎片状和粉末状。无论什么形状的速溶茶，其外形颗粒大小和疏松度是鉴定速溶性的主要物理指标，最佳的颗粒直径为200～500微米，200微米以上的需达80%，150微米以下的不能超过10%。疏松度以容重表示，一般容重在0.06～0.17克/毫升，以0.13克/毫升为最佳。这样的速溶茶外形美观，速溶性好。造形过小溶解度差，造形过大松泡易碎。颗粒形的要求大小均匀，呈空心疏松状态，互不粘结，装入容器内具有流动性，无裂崩现象。碎片状的要求片薄而卷曲，不重叠。速溶茶含水量在2%～3%，存放室的相对湿度最好在60%以下。否则容易吸潮结块，影响速溶性。，色泽要求速溶红茶为红黄、红棕 或红褐色，速溶绿茶呈黄绿色或黄亮、都要求鲜活有光泽。

速溶茶内质审评的方法是：迅速称取0.75克速溶茶两份，置干燥而透明的玻璃杯中，分别用150毫升冷开水（15℃左右）和沸水冲泡，审评其速溶性，汤色和香味。速溶性指在10℃以下和40～60℃条件下的迅速溶解的特性。溶于10℃以下者称为冷溶速溶茶，凡溶解后无浮面沉底现象，为速溶性好，可作冷饮用；凡颗粒悬浮或呈块状沉结杯底者，冷溶度差的只能作热饮用。溶于40～60℃者称热容速溶茶。汤色要求冷泡清澈，速溶红茶红亮，速溶绿茶黄绿明亮；热泡要求速溶红茶红艳，速溶绿茶黄绿鲜艳。香味要求具有原茶风格，有鲜爽感，香味正常，无酸馊气，熟汤味及其他异味，不能有化学合成的香精气味。

第四节　茶叶的日常鉴别

一、春茶、夏茶、秋茶的划分与区别

在我国四季分明的长江中下游广大茶区，春茶是指当年 3 ~ 5 月采制而成的茶叶；夏茶指 6 ~ 7 月中旬采制的；7 月底以后直至当年茶季结束采制的茶叶称为秋茶。这三季茶的品质，绿茶、黄茶、白茶等多以春茶为好。而红茶则往往夏茶比春茶好，因为红茶色香味的形成离不开茶多酚，而夏茶的茶多酚含量比春茶高。经春夏两季采摘，茶树体内营养物质明显减少，所以秋茶香气与滋味都比较平淡，品质不如春茶。

从外形来看，毛茶中有茶树幼果，如绿豆大小，可以判断为春茶，若茶果大如佛珠，则可断定为夏茶；秋茶时期茶果已大如桂圆，通常不易混入茶叶，但此时正是茶树现蕾开花季节，茶叶中往往会杂有花干。另外从茶叶的条形、色泽上也可判断该茶是哪一季节的茶。凡条形红茶、条形绿茶条索紧结，珠茶颗粒圆紧，龙井茶光、扁、平、直；红茶色泽乌润，绿茶色泽绿润，芽叶肥状，重实者为春茶。凡红茶、炒青绿茶条索松散，珠茶颗粒松泡，龙井茶宽大；红茶色泽红褐，炒青茶灰暗、烘青茶乌黑，龙井茶青绿，轻飘者为夏茶。凡芽叶大小不一，叶形瘦小，叶张轻薄，绿茶色泽黄绿，红茶暗红的为秋茶。

从内质来看，凡冲泡时茶叶下沉快，香气浓烈持久，滋味醇厚，汤色明亮，叶底柔软厚实，正常芽叶多，叶脉较细密，绿茶汤色绿中透黄，红茶汤色红润带金圈者为春茶。凡冲泡时茶叶下沉较慢，香气欠高，汤色绿茶较浅带青绿，红茶红而欠亮，叶底薄而较硬，对夹叶多，锯齿明显，叶脉较粗，叶片大小不匀，红茶滋味欠厚带涩，绿茶滋味苦涩者为夏茶。凡茶叶香气不高，汤色绿茶浅而明，红茶浅红色，滋味平淡，叶底芽叶大小不一，并夹杂有铜绿色芽叶者为秋茶。

二、新茶与陈茶的区别

一般来说，新茶上市后，仍在饮用的茶叶就称之为陈茶了。新茶与陈茶的区别，表现在以下几方面：

首先，从茶叶的色泽来看，茶叶在贮存过程中，在水汽、光线、温度和空气的作用下，内含物质会发生缓慢分解和自动氧化聚合。使茶叶的干茶色泽由鲜变枯，茶汤、叶底色泽由亮变暗。如绿茶叶绿素分解，多酚类氧化的结果，会使色泽由翠绿变成枯灰无光；而茶褐素的增多，会使茶汤由黄绿明亮变得暗绿不清。红茶中多酚类的氧化聚合，使红茶色泽由乌润变成灰暗；茶褐素的增多，会使红茶汤色变得混浊不清。

其次，从茶叶的滋味来看，多数新茶滋味都清醇鲜爽，而陈茶由于存贮过程中茶叶中的脂类物质、氨基酸、维生素等，有的分解挥发，有的氧化缩合形成不溶于水的物质，使茶中可溶于水的物质减少，从而使茶汤滋味变得淡薄。如类酯物质的氧化或水解，使茶叶产生陈味；多酚类物质的氧化聚合，含量降低，使茶味变淡，收敛性减弱，鲜爽度下降而有陈味；氨基酸也因氧化、水解而含量降低，导致茶汤鲜味下降。

再次，从茶叶的香气来看，据研究，构成茶叶香气的成分有300多种，主要是醛类、醇类、酚类等物质，这些物质在贮存中既能不断挥发，又会缓慢氧化变成其他物质。所以随贮存时间的延长，茶叶的香气会由高变低，由鲜爽变滞钝。

总之，制工正常的新茶的色、香、味都会给人以新鲜、爽快之感，一年以上的陈茶，无论是红茶、绿茶或花茶，还是白茶、黄茶，即使保管良好，也难免有色退，味晦、香沉之感。

三、真假茶的识别

凡不是从茶树上采下来的叶子制成的“毛茶”而用来充当茶叶的都属假茶。有的全部是假茶，有的在真茶中掺和部分假茶。假茶中虽有些已被人们习惯上充作清凉饮料或者具有药用价值，但有的植物叶子对人体有害。无论对人体有害或有益的假茶，都不能当作真茶出售。对于真假茶，可以通过以下一些简便的方法进行区别。

1. 干看。抓一把茶叶，用鼻闻香，凡是有茶叶固有清鲜香气的为真茶，凡带有青腥气、霉气或其他异味的为假茶。或把茶叶放在白色广口容器或白纸上，看其色泽，如绿茶深绿、乌龙茶青褐、红茶乌黑油润者，为真茶，凡色泽滞枯，呈现绿色或青色，红茶过黑，色泽失常，多有假茶之嫌。

2. 湿看。将嫌疑茶开汤，冲泡两次，第一次与正常茶一样冲泡5分钟，倒出茶汤，嗅其香气，尝其滋味，与真茶对比辨别其香味有无差异，假茶无茶香而有青臭气和异气味。第二次冲泡十分钟，使叶片充分展开后，放在漂盘中仔细观察，根据叶形、叶脉、锯齿等特征辨别该茶的真假。

真茶有明显的网状叶脉，主脉直射叶尖端，侧脉伸展致叶缘的三分之二部位便向上弯曲，呈弧形与上方支脉相连接，叶缘有明显锯齿，上部较密或较深，下部较稀或较浅，近叶缘基部平滑无锯齿，芽及嫩叶背面有白色茸毛，嫩枝梗呈圆柱形。假茶则无这些特征。

四、窨花茶和拌花茶的鉴别

窨花茶是鲜花和茶坯在特定的环境条件下进行拼和窨制，使茶叶吸收鲜花的香气。因此花茶香气浓而鲜纯，既有鲜花的芬芳又有茶叶的清香，拌花茶是把窨花后失香的花干拌和在低级茶中充当花茶。拌花茶没有花香只有茶味，只要一闻香或一冲饮就可以区别。另外，在茶叶上喷洒少量香精也可冒充花茶，但这种花茶香气一般只能保持1～2个月，并且香气不同于天然的花香，冲泡后头饮有香，二饮香气逸散而难于闻到。

五、着色茶的鉴别

给茶叶着色的目的是掩盖茶叶色泽上的缺点，美化其外形，以次充好。茶叶一经着色，便失去其自然色泽，仔细观察就可发现。茶叶本来所含朴片茎梗的颜色是不一致的，着色后成为人造的清一色；如发现茶叶有着色嫌疑，可将其放在盘中多次簸动，或在光洁白纸上摩擦，仔细观察，如有剥落的着色物，即为着色茶。把嫌疑茶开汤，汤色有异常，碗底有色料沉淀。如用的是油类色料，则汤面浮有油渍。

六、农药茶的识别

农药茶一般是茶园防治病虫害喷施过的毒性农药残留于茶叶中，也有在贮运过程中感染农药的。这种茶在形态上无特殊迹象可找，有的有气味，有的则无气味。即使有气味也不十分明显，嗅觉很不容易辨别出来，因此除在审评中要注意有无农药气味外，必须密切了解收购范围内的茶园喷施农药情况和采摘情况（喷施品种、时间、采茶时间等），从加强调查来了解掌握有无农药茶。

思考与练习

1. 大宗红绿茶审评的项目分哪几项，具体各审评些什么内容？
2. 红茶、绿茶、白茶和乌龙茶审评的重点因子是什么？
3. 花茶的审评方法是什么样的？
4. 怎样区别春茶、夏茶和秋茶？
5. 真茶有什么形态特征？
6. 乌龙茶的汤色与火候有什么关系？

第九章　茶叶贮藏与包装

◈　**学习提要和目标：**

一、了解茶叶中主要化学成分的变化。
二、掌握茶叶贮藏方法和名优茶保鲜技术。
三、熟悉茶叶贮藏库的构造和使用。
四、了解茶叶包装的作用和意义。
五、熟悉包装的分类和结构。
六、掌握包装材料的性能和使用。

茶叶是一种极易吸湿和串味的饮料，在通常情况下，随着保存时间的延长，品质逐渐降低。如果贮藏保管得好，品质就比较稳定，色、香、味变化小。既能满足消费者对茶叶质量的要求，又能使生产者茶叶价值不致降低。

了解茶叶的特征特性，掌握茶叶变化的规律，做好贮藏保鲜工作，对于调节茶叶季节性生产与常年消费的矛盾，保证商品茶流通的连续性具有重要意义。

茶叶包装，不但能方便运输和美化商品，而且能起保质、保鲜提高价值的作用。

第一节　茶叶贮藏过程中品质劣变的原因

茶叶经过较长时间的存放，品质就会发生变化，特别是香气、滋味变化更大。茶叶品质下降的速度与茶叶的含水量和存放的条件有关，茶叶含水量越高，存放场所温湿度越高，光线充足，氧气量大，则茶叶劣变越快。茶叶在存放过程 中，发生着一系列的化学反应，了解品质劣变的原因和影响劣变程度的各种因素，才能制定相关的技术措施，防止茶叶品质劣变。

茶叶品质的劣变是多种因素综合作用的结果。茶叶在存放过程中由于吸湿，水分增加，茶多酚、抗坏血酸、类脂物质发生不同程度的氧化，氨基酸、叶绿素和香气成分转化成别的物质而减少，变化过程是非常复杂的。

一、茶叶中主要化学成分的变化

(一)水分的变化

茶叶在存放过程中含水量的变化与包装情况，周围环境的相对湿度有很大关系。试验证明，无包装的茶叶堆放在不同的湿度条件下，含水量的变化是不同的。在相对湿度50%以下的条件下存放，茶叶含水量一般不会超过7%，当相对湿度在60%以上时，茶叶含水量升高很快，湿度越大含水量升高则越快。

茶叶含水量不同，存放过程中的品质劣变的程度差异是很大的。茶叶含水量越低，品质劣变的程度越慢，含水量高的茶叶，在很短时间内品质就会显著劣变，常温贮存同样的时间，含水量越高的茶叶，品质下降幅度越大。

研究结果表明：绝对干燥的食品各种物质暴露于空气中，容易遭受氧化。而当水分子以氢键和食品各种成分结合呈单分子状态存在时，就像物质的表面蒙上一层薄膜，起到一种隔离氧气的作用，物质氧化就困难得多，这种含有单分子层水分的食品不易氧化变质，是较为稳定的。茶叶的单分子层水分含量为3%，如果不考虑个别因素，可以讲3%的含水量是保存茶叶最适合的含水量。随着茶叶含水量增高，水分就成了化学反应的溶剂，水分越高，物质的扩散移动和相互作用就越显著，茶叶的变质也就越迅速，当茶叶含水量在6%以上时，茶叶变质相当明显。因此要防止茶叶在贮藏中变质，必须将茶叶干燥至6%以下，最好控制在4% ~5%范围内。

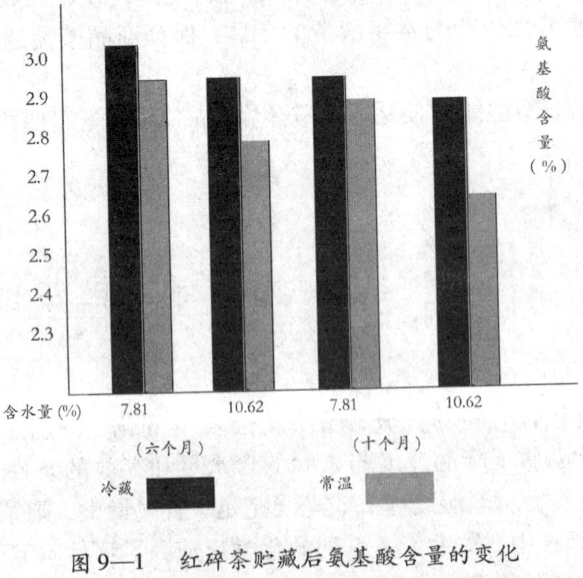

图9—1　红碎茶贮藏后氨基酸含量的变化

(二)茶多酚的变化

茶叶在存放过程中，多酚类物质的非酶性氧化继续进行，非酶性氧化虽然没有酶性氧化那样迅速，但存放时间长变化还是相当明显的。尤其含水量高的茶叶，贮藏过程中茶多酚的氧化减少更多，贮藏环境湿度高，茶多酚下降幅度更大。

对于绿茶，茶多酚的适宜浓度有助于增进茶汤滋味的浓度和爽度。茶多酚含量下降有损于绿茶滋味，茶叶存入时间过长，滋味变得淡薄，失去鲜爽性。对于红茶来讲，茶多酚的含量决定着茶汤 滋味浓度的高低，茶多酚的含量高低与红碎茶品质更为密切，相关系数高达90%以上。

（三）氨基酸的变化

茶叶在贮藏过程中，由于氨基酸能与茶多酚自动氧化的产物结合形成暗色的聚合物，红茶中的氨基酸还能与茶黄素、茶红素作用生成深暗色的聚合物，另外氨基酸在一定的温湿度条件下还会氧化、降解和转化。因此，存入时间过长氨基酸含量会逐渐下降。特别是在高温高湿的夏季，上述反应更易发生。不同含水量的红碎茶经不同时间贮藏后氨基酸含量如图9—1所示，含水量高达10%的茶叶在常温下贮藏，氨基酸大幅度下降。贮存条件不同，氨基酸的保留量是不同的，在低温干燥，密封包装的条件下，氨基酸保留量较多，反之保留量就较少，见表9—1所示。

表9—1　红碎茶不同贮存条件下氨基酸保留量（毫克%）

贮存条件	包装	罐装	铝、聚乙烯复合膜	铝、聚乙烯复合膜	蜡纸包装	纸塑包装
	温度（℃）	常温	常温	30	30	30
	湿度（%）	常湿	常湿	90	90	90
	含水量（%）	5.28	5.11	5.16	13.55	13.21
天门冬氨酸		18	16	16	10	7
丝氨酸		9	11	8	4	3
茶氨酸		376	342	326	206	149
谷氨酸		18	17	16	9	7
精氨酸		6	6	6	4	3
其他氨基酸		15	15	19	12	9
氨其酸总量		442	407	391	245	178

（四）抗坏血酸的变化

抗坏血酸，绿茶比红茶高，高级绿茶比低档绿茶高，它是一种营养物质。茶叶在存放过程中，由于抗坏血酸的氧化作用，会使还原型抗坏血酸氧化成氧化型的抗坏血酸。抗坏血酸氧化后，营养物质下降。以贮存前茶叶中抗坏血酸的含量为100%，贮存几个月后，如果抗坏血酸的保留量低于70%，那么茶叶品质就明显下降了。

要使抗坏血酸的保留量较高，就必须做到：贮藏前降低茶叶含水量、防潮、绝氧包装，贮藏过程中降低温度。相反，采用简易包装，常温贮藏，抗坏血酸就会明显下降。

(五)叶绿素的变化

茶叶中含有0.7% ~1.2%的叶绿素，它是茶叶色泽的主要物质。但叶绿素很不稳定，易受光和热的的影响而分解褪色。不同光质作用不同，紫外线的作用最强。贮藏过程中，绿茶失绿褐变的另一个重要原因是转化为暗褐色的脱镁叶绿素。通常情况下，绿茶叶绿素转化成脱镁叶绿素的转化率在40%左右时，茶叶色泽仍是很绿的，如果脱镁叶绿素的比例达70%以上时，就会出现显著的褐变。含水量较高的茶叶，贮藏环境温度高光照强，叶绿素的含量减少较快。

含水量不同的绿茶，贮藏五个月后，叶绿素的含量减少是很大的。含水量4%的茶叶贮藏后测定叶绿素含量减少40%。含水量8.5%，叶绿素含量减少53%。含水量12%，叶绿素含量减少59%。总而言之，茶叶含水量越高，下降幅度越大。

(六)脂类及胡萝卜素的变化

茶叶中脂类化合物含有不饱和脂肪酸亚麻酸和亚油酸等，这些成分自动氧化形成的醛、酮和醇类与茶的异味有关。类胡萝卜素是茶叶中的黄色色素，在一般的贮藏条件下也易氧化，产生异味，为避免茶叶在贮藏过程中发生劣变，应采用充氮低温贮藏。

(七)香气的变化

茶叶的香气，随着存放时间的延长，显现下降趋势。茶叶保存不当，失去鲜爽性，陈味突出。茶叶香气的降低，主要是一些具有新鲜芳香的物质含量显著下降的原故。据有关资料认为:红茶贮藏了七个月后，含水量不同的茶叶，香气物质的含量差异是非常明显的。

绿茶具有“新茶香”的主要成分是:正壬醛顺—3—已烯已酸酯和另外的一些未知成分。这是正壬醛在常温下贮存两个月后就大幅度下降。在茶叶贮存过程中新产生的成分主要是:戍烯醇、庚二烯醛、辛二烯酮、丙醛等。而这些物质在新茶中是不存在的，随着贮存时间的延长这些物质渐渐产生并逐渐增加，温度越高增加越快。这些不利成分的增加与绿茶香气陈化有关。

二、影响茶叶品质的环境条件

我们知道茶叶品质的劣变是茶叶中的化学成分进行各种化学反应的结果。而化学反应的速度又是与反应条件有关。研究表明，影响茶叶品质劣变的主要条件是:温度、湿度、氧气量、光线等。

温度:温度与反应速度关系甚大，温度高反应加快，温度降低反应减慢。据研究，温度每提高10℃，褐变速度要增加3 ~5倍，而冷藏对抑制氧化褐变有良好效果。茶叶贮藏在 -5℃以下，氧化变质非常缓慢，如果将茶叶贮藏在 -20℃以下，即可完全防止品质劣变。

在常温下贮藏，茶叶具有新茶香及其他良好香气的主要成分，均随贮藏时间的延长而逐渐减少，温度愈高，对茶叶香气有良好作用的成分减少愈多。具有不愉快的气味物质则日益生成和增加。因此，低温贮藏对茶叶品质的保持是行之有效的方法。

湿度:茶叶是一种蔬松多孔的物质，它具有很强的吸湿性。茶叶吸收水分的快慢，与贮藏环境相对湿度有密切关系。经试验，在相对湿度40%的环境条件下，将含水量6%的茶叶暴露在空气中，15天后含水量可升到6.9%;在相对湿度60%的条件下，茶叶含水量达到9.1%。雨雾天，把干燥的茶叶暴露在空气中，含水量每小时递增1%。

含水量越高，茶叶中有效成分的相互作用就越显著，茶叶的陈化变质也就愈迅速。茶叶的含水量在6%以上时，茶叶的变质较快。随着含水量的增加，茶叶中的有利成分随之下降，而一些对品质不利成分则上升。含水量高，环境湿度大，霉菌繁殖也就愈快。为防止茶叶在贮藏中变质，茶叶含水量宜控制在4%以下。

氧气量:空气中含有20%的氧气和80%的氮气，氧几乎能与所有的元素起作用而形成氧化物。特别是在有促进反应的酶的存在下，氧化作用相当强烈。在没有酶参与的情况下，也能发生缓慢地氧化。茶叶中的茶多酚、抗坏血酸、类脂、醛类、酮类等物质都能进行自动氧化，氧化后的生成物，很多对品质不利。要防止茶叶中的化学成分发生氧化，只有使茶叶绝氧。采用减压包装和充氮法清除氧气或用脱氧剂，是防止茶叶氧化质变的有效方法。

光线:光能促进植物色素和类脂等物质的氧化。叶绿素在光的照射下也很容易分解退色，紫外光又比可见光作用更强。在光照下，茶叶中的某些物质发生光化反应。茶叶贮存在透明容器中，受日光照射后，茶叶中的戊醛、丙醛、戊烯醇等增加，而产生一种不愉快的气味(日晒味)。因此，贮藏茶叶的库(室)，窗上要安装厚实深色的窗帘，避免强光照。包装茶叶的材料必须是不透光的。

异味:茶叶中含有高分子棕榈酸和萜烯类化合物。这类物质很活跃，因此，茶叶如果与香烟、油漆、香皂、化肥、农药等有异味的物品混合贮入，就会很快的吸收异味，导致茶叶劣变。贮藏茶叶的仓库，在贮藏之前一定要冲洗干净，并进行通风换气数天，待干爽无异味时再贮进茶叶。

综上所述，各种因子对茶叶品质都有不同程序的影响，其中影响品质最大的因子是茶叶含水量，其次是温度、湿度、氧气量、光线和异味。因此，含水量高的茶叶，在高温高湿条件下贮存，品质劣变的速度最快最剧烈。各种因子对茶叶品质的影响，尤以水分和温度的交互作用影响最大。

第二节　茶叶贮藏

茶叶是人们喜爱的饮料，但如果贮藏保鲜不好，就会发生变质，严重者不堪饮用，造成经济上的极大损失。

采制茶叶季节性很强，再加工和消费却是一个缓慢的过程，茶叶从生产到消费，需要较长的时间，在消费之前，茶叶是通过贮藏来保质的。在茶叶生产大发展，茶叶经销激烈竞争的今天，茶叶的贮藏保鲜工作也就引起了各方面的重视。

一、大宗茶贮藏

水分是影响茶叶品质的主要因素，因此，在贮藏之前应进行干燥，含水量应控制在5%以下。茶叶干燥结束应进行包装，一般采用大包装，用袋装或箱装。袋装外用编织袋，内用塑料薄膜袋，装袋时每件净重一样，装完后用绳子将袋口扎紧。箱装内衬锡箔纸，箱体要求清洁无异味，同批同级茶叶的包装，每件净重必须相同。箱装好后，应加盖装订。然后进入仓库贮藏。

茶叶的仓贮，建仓地段地势要高，便于排水，而且仓库与其他建筑物要尽可能隔开，周围又无污染。仓库以坐南朝北，砖木结构为好，基地要牢固。室内地面应比室外地面高50～60厘米，下部砌空，并开通风窗，以防地下水汽渗入室内。如有条件，仓库四周和上下各面要有防潮和隔热设施，湿度控制60%以下，温度控制25℃以下，最好设有空调去湿设备。仓库内安装深色窗帘，避免阳光直射。

库房内一律不准放化肥、农药、油类或异味的物质，如烟草、皮毛、肥皂、肉类、药材等。茶叶入库前应进行一次大清扫，通风换气几天，然后贮藏茶叶。

如果茶叶的档次较高贮存时间较长，有条件的，可进入冷库贮藏，能有效地保持茶叶品质长期不变。

二、名优茶保鲜技术

名优茶采摘细嫩，制工精细，品质高雅，价值高，应认真做好贮藏保鲜工作。根据近几年的研究资料，现介绍几种贮藏保鲜技术。

1. 热装密封贮藏保鲜技术

将茶叶微火慢烘至含水量3%～5%趁热装入内衬防潮纸的马口铁筒内，立即密封，并设法迅速冷却，常温保存。此法实质上是脱氧的原始方法，对减缓茶叶品质变化有一定的效果。特别对工夫红茶和乌龙茶效果更大。

2. 生石灰贮藏保鲜技术

茶叶先用40×50cm的包装纸包好，每包1斤，用绳捆扎，再放入茶箱中，每箱放40包，茶箱中间再放两个生石灰包，每包放生石灰2～3斤，这样可保持茶叶干燥，固定成茶品质。

对于数量不多的茶叶，可用纸每包1斤包好，放在口小肚大的坛内，沿坛四周整齐放置，中间再放生石灰包，坛口密封盖实，以待贮运。

3. 变色硅胶贮藏保鲜技术

将茶叶烘干至含水量3%～5%，摊凉后用塑料袋装好，放入马口铁筒内，上放一袋用纱布包好的有效变色硅胶，用双层盖盖好，常温保存，此法贮藏茶叶简单易行，成本低，一般保存半年品质无明显变化。

4. 除氧剂贮藏保鲜技术

将茶叶烘干至含水量3%～5%，用密封性能良好的材料包装，内放一袋相应剂量的除氧剂，立即密封，常温保存。此法是脱氧保存的一种方法，依靠除氧剂吸收空气中的氧气，达到脱氧目的。研究表明，采用此法保存的茶叶，半年后仍然保持新茶风味，一年后品质无明显变化，维生素C损失量极少，是一种投资少，效益大的茶叶贮藏保鲜技术。

5. 辐射贮藏保鲜技术

将茶叶烘干至含水量3～5%，摊凉后装入内衬防潮纸的马口铁筒或锡箔牛皮纸袋内，用60cor射线以20万拉德剂量照射，密封，常温保存。此法贮存6个月后，其色、香、味无明显变化。

6. 真空充氮贮藏保鲜技术

真空充氮是脱氧的一种方法，采用抽氧充氮机，将包装袋或马口铁筒内的氧气抽出，充入氮气，从而抑制茶叶有效成分的氧化，防止茶叶劣变，若能结合低温冷藏技术，保鲜效果更佳。是一种茶叶贮藏保鲜的先进技术。

7. 低温冷藏保鲜技术

将茶叶烘干，其含水量控制在4%以下，摊凉后装入内衬防潮纸的马口铁筒内盖紧，外套一层塑料袋，或装入其他气密性良好的复合包装袋内，在-5℃～5℃下存放。此法贮存茶叶，能长时间保持品质。珍贵的名优绿茶，高档花茶和红碎茶使用此法，效果很好。

表9—2　不同贮藏方法对茶叶品质的影响

包装材料	茶叶含水量(%)	处理	评分	评语	名次
铝箔复合袋	4.1	室温	85.7	尚新鲜	1
	5.6	室温	83.9	尚新鲜	2
	8.5	室温	81.6	稍陈熟	3
铝箔复合袋	5.6	室温	72.4	陈熟味	5
	5.6	室温,真空	81.3	较新鲜	2
	5.6	室温,充氮	84.3	较新鲜	1
	5.6	室温,除氧剂	81.1	尚新鲜	3
	5.6	室温,充 CO_2	75.3	显陈味	4
铝箔复合袋	4.9	室温,除氧剂	87.7	较新鲜	3
	4.9	0℃,除氧剂	87.8	较新鲜	2
	4.9	-5℃	87.2	较新鲜	4
	4.9	-5℃,除氧剂	89.2	接近新茶	1

8. FIS茶叶专用保鲜剂贮藏保鲜技术

FIS茶叶专用保鲜剂，是中国茶叶研究所研制的茶叶保鲜产品。利用该产品保鲜茶叶，先将茶叶烘干至含水量5%，采用气密性良好的铝箔复合袋包装，放入一包相当剂量的FIS茶叶专用保鲜剂，密封常温保存。此法对各种名优茶的有效保鲜在6个月以上，保质期可达18个月以上，是一项成本低，使用安全方便，保鲜效果显著的茶叶贮藏保鲜技术。

9. 不同保鲜效果的比较。当茶叶含水率不同或相同的情况下，采用真空充氮或除氧剂，贮藏于室温或低温环境中，试验结果见表9—2。

从表9—2的包装贮藏试验中可看出：当茶叶含水率在4%—5%，用铝箔复合袋装，加以除氧剂，在低温环境下贮藏，对茶叶保鲜效果最好。

三、液态茶贮藏

液态茶是以茶叶为主要原料，加上其他添加剂，经过一系列加工过程形成的茶饮料。液态茶的品质受环境影响较大。品质劣变表现为，随时间延长汤色变褐，出现沉淀物，香气差，滋味浓强度和鲜爽度下降，茶味陈化或失味。液态茶变质的主要原因是：含水量特别高，茶多酚的非酶促氧化作用明显，液态茶中的氨基酸与茶多酚自动氧化的产物结合，形成暗色的聚合物，使茶汤变褐，产生沉淀。因此，液态茶的保质应该从改进液态茶的加工工艺入手，以抑制它的自动氧化作用，清除微生物，降低多糖，蛋白质、果胶质这些对品质不利成分，采取的主要措施是：

添加抗氧化剂，适当添加有机酸，以增强其抗氧化效果。pH值适当5.0~5.5。

添加防腐剂。防腐剂可选用苯甲酸、苯甲酸钠、山梨酸等，用量为0.

02%～0.04%。

采用过滤的方法。在无氧条件下加热凝聚澄清技术措施，以便将多糖类、果胶和蛋白质等不利品质成分凝固析出。

在2℃的液态茶中压入0.8%的二氧化碳，抑制非酶性氧化作用。

采用低温避光贮藏技术，控制液态茶的质变。

四、家用茶保存法

家庭用茶的特点是数量少，设备简单，在保存时采取干燥、避光、低温、隔绝异味等贮藏措施。

如果购买来的茶叶含水量偏高，应先进行烘干或炒干，使茶叶含水量低于5%，摊凉后贮藏。茶叶用白纸包好，250g一包，贮于干燥无味，密封性好的无锈铁罐中。用块石灰装于布袋中，扎紧袋口放在罐的中部起吸潮作用。如果茶叶需要放置较长时间，盖好罐盖后用胶带纸或蜡封口。

家中如有锡罐和硅胶用来贮藏茶叶则更佳。先将茶叶干燥，冷后放于锡罐中。将变色硅胶烘干（呈兰色）装在三层纱布袋中，扎紧袋口，放在罐口处，盖好盖子，放在阴凉干燥处贮藏。过几个月后观察硅胶是否变色，如果还是兰色则表示硅胶干燥，如果是无色，则表示硅胶受潮需取出烘后再放入罐中。

利用热水瓶也可贮藏茶叶，瓶内、瓶塞、瓶盖必须干燥，将茶叶装至九成满，瓶口处塞一团干净无味的纸团或干燥的棉花团，塞紧瓶塞，拧紧瓶盖，再用腊或胶带纸封口，密封贮藏。

经充分干燥的茶叶，用铝箔复合袋盛装，封口后放在一个大的塑料袋中，扎紧袋口贮藏于阴凉干燥处。

茶叶的档次高，数量少，保存期长，可将茶叶装在铁罐中，严密封口，外用一个塑料袋套上，存放于冰箱中，用这种低温冷藏的方法可保持茶叶一至二年不变质。

第三节　茶叶贮藏库

茶叶贮藏库是根据茶叶的特性，人为地创造适宜的环境条件，防止茶叶变质，达到保鲜为目的的一种建筑物。

茶叶贮藏库，大致可分为三种：简易贮藏库，通风隔热贮藏库、机械冷藏库等。随着生产和科学的发展，茶叶贮藏库将会更臻完善。

一、简易贮藏库存

建造茶叶贮藏库，建库地势要高，地下水位要距库1m以上，仓库与其他建筑物要尽可能隔开，周围又无污染。

仓库以坐南朝北，砖木结构为好。基地坚固，室内地面应比室外地面高50~60厘米，下部砌空，并开通风窗，防止地下水渗入室内，有条件的地方仓库四周和上下各面要有防潮和隔热设施，以保持仓库内低温低湿环境条件，相对湿度最好控制在60%以下，库温控制在25℃以下。

简易贮藏库宽度大约为7~9米，长10~20米，库高在4米以上，过低空气不流通。屋顶先用油毛毡垫底再盖瓦，以防漏雨。库内最好铺设天花板，天花板能起到隔热、防潮、防灰尘污染的作用。

库内设置3~5排货架，货架应距墙壁20厘米以上，货架与货架之间应留出人行道，便于装入和搬运。人行道的宽度1~1.5米，货架高度2~2.5米，货架第一层应离地面15厘米以上。第一层最好是放石灰包起防潮作用。库中门窗应对开，便于通风换气。窗户用较厚实的深色窗帘遮光，避免茶叶受到强光照而劣变，在干燥凉爽的夜晚开窗通风，以降低室内温度。

茶叶入库前应用药液喷洒或熏蒸以杀灭库内害虫及菌类。灭虫灭菌后开门窗通风几天，待药液气味完全消失后，再贮入茶叶。

茶叶贮藏库要指定专人管理，做到勤检查，勤清扫，稍有漏雨立即翻盖，注意灭鼠和灭虫，防止包装袋咬破和受污染。

库房内一律不准放农药、化肥、肥皂、鱼肉类以及有异味的物质，以防串味。仓库周围严禁堆放柴草，不能在库内吸烟和燃放爆竹，防止火灾的发生，做到安全第一。

二、通风隔热贮藏库

这种贮藏库是有隔热材料的建筑。利用库内外温度的差异和昼夜温度的变化，以通风换气的方式，来保持库内比较稳定和适宜的贮藏温度的一种贮藏场所。它有较为完善的隔热建筑和灵便的通风设备，操作比较方便。但通风隔热贮藏库仍然依靠自然温度调节库内温度，因此，气温过高的地区和季节，如果不加其他辅助措施，仍然难以维持理想的温度条件，而且湿度不易控制，这是它的不足之处。

（一）地点选择和库形设计

贮藏库宜建筑在地势高燥，地下水位低，通风良好的地方。为了防止库内积水以及春天返潮，最高地下水位应距库底1米以上。

贮藏库以东西长为宜，这样可以减少阳光的东晒和西晒，特别是西晒的影响，同时有利于冬季北风进入库内以降低库温。库房的平面为长方形，宽度大致达8~10米，长大致在25~30米，库内高度宜在4米以上，过低则空气流通不畅。

通风隔热贮藏库的墙壁四周及库顶，都应具有良好的隔热效能，以隔绝库外过高温度的影响，利于保持库内稳定而适宜的温度。

隔热材料的隔执能力，常用导热系数（每1m^2，厚1m，内外温差1℃时，1h中传热的大卡数）来表热阻（1/导热系数）的大小，也说明了隔热性能的高低。凡是导热系数愈小，热阻愈大，则其隔热性能愈强，反之则愈弱。现将常用的隔热材料和建筑材料的导热系数和热阻列于下表。

表 9—3　各种隔热材料性能

材料名称	导热系数	热阻	材料名称	导热系数	热阻
聚氨酯泡沫塑料	0.020	50.0	锯末	0.090	11.10
聚苯乙烯泡沫塑料	0.035	28.5	炉渣	0.180	5.60
聚氨丙烯泡沫塑料	0.037	27.0	木材	0.18	5.60
膨胀珍珠岩	0.03～0.04	33.3～2.50	砖	0.65	1.50
加气混凝土	0.08～0.12	12.5～8.3	玻璃	0.65	1.50
泡沫混凝土	0.14～0.16	7.1～6.2	干土	0.25	4.00
软木板	0.05	20.0	湿土	3.00	0.33
油毛毡	0.05	20.0	干砂	0.75	1.30
芦苇	0.50	20.0	湿砂	7.5	0.13
刨花	0.05	20.0	水	0.50	2.00
铝瓦楞板	0.058	23.0	冰	2.00	0.05
秸草杆	0.050	16.7	雪	0.40	2.50

从表中可以看出各种材料的隔热性能是不同的，所以在建造贮藏库时，要根据所用的不同材料采用不同的厚度，凡隔热能力低的应加厚，才能达到隔热的目的。软木板、聚氨脂泡沫塑料、油毛毡、玻璃纤维等隔热性能好，但价格高又不易取得。故在选用隔热材料时，常采用就地取材，一般用锯木屑、稻壳、炉渣等价廉易得的材料。这类材料的特点是易吸水而腐烂，隔热材料一经吸水，便大大降低其隔热能力，因此需做好防潮工作。用铝瓦楞板和加气混凝土作隔热材料，隔热效果较佳。

通风隔热贮藏库的墙壁和天花板的隔热能力相当于 7.6 厘米厚的软木板的隔热功效，可以达到隔热要求。软木板的导热系数是砖头 1/10，如果单纯用砖做墙壁用以隔热，就得砌 76 厘米厚的砖墙，十分不经济。为了节省材料，可用隔热材料配合使用。例如，1 米厚的软木板的热阻值为 20，则 7.6 厘米厚软木板的热阻值为 $7.6 \times 20 \div 100 = 1.52$。因此，在应用各种不同的隔热材料时，以本身的厚度乘其热阻数值的总和达到 1.52 时，即可符合通风隔热贮藏库存的隔热要求。

如果贮藏库的墙壁是双层，中间填炉渣，其热阻数值为：

外层墙 $37\text{cm} \times 1.5 \div 100 = 0.56$

内层墙 $25\text{cm} \times 1.5 \div 100 = 0.38$

炉渣厚 $13\text{cm} \times 5.6 \div 100 = 0.73$

$0.56 + 0.38 + 0.73 = 1.67$

贮藏库的外层墙厚37cm，内层墙厚25cm，中间填充13cm的炉渣，其隔热数值为1.67，大于1.52，这种设计能满足贮藏库的隔热要求。

也有的通风隔热贮藏库修建土墙，在拌料时加入10～15%的石灰，掺入适当的砂子、石屑或矿渣，以提高强度和减少裂缝。库墙的夹层如用稻壳、炉渣、锯末作填充材料，必须分层设置以免下沉，同时在下层应加衬油毛毡或涂抹沥青用以防潮。

贮藏库的门窗以泡沫塑料填充隔热较好。

建筑材料的不断更新发展，贮藏库的设计和建造也发生相应的变化，加气混凝土质轻而隔热性能高，又有足够强度，因此，加气混凝土被广泛地应用在贮藏库的建筑上。

(二)通风系统的设置

通风设备是通风隔热贮藏库结构上十分重要的组成部分，良好的通风设备，能使库内冷却并维持适宜的低温。通风主要是靠冷热空气的对流作用，因此贮藏库要有能够满足通风要求的进气和出气的通风设置，使库内形成冷热空气顺畅的对流，以达到冷却降温的目的。

通风面积的大小，对于库内空气对流的速度和流量有直接的关系。一般来说，贮藏容量在500吨以下的贮藏库中，每50吨产品的通风面积不应少于0.5平方米。

通风贮藏库的通风系统有各种不同的形式，但比较合理的通风系统应分别设有进气和出气的设备，以加速空气的对流。根据通风的情况不同，可分为屋顶烟囱通风、屋檐小囱通风、混合式通风和地道式通风(见图9—2)。

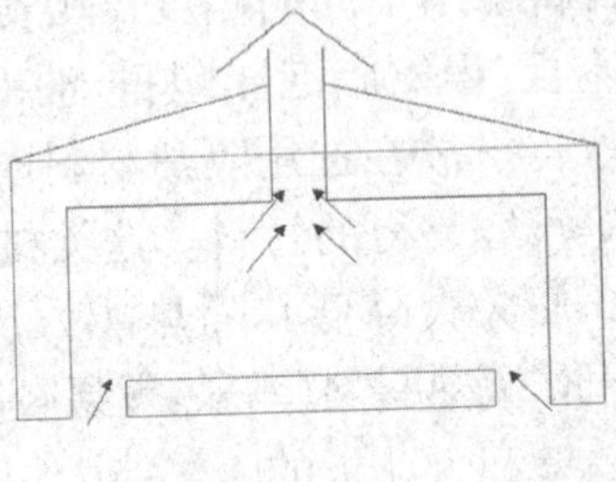

A. 屋顶烟囱通风

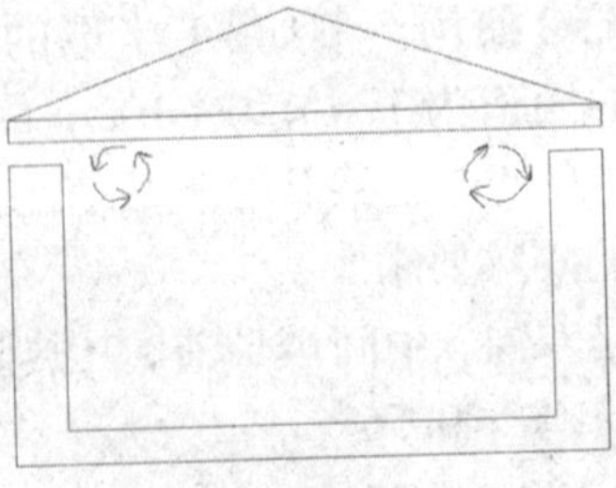

B. 屋檐小囱通风

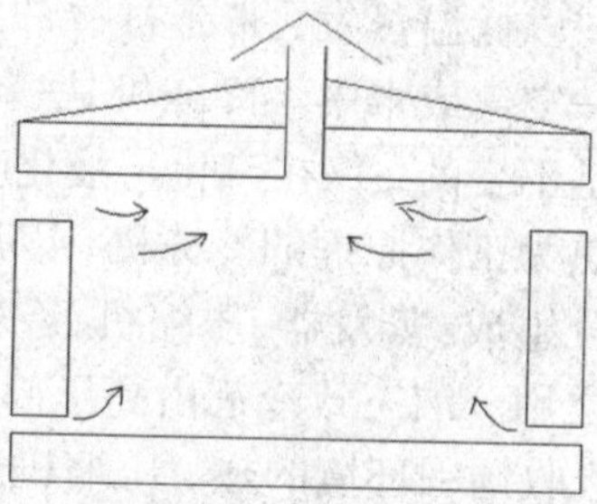

C. 混合式通风

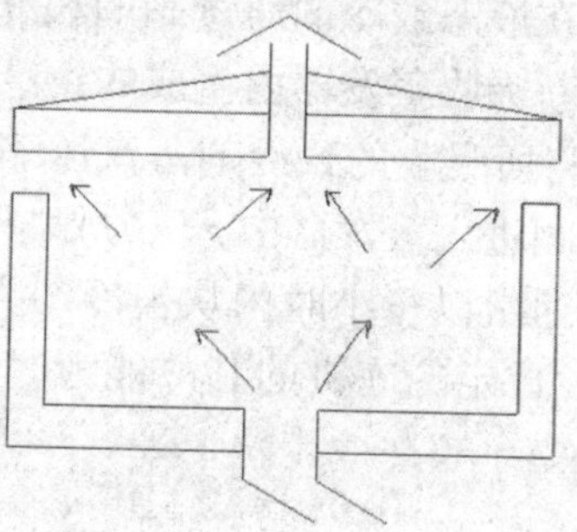

D. 地道式通风

进气设备一般在库房基部进气窗或导气筒，并安装在北面和风流畅通的方位上。进气设备最好是经过地下道进气，因为地下道的温度比较稳定，进气时不致引起库内温度的剧烈变化。但是，地道的建筑费用较高，而且只有地面库才方便修筑。半地下式则多用屋檐窗或墙壁进气筒来导入空气。

出气设备：出气设备形式很多，设计时需注意与进气设备相适应，以便使库内冷热空气循环畅通。一般来说，出气筒多设在库顶并伸出库顶1m 以上，出气筒愈高排气愈迅速，排气量也大，出气设备愈多，排气的效果也愈好，但设计时应根据库容大小酌情设置，一般可每隔 5 ~6m 开设一个口径为 25 ×25cm 或 35 ×35cm 的出气筒。

三、机械冷藏库

机械冷藏库是在有良好隔热效能的库房中装置冷冻机械设备，通过机械的作用，控制库内的温度湿度和通风换气。这样就能够不分寒暑，周年贮藏茶叶，尤其在温度高的季节意义更大。

（一）冷冻机械

1. 致冷原理和冷冻机

利用气化温度很低的液态致冷剂的蒸发（气化）而吸收周围环境中的热量，从而库温迅速下降。通过压缩机的作用，将气化的致冷剂加压并降温，再液化循环。致冷剂以低温蒸发，带走被冷却的库房的热量，热即转到使之降温的冷却剂——空气或水中。冷冻机是一种闭合的循环系统，在机内循环的致冷剂其量是不变的，仅在汽化与液化时，其状态有所改变。

以致冷剂气化而吸热为工作原理的冷冻机，以压缩式冷冻机为多。压缩式冷冻机主要由四部分组成：蒸发器、压缩机、冷凝液化器和调节阀。蒸发器供液态致冷剂蒸发之用。液态致冷剂由高压部分经调节阀进入低压部分即达到沸点而蒸发，吸收周围环境的热，压缩机通过活塞运动吸进来自蒸发器的气化致冷剂，并将之压缩（加压）成为高压状态而进入冷凝器里，从而蒸发器成为低压部分。冷凝器把来自压缩机的致冷剂蒸气，通过冷却剂、水或空气，带走它的热量而重新液化。调节阀是用以调节进入蒸发器的液态致冷剂的流量。在液态致冷剂通过阀的狭缝时，产生滞流现象，开动着的压缩机一方面不断吸收蒸发器内生成的致冷剂蒸汽，使蒸发器内成为低压状态，另一方面将所吸收的致冷剂蒸汽压缩，成为高压状态。高压的液态致冷剂通过调节阀进入蒸发器中，压力骤减而蒸发。

冷冻机的制冷能力通常以每小时内从被冷却介质带走的热量来表示。公制以千卡/小时表示。评定冷冻机的制冷能力时要在特定的蒸发温度及冷凝温度等条件下鉴定。

2. 致冷剂

任何物质能在致冷循环中膨胀蒸发而吸热，因而产生致冷效应的都可用作致冷剂。因为冷冻的要求是能在0℃以下蒸发而吸收热量，所以通常使用的致冷剂其沸点在0℃以下，并且很多致冷剂沸点是在－15℃或者更低，才能满足要求。

除了沸点低以外，还要求致冷剂对人体器官无害，对金属不起腐蚀作用，无燃烧及爆炸的危险，不与润滑剂起化学反应。还应具备良好的吸热性能，蒸发潜热大，蒸气比容较小，在高压冷凝系统内压力低，粘度较小，价格便宜。通常用于冷冻机的致冷剂有：氨、一氯甲烷和卤化甲烷族等。

氨（NH_3）是很早就成功利用的致冷剂，主要是用于中等和大生产能力的压缩式冷冻机，对氨的要求几乎绝对不含水分（不超过0.2%），质地纯净。

氨的潜热比其他致冷剂高得多，在0℃时它的蒸发热量301千卡/公斤，比一氯甲烷的96千卡/公斤，二氯二氟甲烷（F—12）的37千卡/公斤都高若干倍，这是它的最大优点，但它的比容较大，10℃时0.2897m^3/kg。而一氯甲烷的设备较大，占地较多。

氨的最大缺点是有毒，按容积计，若空气中含有0.5%时，人在其中停留半小时就会引起严重危害甚至有生命危险。若空气中含量超过16%时会发生爆炸性燃烧. 氨对钢及其合金有腐蚀作用。

一氯甲烷（CH_3Cl）是一种有毒而带微香的液体，不腐蚀钢铁。但对铝有剧烈的反应，它冷凝压力不大，空气中有2%容积的一氯甲烷，人在其中停留两个小时即会致命，因此常在一氯甲烷中加入奇臭的丙烯醛（CH_2；

CHCHO)，以便于察觉。在空气中有8～17%一氯甲烷时会燃烧或爆炸。它会溶解橡胶。所以在设备上要用锡、钢的合金衬垫。

卤化甲烷族是指氟氯与甲烷的化合物。商品名称为氟利昂，其中以二氯二氟甲烷(F_2Cl_2)应用最广。此外尚有多种同族致冷剂。

所有的卤化甲烷族致冷剂都是无毒无臭(致毒性小)，都象水，不会引起燃烧和爆炸，对金属不腐蚀。其主要缺点是制冷能力较小。二氯二氟甲烷主要用于小型自动化冷冻机及金属空气调节装置，能透过接合不严密小缝及金属的细孔。二氯二氟甲烷接触皮肤会引起溃烂，且价格昂贵。

(二)机械冷藏库的库内冷却系统

机械冷藏库的库内冷却系统，一般可分为：直接蒸发，盐水冷却和鼓风冷却三种。

1. 直接蒸发系统

把致冷剂通过的蒸发器直接装置于冷库中，借致冷剂的蒸发将库内的空气冷却。蒸发器用蛇形管组成，装成壁管组成天棚管组均可。直接蒸发系统，冷却迅速，降温又低，如以氨直接蒸发可降低库温到－23℃，这系统宜采用氨、二氯二氟甲烷为致冷剂，一氯甲烷间有使用。

直接冷却系统的主要缺点是：蒸发器不断地结霜，要经常冲霜，不然将会影响蒸发器的冷却效果，而且不断地降低库内温度。库内温度不均匀，接近蒸发器处温度较低，远处则较高。此外，如致冷剂在蒸发管或阀门泄漏，在库内积聚就会造成不良影响。

2. 盐水冷却系统

蒸发器不直接安装在冷库内而将其盘旋装置在水池内，将水冷却之后再输入安装在冷库内的冷却管组；不断循环而降低库内温度。

使用的水如为普通食盐的20%溶液可降温至－16.5℃，若用氯化钙20%溶液则可降至－23℃。食盐和氯化钙溶解对金属都有腐蚀作用。

此系统可避免有毒及有臭味的致冷剂在库内泄漏，而损害茶叶和入库人员，其缺点是由于中间介质——盐水的存在，必须要求致冷剂在较低温度下蒸发，从而加重压缩机的负荷，并增添了盐水泵的电力消耗。

3. 鼓风冷却系统

冷冻机的蒸发器或盐水冷却管安装在空气冷却器(室)内，借助鼓风机的作用将库内的空气抽吸进入空气冷却而降温，将已冷却的空气通过送风管送入冷库内，如此循环不已而降低库温。

鼓风冷却系统在库内造成空气对流循环，冷却迅速，库内温、湿度较为均匀一致，并能在空气冷却器内调节空气温度，如不注意空气湿度的调节，则这种冷却方式就不大好。

(三)机械冷藏库的隔热和防潮

机械冷藏库的保温方面与致冷方面是同样重要，隔热就是为了保温。隔热材料的选择必须因地制宜，就地取材和经济实用，而最主要的是要具良好的隔热性能。

从前表可以看出，各种材料的隔热性能是不同的而且差异很大。软木的隔热性能良好，比重小，不易吸水，应用较广，但材料的来源有一定的限制。泡沫塑料有良好的隔热性能，比重小，吸水率低，如聚苯乙烯泡沫塑料板导热系数0.035，容重25～50公斤/米^3，吸水率0.1%～015%，不烯烧，无臭味，目前有普遍采用泡沫塑料为隔热材料的趋势，水的导热系数大，因此，任何材料一经潮湿其隔热能力将大大降低。因此，在建筑上必须采取防潮措施。

大型冷库建筑多根据各部位的不同要求采用多种隔热材料，既满足隔热需要，又节省投资。

隔热层的施工方法有三种：

1. 在现场敷设隔热层。我国各地使用这种方法，在世界上这种方法的应用也很广泛。

2. 预制隔热嵌板。预制隔热嵌板的两面是镀铁板或铝合金板，中间夹着一层隔热材料。隔热材料大多采用硬质聚氨酯泡沫塑料。隔热嵌板固定于承重结构上，嵌板接缝一般采用灌注发泡聚氨酯来密封。此法的优点是施工简单，速度快，维修容易。

3. 在现场喷涂聚氨脂，使用移动式喷涂机，将异氰酸酯和聚醚两种材料同时喷涂于墙面，即起化学反应而发泡，形成所需要厚度的隔热层。此法的优点是形成一个整体而无接缝，施工速度快。

（四）冷藏库的管理

冷藏库的管理工作主要是调节控制库内的温度、湿度和通风换气。

1. 冷库温度

库内温度和入贮后茶叶温度是受到下列因素所影响。

入库茶叶温度与库温的差别：温差越小，越有利于快速冷却到最适宜的贮藏温度延迟入贮时间，或者贮藏降温缓慢，茶叶的贮藏保鲜会受到一定的影响。

冷冻机的效能与冷库的大小及入库量：在设计上一方面可通过增加冷库单位容积的蒸发面，另一方面可采用压泵将数倍于蒸发器蒸发量的致冷剂，强制循环。这样可以显著地提高蒸发器的制冷效率。茶叶冷藏库在设计上对每天的入库量是有一定限制的，通常设计每天入贮量占库内容量10%，这个限量不要超过，否则降温缓慢。在入库时最好把每天放进来的茶叶分散在库内各处，小堆堆放，甚至放进另外一个库去，以免库温突然升得太高。经过这初期的降温后再把茶叶堆叠到所要求的高度。

冷气的消失情况，这与冷库的隔热效能和外温的高低有关。

库内空气的流通情况，采用鼓风冷却系统或在库内另外安装鼓风机械，加强库存内空气流通，这有利于迅速降低入贮茶叶温度。

茶叶包装和堆叠情况，密封的容器及包装材料，堆头过大过密而容器之间无空隙等情况下，不易散热，尤其在堆中心的茶叶，其温度将在长时间内降不下来。

从上因素都会影响到库温能否于装载茶叶后迅速降低和茶叶能否快速达到要求的温度这些因素在冷库设计与管理上都应全面加以考虑。

2. 冷库湿度

由于蒸发器经常不断地结附冰霜，又不断地将冰霜融化冲走(所谓冲霜)。解决这个问题，在于设计时要有较大的蒸发器面积，使到蒸发面的温度即蒸发器温度和库温的差别缩小(不超过2～3℃)从而减少结霜。假如使用鼓风冷却系统，还需注意缩小鼓风机出进口风的温度差。

一些冷库出现相对湿度偏高，这主要是冷库管理不善，货物出入频繁，以致库外含有较高的绝对湿度的暖空气进入库房。在较低温度下形成较高的相对湿度，甚至达到露点而出现发汗现象。解决此问题的方法，在于改善管理，采用氯化钙、木炭等来吸湿，只是一种暂时的补充的方法。

3. 冷库的通风换气

冷库的通风换气是选择气温较低的早晨进行，雨天、雷天等外界湿度过大时则暂缓，由于通风而引起库内湿度变化加强，但必须以满足通风换气要求为前提，在通风换气的同时开动冷冻机械以减缓湿度的升高。

第四节　茶叶包装

一、茶叶包装的作用和意义

茶叶包装是为了保护茶叶品质，提高茶叶的竞争能力，方便运输，并起到美化商品和宣传商品的作用。

茶叶包装是商品茶生产的重要环节，是茶叶流通的必要条件。茶叶包装质量的优劣，不仅关系到茶叶贮运过程中的静态保护措施如防透气、防潮、防异味等；动态保护措施如防碰撞、防挤压等，而且可加速茶叶商品流通，促进茶叶商品销售。多样化的规格和美观的装潢可满足不同消费者的要求，提高茶叶产品的价值。

茶叶包装必须保证品质，材料必须无毒无味，密封性好，外观美观大方，对消费者具有很大的吸引力。为了充分发挥包装的作用，应达到如下一些基本要求：

1. 严把质量关，质量是企业的生命，体现企业的信誉和形象。因此，必须按质按量进行包装，严禁偷工减料，以次充好。

2. 小包装茶应有美观的包装装潢，设计上力求做到广告宣传，艺术欣赏、礼品器具溶于一体。既使包装具有良好 的保质作用，又能宣传茶叶功效，传递商品信息。品牌和标签文字优美，图案得体。对消费者有很强的吸引力。

3. 包装要求牢固，防潮性能好，规格适中便于装运。为扩大销售，可利用企业某一知名品牌名优茶，采用系列化包装策略，把本企业生产的所有茶叶品种，不同的花色和等级，包装物采用统一的色彩和图案，利用原来建立起来的良好信誉，很快地打开销路。

二、包装的分类和结构

(一)包装的分类

包装的分类，通常分为小包装和大包装。

1. 小包装又叫销售包装，具有体积小，携带方便，既能保护茶叶品质又起装饰，美化的作用。

小包装的特点是容积小、重量轻。按材料的不同，有盒装、听装、瓶装、袋装和其他形式的包袋。

盒装有纸盒、竹盒、木盒、塑料盒等，大小规格不等。少的 50g，多的 1000g。

听装就是用马口铁制成的各种铁皮罐，有圆柱形、方柱形、扁形、长方形、正方形、椭圆形等多种形式。大小规格也不同，小的装 50g，大的装 500g。

瓶装有玻璃瓶、塑料瓶，主要用于装速溶茶。

袋装有纸装、塑料袋、铝箔复合袋等，大小规格有 50—1000g。

对于小包装，应做好装璜设计工作，外表装潢要突出茶叶的特点，图案要求古朴、典雅，做到图文并茂，使消费者见了产生购买欲。包装物可以是工艺品、纪念品、礼品，也可以作为其他用品再次使用。小包装是一门综合性艺术，需要精心设计，别具一格，吸引顾客，打开市场。在小包装内可放一些无味无毒的干燥剂、除氧剂、保鲜剂，以保持品质新鲜风味。

2. 大包装又叫运输包装，用于盛装各类散装茶和小包装茶。一般由茶箱、防潮材料和外包三部分组成。茶箱依使用材料不同，分为木板箱、胶合板箱，、纸板箱，还有竹篓等包装。

3. 托盘包装是指一件或一组货物下面附加一块托盘(垫板)并用铁腰子将货物固定在托盘上，使托盘与所载的货物牢固地组成一件，称为托盘包装，一直贮运到批发点或零售点为止。

托盘一般是用木料制成的。现已发展到使用塑料、金属、纸张，以及木料与金属结合，塑料与金属结合和纸张与塑料结合等材料制成。

托盘的作用是牢固和便于铲车操作。托盘由托盘面和托盘脚组成，托盘脚之间称为插口，供铲车的两条铲叉伸入，将托盘和所载货物一同铲起，进行堆放，装卸或运送。

(二)包装物的结构

1. 木板箱又称原木箱，板材以连环或拼接，用铁钉装订。它是一个闭合的六面体，它是由箱底板、箱盖和四块墙板组成。未装茶叶之前箱盖不钉，茶叶装入箱中之后再加衬纸将箱盖钉上密封。

2. 胶合板箱采用胶合板，以连环或拼接，钉制成胶合板箱。胶合板因结构不同，又分开为以下几种：

(1)搭袢箱。结构基本上与木板箱相同，用搭袢钉钉制。

(2)包角铁支箱。结构上与搭袢箱相同。不同之处在于茶箱的各棱角，包括上下底盖共十二个边，都有用黑铁皮钉制。

(3)铅丝钉箱。结构与上述搭袢箱和包角铁皮箱相同，不同之处是没有直角档和底档，只有口档四根，用硬性铅丝钉订制。

(4)小型铅丝无档箱。这种箱子的特点是箱型小，一般装置为5kg或10kg，不用直角档和口档。

3. 纸板箱通称瓦楞纸箱。一般分三层(底面两层箱板纸，中间裱糊瓦楞纸)。其结构分一页成型、两页成型和四页成型三种。

纸箱的底盖，常用的有三种类型：对口盖纸箱，大盖纸箱和搭盖纸箱。成品茶小包装一般用一至二页结构的对口盖纸箱。

三、出口包装标记

用文字或图形在茶箱包装上制作的特定记号和注明事项，称为出口包装识别标记。

识别标记是运输过程中辨别同批茶箱的基础，也是一般贸易合同，发货单据和运输保险文件中记载有关标记事项的基本部分。

1. 主要标记。在贸易合同和文件上，一般称为“唛头”。多数用三角形、菱形、四边形、圆形等简明图形，配以代用简字，作为发货人向收货人表示该批货物的特定记号。所用的特定记号，有的是出口公司或国外商号的代号，有的用其他代用简字来表示。

2. 副标记。有的在主要标记上附加某种记号，以区分同批货物中的几个小批或不同品质等级。

3. 件号标记。将同一主要标记的一批货物，按顺序逐件编号。

4. 目的地标记。用来表示茶叶运往目的地的地名标记。这种标记，不能使用简称代号。

5. 重量标记。标明每一箱茶的实际重量(毛重、皮重、净重)。

6. 原产地标记。标记选用文字要少，图案要清楚，易于制作，使人看了一目了然。标记的文字、字母及数字号码，其大小就和包装标记尺寸相称，笔划粗细适当，涂刷标记的部位，应在箱的四周，搬运时容易看到。涂刷标记的颜料应有耐湿，耐晒、耐磨的性能，不会在短时间退色脱落。

四、包装材料

茶叶包装材料应选用防潮性好，避光性良，阻氧性强，保质性能优的材料。如果是硬包装，那么材料应着重包装体的牢固性和防潮性。现将主要包装材料简介如下：

丙纶丝编织袋：内衬聚乙烯袋，作临时包装用，防潮性较好，使用方便，价格低廉。要求入袋的茶叶要达足干，这种袋的特点是易老化而破裂:堆高易滑落，运输不太方便。

麻袋:内衬聚乙烯袋，牢固耐用，成本低运输方便，不足之处是麻丝容易落入茶叶中，一般作中低档茶的临时性包装。

布袋:一般作初制茶的临时包装运输，其优点是:体积小，重量轻，运输方便，入库易堆垛。缺点是防潮性差，茶叶易断碎。

瓦楞纸箱:内衬聚乙烯袋，常用于内销成品茶的包装，成本较低，使用方便。缺点是耐压性、防潮性差，箱子一旦受潮抗压性降低，箱体易变形破裂。

木板箱:抗压性好，牢固耐用，常用于外销包装，缺点是木箱成本高，箱体重体积大，不便于搬运。

胶合板箱:内衬牛皮纸和铝箔，主要用于出口茶及高档内销茶的包装，防潮和保香性能好。但茶箱制造成本较高。

牛皮纸板箱：内衬牛皮纸铝箔或聚乙烯袋。常用于出口茶包装。承受力强，容量大，防潮和保香性能好。但成本较高。

纸袋 :价格低，轻便，但防潮性及耐压性能差，适用于红碎茶包装。

普通薄膜，茶叶包装的薄膜种类有多种，可根据需要进行选用。

1. 聚乙烯，是目前使用最广泛的食品袋薄膜，优点是无毒，易于印刷，热封性好，成本低。不足之处是强度差，易划破穿孔，并且有轻度蜡烛油的气味。依生产加工的方法又可分:

低压(高密度)聚乙烯:性状是带钢性，拉力大，透明度低，防潮、阻氧，但着密性差，难与其他薄膜复合。适用于纸盒小包装茶的内袋包装。

中压(中密度)聚乙烯:该产品具有抗拉性、防湿、阻氧性一般。

高压(低密度)聚乙烯:特性透明、柔软、富有弹性，可用于茶叶的临时包装。因它的阻氧性、防潮性差，故不适用放吸氧剂的小包装和花茶的包装。

2. 玻璃纸，钢性强，透明度好。特点是无毒，不易污染，易粘合，光泽性好，但耐水性和防潮性差，多用作纸盒的外层包装。

3. 聚脂，无色透明，有光泽和较强韧性，弹性的薄膜。机械强度大，能耐较高的温度，耐油，耐酸性好，有良好的阻湿、阻氧性能。美观、挺括。缺点是价格高，熔点高，热封性差，适用于放吸湿剂、吸氧剂的小包装。

4. 聚偏二氯乙烯，无色透明，柔软性好，防潮性和气密性也较好。但不耐酸碱的侵蚀，热合性差，价格较高。

5. 尼龙，能耐低温和一定高温，气密性好，无色无毒，按加工不同可分为拉伸薄膜和未拉伸薄膜。缺点是有一定的透湿性，热合性差。

6. 蒸着铝薄膜，采用聚脂/铝箔/双向拉伸聚丙烯组合，通称铝箔复合膜。质地轻而细密，有较强的防潮、阻氧、避光性能，无毒性。不足之处是韧性差，易起皱产生针孔漏气。是茶叶小包装中性能较好的一种软包装材料。

7. 复合薄膜，将几层薄膜粘合在一起，称为复合薄膜。层数有2~5层不等。二层复合薄膜：玻璃纸/聚乙烯、玻璃纸/未拉伸聚丙烯、纸/铝箔等；三层复合薄膜：聚酯/铝箔/聚乙烯、双拉聚丙烯/铝箔/聚乙烯；四层复合薄膜：双拉聚丙烯/铝箔/尼龙/聚乙烯；五层复合膜：聚酯/铝 箔/尼龙/未拉伸聚丙烯/聚乙烯。

茶叶包装材料应选用无味、无毒、防潮、阻氧、避光性能好，表面有一定的强度而又美观，且成本低廉者为优。一般是选择聚酯/铝箔/聚乙烯、拉伸聚丙烯/铝箔/聚乙烯等。市场上用于高档茶叶真空充氮和除氧剂封存包装的复合材料基本上都是用以上两种产品。

五、茶叶运输包装与销售包装

（一）运输包装

茶叶的运输包装又称大包装，它的目的是要求保护茶叶品质，方便运输。运输包装的设计，要考虑运输的距离、运输设备、运输方式、运转次数。茶叶包装物的强度与外形尺寸等。以前内销茶和出口茶主要用木板箱和胶合板箱，边销茶用竹篓，毛茶收购用布袋或麻袋。近年来发展为纤维板箱、塑料编织袋、瓦楞纸箱等。

1. 毛茶包装

编织袋包装：是较为普遍的一种毛茶包装法，袋外层为塑料编织袋，内层为聚乙烯袋每袋可装茶叶25～40kg。成本低，适于短途运输。

布袋包装：是一种毛茶收购包装的主要形式。布袋有两种不同的规格，扁袋长120cm，宽64cm，筒袋底经54cm，高70cm。两种茶袋可装茶3545kg。为防止茶叶受潮变质，在布袋中衬一只聚乙烯袋。装茶叶后聚乙烯袋捆扎封口，布袋用两角绕缚捆扎。这种包装方法运输方便，成本低，防潮性好。如果毛茶含水量较高水分不易散发，茶叶易霉变。

麻袋包装是毛茶包装的主要方法之一。每袋可装茶35—40kg，由于麻袋孔隙大，极易受潮，因此应内衬一个聚乙烯袋。包装前应感官测定一下茶叶含水量，手捻茶叶成粉末者可装袋包装，成碎片者，含水量较高，应复火后再包装。

2. 精茶包装

精制茶包装，中高档茶用箱装，低档茶用麻袋和塑料编织袋装。

木板箱：以前主要用木板箱装运，现在由于成本高已很少用木板箱装运。

胶合板箱：为防潮保质，箱内衬牛皮纸和铝箔，内销和出口的中、高档多用它包装。国际标准为40×50×60cm、40×40×60cm两种，国内使用的有35×35×35cm、46×46×46cm。

瓦楞纸箱：主要规格有46×46×46cm、40×50×60cm和40×40×60cm。一般由三层牛皮纸板夹两层瓦楞纸制成。装茶叶时内衬一层牛皮纸和铝箔，或内衬一个聚乙烯袋。

(二)销售包装

销售包装也称小包装。特点是体积小，重量轻，装潢美观大方。根据包装材料的不同可分为以下几种。

袋装:有纸袋、塑料袋、复合袋包装。纸袋和单层塑料袋，价格便宜，但不防潮和阻氧，目前用于中高档茶的小包装大多用复合袋包装。

盒装:盒的式样有方形、圆柱形、长方形、圆柱六角或八角形等。装茶容量从50g到500g盒内衬铝箔、聚乙烯袋或牛皮纸，盒外包玻璃纸。

罐装:锡罐和瓷罐。锡有很强的抵抗各种天然腐蚀能力，保质性强，是一种高档包装。瓷罐成本比锡罐低，保护茶叶品质甚好，如果造形美，图案别致，既可装茶又可作为一件艺术品，有很好的发展前景。

组合包装:采用多种包装材料多层包装高级茶，有的在一个包中装几种名茶。多层包装多用铁听纸盒包装，铁听内装密封抽氧充氮的铝箔袋，铁听外套彩印纸盒，纸盒外再包彩印纸。有的内装瓷罐或锡罐，外用绢裱糊的木箱。往往是名贵的茶叶珍品，配以精美高雅的包装。

思考与练习

1. 茶叶在贮藏过程中，茶多酚是怎样变化的，对茶叶品质影响如何?
2. 影响茶叶品质劣变的环境因子有哪些，如何影响?
3. 名优茶贮藏保鲜技术主要有哪几种?
4. 简述通风隔热贮藏库的地点选择和库型设计。
5. 用于小包装的材料，聚乙烯、玻璃纸、铝箔复合膜其性状如何?

第十章　中国茶道

◆ 学习提要和目标：

一、了解佛教祖宗特征及在中国的传播。

二、了解道家与道教，道家代表人物及其政治观点，自然观与处事哲学。老庄思想与茶人气质。

三、掌握中国传统文化与中国茶文化的特征及其二者的关系。

四、掌握儒家积极入世与儒家茶道精神。

五、掌握“禅”与“茶”的关系及“茶禅一味”的内涵，佛教对茶文化的贡献。

六、掌握儒家礼、乐思想与儒家茶艺茶道的社会意义。

道，是一文化 哲学问题。茶道即世界观、人生观和方法论在茶茗品饮中的体现。在中国，传统的儒、道、佛三家融合又以儒家思想为核心，构成了中国茶文化的基本框架和风貌。了解三家思想的主要特性，对把握中国茶文化特征、内涵极为重要。本章就是在简要介绍三家思想基本特征的前提下，讲解三家茶道的基本特征。在学习中要分清三家茶道各自特质，又要理解三家之间的联系，只有这样，才能把握中国传统文化，中国茶文化的本质。

茶道是茶文化的最高境界，是人生观、世界观在茶茗品饮中的体现。茶道与茶艺不可分离。茶艺有名有形，是茶文化的外在表现形式;茶道、无形而可悟，是精神、道理、规律、本源与本质。它经常是看不见、摸不着的，但却完全可以通过心灵去体会。茶艺与茶道结合、艺中有道，道中有艺，是物质和精神的高度统一，“道”贯穿于“艺”之中，两者很难划清界限。

第一节　儒家茶道

每个民族都有自己的母体文化，由此派生出其子系文化。中华民族的母体文化是以儒家中庸思想为核心，融合儒、道、佛等诸家精华的文化体系。作为中华民族母体文化派生出来的中华茶文化，同样具有母体文化的基本特征。

儒家学说作为一种民族思想的精华，它在不同时代的变化、发展，表现出极强的生命力。她不仅创造了中华民族辉煌历史，即使在当今社会，仍然对人们的为人处事、思想修养、社会交往具有指导意义。

儒学还有一个特点，即把十分重大的哲理，体现在日常生活之中。在中国古代，把朝廷宰相喻为“辅鼎”，“辅鼎”既厨子。这一比喻除了对“民以食为天”的生动诠释，告诫执政者不忘“民本”、“民生”以外，其中隐含着两者间的深刻内涵:既所谓“治大国如烹小鲜”。煎一条小鱼都可领悟治国大道，更何况中华茶文化这种洋洋大观的子文化系？饮一杯茶，不仅与伦理、道德、文化、思想关联，显然也同样包含修身、齐家、治国、平天下之大道。

从小的方面看，人们的日常生活，一言一行，一饮一饭、一杯一盏，无不折射出人的品性。君子慎言，克己复礼，慎行励志，如此等等，无不体现人的品性磨励的客观要求。

从大的方面看，儒家学说在处理国际关系、民族问题、军事斗争等重大问题中，同样具有指导和借鉴意义。求大同，存小异，对话与谅解，和平共处，一国两制，化水火不容为水火相济，解直线运动为曲线迂回，沉着应变，进退自如。中国儒学，中华茶道，其理至深。

一、中庸、和谐与茶道

中庸思想是宋代程朱理学的核心理论，而程朱理学是宋代儒家学说的集大成者，是对尧、舜、禹、汤、文、武、周公、孔子一脉相承而至孟轲后中断了的儒家传统思想的弘扬光大。

中庸之义首见于《中庸》。其要义是:

喜怒哀乐之末发，谓之中;发而皆中节，谓之和。中也者天下之大本也;和也者，天下之达道也。致中和，天地位焉，万物育焉。

喜怒哀乐(即思想情感)末发的时候，“心”处于无偏无倚、无过无不及的状态、就是“中”;喜怒哀乐发生的时候，都恰如其分，符合一定节度，就是“和”，这种“已发”、“末发”也称之为“中和”说。中庸之义是强调人们在性情方面要克制，使之合乎人性、合乎天性。

理学认为，强调和重视涵养“末发”工夫，才有可能“发”则“中节”而不失。程门弟子吕大临说:“喜怒哀乐之末发，则赤子之心;当其末发、此心至虚，无所偏倚，故谓之中;以此心应万物之变，无往而非中矣，……”。理学家非常重视涵养“末发”工夫，即强调人的涵养锤炼，性情的磨励，强化个人的素质修养。在认识和分析客观事物中，注意整体把握而无所偏倚，这样才能准确把握客观事物本质、才能认清纷繁矛盾的复杂关系。

“和”也者、“和谐”也，“已发”、“中节”也。是涵养“末发”工夫的目的和体现。如果说“末发”如“知”，则“和谐”是“行”。

在社会生活中，中国人主张有序，相互提携;在与自然关系中，主张天人合一，五行协调，不向大自然无休止地索取而破坏平衡。

儒家“中庸”学说，充分体现于一杯茶中。中国人的性格就像茶，总是清醒理智地看待世界，不卑不亢、执着持久，强谓人与人相助相依，在友好、和谐的气氛中共同进步。与性格像酒的西方人大有不同，中国人不偏执、少暴躁、宁静冲淡，在山穷水尽前求得柳暗花明，执着而柔韧。中国人的这种如茶似茗的思维方法，后发而制人，以柔克刚，减少了不必要的灾难，争得更多主动、赢得更多的朋友。

儒家思想的茶道精神，主张在饮茶中沟通思想，创造和谐气氛，增进彼此的友情。饮茶可以更多地审己、自省、清醒地看待自己，涵养自身的“末发”工夫、修身养性；饮茶可清醒地看待客观，看待别人，在饮茶中，体悟和谐精神内涵、感受宇宙万物相济相依、相生相克的和谐状态；同时煮饮茶茗也是实践和谐的过程。以茶交友、以茶联谊，协调人际关系，创造美好和谐的生存空间。

在陆羽看来，大千世界处处体现和谐统一。他所制的煮茶风炉，形如古鼎，其形制以《周易》思想为指导，。除用易学像数原理严格定其尺寸和外形外，还通过在风炉上镶铸三个卦像：坎、离、巽，来说明煮茶饮食的自然和谐的原理。坎在八卦中为水，巽在八卦中代表风，离在八卦中代表火。表达“风能兴火，火能煮水”。在西方人看来水火不容的事物，却在一定条件下相容相济了。“大同世界”、“万邦和谐”是中国人的社会理想；天地自然、五行和谐是中国辩证的自然观。中国茶人把这两点都引入茶艺和茶道中。陆羽认为，水、火、风相结合，才能煮出好茶，发茶性，去百疾。

在中国茶文化中，处处贯彻着和谐精神。茶壶称“茶娘”，茶杯喻“茶子”，直接表达亲和关系不可破改。历史上无论用煮茶法、点茶法还是泡茶法，都讲究“精华均分”，好的东西、共同创造，共同分享。从品饮环境的追求和营造方面，同样遵循和谐精神。品饮环境要协和自然；程式、技巧等茶艺手段既要与自然环境协调，也要与人事、茶人个性相符。青灯古刹中，体会茶的苦寂，这是佛家品饮环境的追求；琴台书房里体会茶的雅韵，这是文人士大夫的追求；拾新柴，煮活水，泡真茶，卧听松涛声与煮水声相呼应，在自然中品饮自然茶，这是道家品饮环境的追求；家人团坐，亲友联谊，享受天伦，增进友情，这是民间俗饮所追求的品饮氛围。茶壶里可装着天下宇宙，以小见大，壶中看天。“人之初，性本善”，多一些和谐友善，平和清醒，和和美美，这或许是当前中国茶道，东方茶事大兴的原因之一吧！

二、养廉、雅志、励节与积极入世

以儒家精髓为主体的中国传统文化，历来注重个人的道德修养和道德系统的构建，自孔子以来，历代鸿儒巨学，无不注重自身的道德锤炼和道德大义的阐述与张扬。从这一点看，儒学可谓是“内圣之学”、“境界之学”。

儒家主张“积极入世”。“国家兴亡、匹夫有责”、“先天下之忧而忧，后天下之乐而乐”，把家、国、天下事连在一起。从这一点看儒学又是“外王之学”。盛唐以来，历代儒学先贤，忠臣良弼，巨学文人，大多是茶之痴迷者，茶与儒的内在联系非只言片语可以道清。

（一）“灵魂之饮”与修身励志

中国古代进步士大夫大多主张积极入世，他们“穷则独善其身，达则兼善天下”，忧国忧民，以“修身、齐家、治国、平天下”为己任和人生追求。胸怀大志者又大多以修身养性，完善自我为基础，把精神修养和人格锤炼作为“兼善天下”的先决条件。于是他们不约而同地钟情于茶了。唐宋以来，成就卓著的文人士大夫或品行高洁的隐者、大多是茶文化的弘扬者。小小一杯茶，怎么能有如此魅力，聚集那么多文化精英，担起修身励志的重任？

饮茶与修身励志的契合点在于茶本身的品性：茶性平和、恬淡温凉，可以导人趋于清明、

爽远、清醒、理智，培养超然、淡泊和温良恭俭让的精神涵养。茶品既人品。茶品与人品、文品、艺品相得而益彰。

朱熹《朱子语类一杂说》曰：“物之甘者，吃过而酸，苦者吃过而甘。茶本苦物，吃过却甘。问：‘此何理也？’‘也是一个道理，始于忧勤，终于逸乐，理而后和。……’”。朱子不是一般地吃茶，而是吃茶悟“理”，由茶之先苦后甘说明天下事是“始于忧勤、终于逸乐”。把茶的物质性所蕴含的精神内涵与人的修身励志相结合。在当今波澜壮阔的现代化建设大潮，茶作为“灵魂之饮”必然成为追求高雅、锐意进取，崇尚高品位文化素养的人格魅力、立志为振兴中华而奉献全部人生者所钟情。

（二）“清廉之饮”与“致清导和”

“清”指为政清廉，公正廉明，“和”即通政人和，社会安定。小小一片茶，却与治国为政发生联系。茶“冲淡闲洁、韵高致静”。儒家把茶具体形质人格化为道德风貌和行为规范，不同时代不同阶层的人们都可以从中获得精神启迪。茶的洁性不污和矢志不移，被历代文人雅士和平民百姓所推崇。陆羽说：茶对“精行俭德之人”“为饮最宜”。浙江庄晚芳教授提出“廉、美、和、敬”之茶德要旨，既有古代茶文化精髓，又体现了当代社会主义文明建设的内涵。诸葛亮曰：“非宁静无以致远，非淡泊无以明志。”在社会主义物质文明高速发展的当今，社会主义政治文明、精神文明建设需要这种“茶人精神”，——具有博大的胸怀，立志为民造福，甘于默默作无私奉献的精神。社会主义文明建设需要“酒酣胸胆”般的豪情壮志，也需要“淡泊宁静”的高风亮节。在推杯换盏之余，也需要“春风习习，茗烟袅袅”。公正廉明是一个历史话题，而“以茶养廉”当然也具有现实意义了。

三、中国茶道与乐感文化

“厚德载道，自强不息”是中国传统文化尤其是儒家思想的高度凝炼，

是儒家积极入世的思想集中体现。中国人对未来总是充满信心，总是寄希望于未来，相信“芝麻开花节节高”，“长江后浪推前浪，一浪更比一浪高”，“一代总比一代强”。所以，中国人总是充满信心地展望未来，也更重视现实人生。生活本身就要体会“活”的欢乐，有人称中国文化的这种特点为“乐感文化”。中国茶道，正体现出这一特点。在困境到来时，茶人们“以茶励志”，“自强不息”。在日常生活中，一杯一盏，一饮一饭，总是更多地与欢乐、美好的的事物相联系。儒家思想在茶道中，同样体现出乐观主义、积极向上的人生观理念。

(一)、“艺术之饮”与美学陶冶

茶茗品饮过程，其实也是一种艺术感受过程，尽管这种感受的程度与品饮者文化素质和艺术修养有关，但在茶茗品饮中，尤其是观赏茶艺过程中，无疑是一种艺术感染和美学陶冶。

品茶过程中的美学感染，首先在于茶的本身，在于茶的色、香、味、形所表现出的物质美与品饮者“美之心”的并鸣。国家级名茶“西湖龙井”以其色绿、香郁、味甘、形美“四绝”著称，加之以虎跑水泡龙井茶，总把人们带入美的意境和艺术遐想之中。茶的真色、真香、真味所表现出来的艺术魅力、宋代诗人梅尧臣有绝句咏道：“啜之始觉君恩重，休作寻常一时夸”。大文豪苏东坡由衷感叹“从来佳茗似佳人”。

中国传统文化或曰中国古代茶人，总是能从日常生活中发现美，鉴赏美。他们从茶叶的生产和消费过程中，以美学目光和美之心灵去搜寻美之所在。

淡泊闲适是美，是中国茶道重要的美学追求。茶性平和淡远，真水无味养茶，正如以一颗平常之心，做一个平常之人。知足而常乐，随遇而后安，这不仅是一种处世方式，同时也“以淡为宗”的美学旨趣。在轰轰烈烈的事业之余，无疑也需要这淡泊闲适般的美学熏陶。

高雅脱俗是美。孔子曰：“文质彬彬，然后君子”。文质彬彬、高雅脱俗体现了儒家的美学思想，也是文人士子选择的生活方式。士子们在茶事中自我塑造雅士形像，并创立了独具一格的“雅士茶道”。在茶人们眼中，茶乃灵物，饮茶者须是“清逸高远”、“精行俭德之人”。近年来蓬勃兴起的各流派茶艺入于古典而出于现代，“泡茶讲科学，品茶讲艺术”，精茶、活水、真火、妙器构成茶艺上四要素；建筑、音乐、书画、舞蹈营造茗饮的艺术氛围，是品茶艺术化的集中体现。

(二)“自然之饮”与陶情乐趣

茶茗承雨露滋养，得天地之精华，历来被称之为“仙山灵草”、“天公开物”，品饮大自然的赐物，其乐莫大矣。

以儒家思想为核心的中国传统文化，从某个角度看，是“乐感文化”。孔子对中国文化的贡献最主要的方面是“制礼作乐”。

儒家的“乐”有两义：一指音乐之“乐”；二指快乐的“乐”，一字多音，其含义是一致的。儒家认为：音乐与政通，乐道如政道，治世之音则安，安则和；音乐与德通、乐为德之华、乐华则伦清，移风易俗，气血和平、天下安宁；乐与情通、情见而义立、乐终而德尊；乐与心通、乐以治心、乐动于心、故静、故安、故和……“和”是音乐美感的极致，“和”的终极目标是“政通人和”，“天人合一”。

“乐感文化”是当代学者研究儒家学说而提出的概念，是相对于西方文化被称为“罪感文化”而提出的。李泽厚在他的《中国古代思想史论》中说：乐在中国哲学中实际具有本体意义，它正是一种“天人合一”的成果和表现。

他认为，“乐感文化”是以身心与宇宙自然合一为依归。显然这种看法有用道家思想诠释儒家“乐”的嫌疑。固然，儒家也讲“天人合一”，与道家目的同一，但手段不一样。儒家较道家更积极一些，主张以“礼乐”通天、地、人三者之间关系，以“大礼”、“大乐”与天地“同节”、“同和”，反过来说，实现了天地之和、天地之序便是“大礼”，“大乐”乃“礼乐”之最高追求。

我们把如上说得浅显一些，即儒家的乐感文化就是一种入世思想，一种对人生享乐（物质的、精神的）追求，一种充满自信和自强不息的乐观主义精神。“乐感”的获得有两个前提：一是以仁者爱人，成己成人、成人成物的胸怀和责任感，以修身齐家治国平天下为己任，求得心理平衡和精神寄托；二是处理人与自然（天地）的关系，减少灾难。这一切的终极追求是使大家进入王道乐土，“大同世界”。

如上所述可知，儒家的“乐感文化”不是消极的“享乐主义”，而是对社会、对人生的一种积极向上的态度，是对现实人生的热爱，也是对未来的美好的追求。“乐”的终极是人与社会、人与自然的和谐统一，“天人合一”、“大同世界”。

“乐感文化”与茶事活动的结合从而构成中国“茶道”的重要方面。这是其中最生动活泼，最有情趣的部分。饮茶的乐感体现在以茶为欣赏对像，在审美中获得愉悦，体现在茶茗品饮过程中对人生感情的释放。

茶事之乐体现在整个茶的生产和消费过程中，但主要是体现于“烹茶”和“饮茶”中。

1. 观形、看色、闻香、品味之乐

茶叶的外部形状千姿百态，圆扁针珠，长短壮细，方饼坨块，诸形皆备，鹰爪旗枪，瓜片松针，优美的外形，给人以良好美感，引人进入美的世界。茶之真香，因茶而异，各具千秋。毫香、嫩香、花香、果香、清香、甜香，仿佛引人进入芬芳世界，“馨香四达，秋爽洒然”。或浓烈、或沉远、或香艳、或清隽，嗅其真香而获身心的净化和升华。

茶之色亦真色，且不说六大茶类各具其特色，既便是绿茶类，其干色差异亦难尽言。翠绿、深绿、墨绿、黄绿、玉绿不一而足。清汤绿叶、红汤红叶、绿叶红镶边，如此等等，与不同色泽、质地器皿的配合，色的变化，美不胜收。

张载诗云“芳茶冠六清，溢味播九洲”，茶之真味，或浓厚鲜爽，或醇和回甘，或醇正平和，其味的变化，因茶之种类，冲泡技艺而异，细细品之，其乐莫大矣。

2. 水美、器美、茶名美、品饮环境美、乐哉。

许次纾曰：“精茗蕴香，借水而发，无水不可论茶也。”水在中国古代文化中，其内涵丰富。“仁者乐山，知者乐水”，“盛德在水”。至柔而能攻坚，任养万物而化之。水品茶品即人品，茶人无不重水品，鉴水、取水、养水、煮水无不精到而乐此不疲。

茶具不仅仅是烹茶器具，同时也是独具特色的工艺品，根据不同茶类，不同品饮环境，不同社会阶层而选择不同茶具，无疑会给茶烘托出相应的气氛。同时，茶具的质地、色彩、造型、书画本身就是美的创造，品饮名茶，把玩名器，乐不可言也。

茶名之雅美，是其他商品不可比拟的。历代名茶举不胜举，因文化人的雅爱而精选词藻，赐以美名，赋以文化色彩。唐之紫笋、黄芽、碧涧、明月、雀舌、含膏；宋之双井、露芽、玉津、金片、龙井、真香；明之玉叶、孟冬、骑火、紫英、豆绿、碧螺春、铁观音；近代之茗眉、翠眉、剑毫、松针……其名或具仙气、俗气，或书生气、脂粉气，尽情刻画茶之阴柔之美，细细玩味，移情悦性，乐哉。

中国古代茶人大多苦心营造品饮环境，力图使之与身份、阶层、信仰、品位相适应。宫廷茶宴，金杯玉盏、富丽堂皇；文人茶会，或琴棋书画，或吟诗作对；或明月松风、小桥流水；农家献茶、粗瓷大碗，器简情深，如此等等，构成一幅中国品茗图长卷，每一分页无不美轮美奂。

茶事活动的乐感文化是儒家茶文化最富活力的因素。中国人一餐一饮都乐在其中，何况于茶。人的生生不息，有苦有乐，苦中求乐，正体现积极的人生态度，也正是中华民族在灾难面前，始终民心不散，斗志不倒，不屈不挠的本质所在。以茶交友不亦乐乎，佳茗雅器不亦乐乎，以茶敬客不亦乐乎，居家小斟亦不亦乐乎。正是中国文化的这种寓教于饮，寓教于乐的特色，在普普通通的一杯一饮中，体现了茶文化教化、陶冶的巨大力量。

四、礼仪之邦话茶礼

以历史观点看，中国传统意义上的礼，是指奴隶社会和封建社会的等级制度以及与之相适应的一整套礼节形式。传统意义的礼有三点意思，一是礼为节，既以礼调节人神、君臣、夫子、夫妻、兄弟关系，以礼来节制日益膨胀的物欲；二是礼为养，即“养人之欲，给人以求，使欲不穷于物，物不屈于欲，两者相持而长”。其实这也是一种调整，借礼来调节“物”与“欲”的关系，使物欲同步相长，因为欲穷于物是社会动乱的根源；三是礼为安，安的前提是养，即使民幼有所养，老有所依，腹无饥，体无寒，民有所养，安居而乐业。民得养而安、民安则国安、国安则天下大治。

奴隶和封建社会的“礼”，集中体现于“三纲五常”，它是维护朝廷统治的一系列律法、典章、制度，是当时社会有序运转的保障。因此，儒家思想系统中的礼，不仅是古代的必需，就是在现代化建设的今天，其中相当一部分内容也是需要提倡的。如，敬老爱幼、兄弟礼让、尊师爱徒、遵纪守法、遵行社会公德，维护社会安定等，都是必需的。中国人主张礼仪，主张相互节制，维护社会的有序运转，这些美德应该大力弘扬。

“礼”不只是法律条文，“礼”还须在社会交往中具体体现，“礼”是每个社会成员在社会生活中，通过一定礼仪形式实现的。君臣之礼、夫妻之礼、父子之礼、长幼之礼、师徒之礼等，莫不如是。婚丧有礼，节庆有 礼，荐社稷，祭宗庙有礼，餐饭茗饮也有礼，在“礼”中体现一种秩序，一种公德。“茶礼”，就是人们在茗饮过程、遵行长幼敬让、宾主之间谦和，从而形成一种融和，温馨的氛围，融洽人际关系，维护社会安定。在社会主义现代化建设中，经济高度发展，人们的生活节奏紧快的今天，挤片刻闲暇，与家人，与同事，与亲朋好友，在互敬互让，谦和融洽的气氛中品一杯清茶，沟通心灵，化解矛盾是何其必要！

现代意义 的“礼”，社会公德是其主要内涵，而古代“礼法”中“法”的因素已非常淡化了。在古代“礼法”中，朝廷会试有茶礼，寺院有茶宴，民间婚表有茶礼，以至居家茗饮皆有礼仪制度、等级森严，不可有丝毫差错，处处体现封建制度的纲常伦理。旧社会的东西在当今社会当然要破除，但是，在茗饮过程中讲求秩序、仁爱、敬让和友谊是不可少的。茶会座位的礼让，上茶次序的先后，茶会中所表示出的那种谦和礼让，融合和谐的气氛是不可少的。也正是通过茶会的这种礼仪形式的实践，培养起一种优良的社会公德。

第二节　茶与佛教

谈到中国茶文化，人们经常注意到与佛教有重大关系。日本还经常谈到“茶禅一味”，中国人也有这种说法。禅宗，是佛教中许多宗派之一，但又是佛教传入中国后，在发展变化中很重要的一宗，它对佛教在中国的传播，对中国茶文化的发展、起过非常重要的作用，尤其是在精神方面，有其独特的体现。事实说明，日本佛教的最早传播者，既是中日文化交流的友好使者，又是最早的茶学大师和日本茶道的创始者。

但是，茶文化是与现实生活及社会关系紧密联系的，而佛教总的来说是彼岸世界的东西；中国茶文化总的思想趋向是热爱现实人生和乐感文化，而佛教精神总是强调苦寂，这两种东西是怎么如此紧密结合的呢？要解决这个问题，我们必须首先从中国佛教的发展变化过程谈起。

一、佛教与禅宗

佛教始创于印度，创始者释迦牟尼却生于尼泊尔，即今尼泊尔泰来地区提罗拉科特。释迦牟尼的意思是“释迦族的圣人”。他和中国圣人孔子是同时代人，享年80岁。释迦牟尼又名悉达多，既“吉财”之意，他出生于王族家庭，其父是净饭王，母亲是摩耶夫人。传说他降生于四月八日，后来这天称“俗佛节”。他降生七天，母亲因患产褥热去世，由姨母抚养成人。青年时的悉达多受到良好的教育，后来娶表妹耶输伦罗为妻，有子名罗罗。

王室悠闲和奢侈的生活，使他精神上十分空虚，29岁时出家，摆脱了饱食终日，无所用心的生活，走上改造社会，推行自己主张的道路。

悉达多在苦行的6年中，接触了各阶层的人们，使他由原来朦胧的认识，逐渐形成一套富有宗教哲理的观点。他思考了人从生到死的过程，悟出了被后世称之为“如来佛”的教义。悉达多自35岁创立佛教以后，即四处传教，45年没有中断，使佛教在古印度社会中成为一种有一定影响的宗教。他80岁那年，因事从王舍城出发，长途跋涉途经拘尸揭罗的双树间时、突感不适，随即逝世。火化后他的骨灰被许多国王抢分，这些骨灰在佛教中称为“舍利”。

佛教经典浩如烟海，而其核心理论要义是：“生死轮回，善恶报应”，“色即是空，空即是色”。据佛家云：这是释迦牟尼“来到菩提伽耶，坐在树下，苦思宴想而悟出的至道”。同时悉达多为使信徒信仰和向往“彼岸世界”，即无生无灭，极乐世界的真实性和神圣性，提出了“四谛”、“十二因缘”，以此来证明现实世界“生死无常”，不可留恋，以“八苦”来说明“苦”是由人的欲望而生，只有摆脱世俗，才能脱离“八苦”和“生灭无常”的人间，获得解脱。

佛教自东汉永平十年（公元67年）传入中国（实指中原地区）开始，经过漫长的历史时期的发展，形成三大分支。即汉地佛教，属大乘佛教、汉文系统；藏传佛教、属藏文系统，南传佛教，属小乘佛教，巴利文系统。同时汉地佛教又演变四大宗派，禅宗是其中最重要的一宗。

禅宗的开山祖师是达摩祖师。达摩于南北朝时期从印度“一路渡海”至广州，北上谒武帝不契而遍游北魏。后入嵩山“面壁九年”。据说至今还有达摩留下的身影痕迹。达摩创立禅宗。由“渐悟成佛”彻底变为“顿悟成悟”，当归功于禅宗六代传人——惠能。

惠能，父生卢，祖籍河北范阳，生于广东南海，3岁丧父。23岁时，到黄梅县双峰山东山寺参见禅宗第五代传人弘忍法师，留在寺中作“行者”，即劳役。

一天，弘忍为选衣钵传人，命寺中所有僧人各作一偈，以表达对佛教核心理论的理解。当时担任“上座”职位的神秀，似乎是内定的衣钵传人，然而他的佛教思想仍受“渐悟成佛”理论束缚。他的偈语令弘忍失望。神秀云:“身为菩提树,心如明镜台,时时勤拂拭,勿使惹尘埃”。不料此时那个舂米挑水的“行者”的惠能走出来,说出如下偈语:“菩提本无树,明境亦非台,本来无一物,何处惹尘埃”。这一偈语即体现佛教的核心佛旨,又道出了“顿悟”的佛教精髓,深得弘忍赏识,于是密传衣钵。公元678年,惠能在韶州曹溪宝林寺传布“直指人心,见性成佛”的“顿悟成佛”理论。禅宗认为“菩提只向心觅,何劳向外求玄?所说依此修行,西方就在眼前”,只要“主观觉悟”,“明心见性”就能“死后成佛”。与“渐悟成佛”比,“顿悟成佛”更直接面对众生,劳苦大众也好,为官为商者也好,只要“明心见性”都可成佛,无需先天“佛器”,即使为恶者,只要“放下屠刀”也可“立地成佛”。禅宗一是主张“顿悟”,不要修行那么长时间等来世,你心下清静无空,便是“佛”;二是主张“相对论”,不要偏执,三是佛在“心内”,过多的造寺,布施,供养都不算是真功德,在家里念佛也一样,不必都出家。由此看来,禅宗是在漫长的发展过程中“汉化”了的佛教。

二、佛教与茶

佛教初入中原,由于语言、思想观念等方面的影响,并不被中国接受。在汉代,佛教只是皇家的御用品,供宫廷,贵族赏玩,认为可祈福、祈寿、求多子孙或保国家平安。汉代没有僧人饮茶的记载,而那时文人已开始饮茶,可见文人对茶的认识走在佛家之前。

魏晋时期,佛家经典日增。这时,僧人们已开始饮茶,但与文人、道士一样,不过是作为养生和清谈助思的手段。之所以如此,是因为佛教仍未摆脱对中国原文化的依附状态。两晋时期,清谈之风大起,玄学占上风,佛教又与玄学攀亲而相表里。佛人饮茶的最早记载正是在晋代。东晋怀信和尚《释门自竞录》:文曰:“跣足清谈,袒胸谐谑,居不悉寒暑,唤童唤仆,要水要茶”。“要水要茶”不过是助清谈之兴而已。《晋书·艺术传》亦载,敦煌人单道开在邺城昭德寺修行,于室内打坐,平时不畏寒暑,昼夜不眠,“日服镇守药数丸,大如梧子,药有松密、姜桂、茯苓之合时,复饮茶苏一二升而已”。这条记载说明,寺院打坐已开始用茶,但仍末与般若之理结合。单道开饮茶,主要是为不眠,是作为“镇静剂”,同时又服饮其他药,这就与道家服饮之术相同。这也说明,当时佛与道是相混杂的。南北朝时,佛教有了很大发展,开始以独立的面目出现。这时,人们才发现,原来外国的佛与中国的神仙、道士不是一回事。于是中国的道教及传统文化与佛教展开了争夺地位的大辩论。北朝的少数民族统治者对深沉的儒家文化一时难以理解,而佛教又宣传人间祸福、因果报应,你受苦是因为前辈子没行善。这对统治者来说,是很有用的麻醉剂,帝王统治之术。所以不仅在北朝,以后历代皇帝都乐于利用,佛教因此而发展,并形成不同学派体系,禅宗也就是产生于该时代。但就饮茶,佛教仍未有什么新的创举,更谈不上“茶”的禅机与般若之理。

佛理与茶理的真正结合,是禅宗的贡献。

"禅"梵语作"禅那"，意为坐禅，静虑。禅宗主张以坐禅修行的方法"直指人心，见性成佛，不立文字"，也就是说，心里清静、无有烦恼，此心即佛。从哲学观点看，禅宗强调自身领悟，即所谓"明心见性"。显然，靠坐禅就可以把世上的麻烦都消除是不可能的。但茶能使人心静、不乱、不烦、有乐趣又有节制，是与禅宗变通了的教规相适应的。所以，僧人们不只是饮茶止睡，而且通过饮茶，把禅的哲学精神与茶结合起来。

僧人之看待茶，已与吃饭、睡觉不同了，尤其是参与创造中国茶艺茶道的茶僧，虽然他们嗜茶，但在茶中贯穿了"理"，赋于一种禅宗的精神。我们从蛟然《饮茶歌诮崔石使君》诗中可以清楚认识禅宗"禅茶一味"的内涵。"一饮涤昏寐，情来朗爽满天地"，既为除昏沉睡意，更为得天地空灵之清爽。"再饮清我神，忽如飞雨撒轻尘"。禅宗认为"迷即佛众生，悟即众生佛"。自己心神清静，便有了通佛之心了。饮茶为了"清我神"，与坐禅的意念是相通的。"三碗便得道，何需苦心破烦恼"。故意去破烦恼，便不是佛心了，"静心"，"自悟"是禅宗主旨。

蛟然把这一精神贯彻到于茶中，赋于茶以"道"的精神：所谓茶者，事物的本质和规律也。得道，即看破本质也。把事情都看得淡些就是"大觉大悟"，就是"得道"。在茶中得精神寄托，也是一种"悟"，所以饮茶可得道，茶中有道，佛与茶便连结起来，僧人饮茶，佛家茶事活动已不是单纯的茗饮，不只是为了醒脑、提神，而是把禅宗的佛理蕴于其中的参悟形式了。

三、佛教对中国茶文化的贡献

中国茶文化正式诞生于唐代，以陆羽《茶经》为标志，这是被公认的。中国茶文化诞生于唐代，有诸多因素起作用。唐代的政治、经济、文化、对外交往等方面的繁荣是其重要社会条件。但是，我们也看到，佛教的作用也是重要因素。

陆羽本人可以说是半个僧人，蛟然是僧人，怀素是僧人。他们是佛家茶人的代表人物，他们在精神文化层面，赋"茶"以理。赋茶以世界观、人生观的追求，其意义是重大的。

佛家，尤其是禅宗对中国茶文化的贡献主要在于：

1. 推动了饮茶之风在全国流行。

唐人封演所著《封氏见闻记》说："南人好饮茶，北人初不多饮。开元中，泰山灵岩寺有降魔师大兴禅。教学禅，务于不寐，又不夕食，皆许饮茶，人自怀挟，到处煮饮。从此传相仿效，遂成风俗。自邹齐沧隶至京邑，城市多开店铺，煎茶卖之，不问道俗，投钱取饮。其茶自江淮而来，舟车相继，所在山积，色额甚多"。僧人清闲，有时间品茶，参禅修炼也需要饮茶。唐代佛教发达，僧人行遍天下，比一般人传播茶艺更快。僧人在推动全面茗饮之风在全国流行的贡献是肯定的，也是历史的事实。

2. 对辟茶园、建茶山作出了贡献

据《庐山志》记载:早在晋代，庐山东林寺名僧慧远曾以自种之茶招待陶渊明，吟诗饮茶，叙事谈经，终日不倦。陆羽的师傅积公，也是亲自种茶的。唐代许多名茶大多出于寺院。如普佗山寺僧人便广植茶树，形成著名的“普佗佛茶”，一直到明代，普佗僧人植茶传承不断。又如宋代著名产茶地建安北苑，自南唐便是佛教盛行之地，三步一寺，五步一刹，建茶的兴起，首先是同南唐僧人们的努力分不开的。陆羽、皎然所居之湖州杼山，同样是寺院胜地，又是产茶盛地。唐代寺院经济很发达，有土地，有佃户，寺院又多在深山云雾之间，正是宜于植茶之处。僧人有饮茶爱好，一院中百千僧人，都想饮茶、香客施主来临，也要喝杯好茶解除一路劳苦，自己不种当然不行。所以僧院植茶也就是顺理成章的事。

3. 佛教禅宗创造了饮茶的精神意境

佛教禅宗茗饮，当然首先是立足于茶的物质性特征，既省脑、不寐、清静等茶的物质特性方面。然而，禅宗并未停留于此，而是将茶及其品饮提升到精神观念高度，在“茶”中蕴含了佛理和禅机，从而形成“茶禅一味”的观念，这又是佛教对中国茶文化的一大贡献。

4. 对中国茶文化向外传布起了重要作用

熟悉中国茶文化发展史的人都知道，第一个从中国学习饮茶，把茶种到日本的是日本僧人最澄。第一个把禅宗茶道带到日本的又是僧人，即荣西和尚。不过荣西的茶学著作《吃茶养生记》，主要内容是从养生角度出发的，是否把禅的精神与茶一同带到日本不大清楚，但自此有了“茶禅一味”的说法。可见还是把茶与禅一同看待。佛教对中国茶文化的向外传播起到重要作用。

5. 名寺出名茶，佛家功劳不可忽视

中唐以后，南方几乎形成庙庙种茶，无僧不饮的嗜茶风尚。正因为如此，自唐以后，各地寺庙和历代名僧为我们留下了不可胜计的茶史资料。在古代，寺庙最有条件研究茶叶，提高品质和宣传茶叶，因为寺院都有一定数量的田产，寺僧特别是大和尚，不参加生产劳动，有充裕时间，也有文化素质从事茶的研究，诸如茶的种植、采制，品饮艺术及写书作诗等。我国历来有“自古名山僧占多”，“自古名寺出名茶”之说。

自唐以来，寺院所产的历史名茶不可胜计，诸如:唐代福州方山露芽，蕲州蕲门团黄等;北宋苏州西山水月庵的“水月茶”，杭州“天目山茶”，宣州宁国“鸦山茶”，扬州“蜀冈茶”、会稽“日注”，洪州“双井白茶”等等。近代安徽产的一些名茶，如“黄山毛峰”，主产于黄山松谷庵、吊桥庵和云谷寺一带;“六安瓜片”以产于齐头山水井庵处为佳;“霍山黄芽”以产于太阳乡长岭庵为好;休宁松萝茶，是明代僧人大方首创。所有这些，都表明，佛教对名茶文化作出了贡献。

第三节　道家茶道

中国茶文化吸收了儒、道、佛各家思想的精华，中国各重要思想流派都作了贡献。儒家茶道体现兴观群怨、修齐治平大法则，用以表现自己的政治观、社会观；佛家体味茶的苦寂，以茶助禅，明心见性。而道家则把空灵自然的观点贯穿其中。

从表面上看，儒与道朝着完全相反的方向发展。儒家立足于现实，什么事都积极参与，喝茶也忘不了家事、国事、天下事；道家则强调“无为”避世思想浓重。但实际上，在中国，儒与道经常是互相渗透，互相补充的。儒家主张“一张一弛、文武之道”，“大丈夫能屈能伸”，条件允许便积极奋斗，既“达则兼善天下”；遇到阻力和挫折，便拐个弯走，退居归隐，即“穷则独善其身”。所以，道家的“避世”、“无为”，恰恰反映了中国文化的柔韧一面，可以说是对儒家思想的补充。中国茶文化反映了儒道两家这种相辅相成的关系。特别是茶文化的自然观、哲学观、美学观，以及对人的养生方面的作用，道家是作出了重要贡献的。

有人说，儒家在中国茶文化中主要是发挥政治功能，提供的是“茶礼”；道家发挥的主要是艺术境界，宜称“茶艺”。而只有佛家茶文化才能从茶中“了解苦难，得悟正道”，称得上“茶道”。这种说法有一定的道理，但不完全，其实各家都有自己的礼、道、艺。儒家说“大道既行，天下为公”，茶人说：“茶中精华、友人均分”；道家说：“道，可道，非常道”。两者不过一个说表现，一说个内在，表里互补，都是既有道，也有艺有术。

一、道家与道教

道家并非是道教，两者之间是有很明显差异的。人们一提道家，自然想到道教，这也是有其历史渊源的。

（一）老子与道家

道家是春秋时期诸子百家中一家，是中国古代哲学史上很有影响的一派。其创始者是老子以及后来的庄子，两者合称老庄，其哲学称老庄哲学。据《史记》记载：老子者，楚苦县历乡曲仁里人也，姓李氏，名耳，字聃。周守藏室之史也。老子修道德，其学以自隐无名为务。居周久之，见周之衰，乃遂去。至关，关令尹喜曰：子将隐矣，强为我著书，于是老子乃著书上下篇，言道德之意五千馀言而去。莫知其所终。所著书名《老子》，亦称《道德经》。

《老子》一书，最重要的哲学命题是：

天下万物生于有，有生于无；柔弱胜刚强；无为而无不为。

以上哲学命题是老子哲学的精髓，可说概括了老子哲学的全部内涵。

老子是中国第一个系统提出宇宙本原学说的人，单凭这一点，他也无愧于称之为“老子天下第一”。老子把他认定的宇宙称之为“道”。“道”作为一般概念，是古已有之的，本义为道路，引申之，在不同的语言环境中，为学说，主张，德行，或法则，方法之类的意思，老子借来为宇宙本原的名称。

老子认为，宇宙本原是一种客观存在，他把它名之为“道”。道，视而不见，听之不闻，搏之不得，是无法感知的，但是它是存在的。由于道无法感知，无形无像，故老子又把它叫作“无”。“无生有，有生万物”。

“柔弱胜刚强”，有其一定的真理性。他认识到，弱小的事物终于变成强大，或者恰当地说，所有强大的事物都由弱小发展而来，而强大的事物总会为始而弱小的事物所取代。因此他强调保持生机的重要性。“物壮则老”，事物发展到壮大就会走向衰老死亡。他特别告诫人们要俭约谦下，不足知止，“去甚，去奢”，“去泰”，不要骄矜自满，自以为是，不要逞强，“强梁者不得其死”，这些教训，都具有警世规俗的意义。但“柔弱胜刚强”的命题片面性很突出，命题的绝对化很明显，弱小不会无条件地变得强大，更不是任何“柔弱”都必胜“刚强”。比如，对于生存，老子主张“夫唯不争，故天下莫能与之争”。但完全的不争，是达不到莫能与之争的目的的。

“无为而无不为”这一哲学命题，是老子将柔弱胜刚强这一命题在社会政治中的运用。

“无为而无不为”中的“无为”可作多种解释，但归纳起来为两说，一曰“不妄为”，二曰“无强为”。正确的解释莫过于老子自己。老子曰“道之尊，德之贵，夫莫之命而常自然”，“辅万物之自然而不敢为”。这是对“无为”最准确的解释。《淮南子·原道训》说:“天下之事不可为也，因其自然而推之”。又说:“所谓无为者，不先物为也;所谓无不为者，因物之相然也”。这些解释是符合老子的原意的。由此可见、所谓“无为”就是因顺而然。

因此，老子主张，人类社会仍应返朴归真，故圣人之治，必需“无为”，处无为之事，行不言之教，使百姓无所感觉，任其自然，在美而不知其美，处善而不知其善，无矛无盾，无是无非。老子所追求的“美”，就是这种自然之“美”，老子追求的社会，就是这种自然的社会。

老子所追求的“小国寡民”的乌托邦社会代表了春秋后期农民小私有阶层的利益和理想，他希望统治者能认识到:“我无为而民自化，我好静而民自正，我无事而民自富，我无欲而民自朴”的道理。显然，老子的这种社会理想，实际上是他的消极退缩思想的反映，无疑是不现实的，是违背历史规律的。但恰恰是这种“退”却成了儒家进取精神的补充，给积极入世的中国传统文化注入了“柔韧”的成分。老子所主张的“因顺自然”的思想给中国茶文化注入了丰富的内涵。

(二)关于道教

道教，是中国土生土长的宗教，其渊源一是远古时代的鬼神崇拜，二是神仙之说与方术，三是黄老学说中神秘主义成分，具有明显的“民间性”和“原始性”特点。

东汉顺帝时，张陵在创立原始宗教之一派——五斗米教时，却把道家创立者老子捧出来，尽管此时老子已死去700余年，张陵硬说老子是道教的教主，并尊为“太上老君”。老子《道德经》也被道教收入《地藏经》。初时，《地藏经》仅《道德经》五千言等很少几部书，随着道教的发展，《地藏经》逐渐把中国文化典籍的部分内容都牵强附会地收入其中，到1244年统计达7800余卷，内容包括医学、化学、生物、体育、保健、天文、地理以及各种巫术、迷信方面的内容。

一般而言，道教教义和他们修行的内容可分为四个部分：

1. 宗教思想。认为宇宙万物都是由“道”所生化，“道是虚无之系，造化之根，神灵之本，天地之元”。道教崇拜的最高神——“三清”就是“道”在人间的形象或称“化身”。“三清”即：玉清元始天尊，亦称天宝君；上清灵宝天尊，亦称太上道君；太清道德天尊，亦称太上老君。

2. 方术。包括卜巫、占星、祈祷、咒术、神符、驱鬼、祭祀等。

3. 长生不老术。包括辟谷、服洱、调息、导引、房中等五个方面。

4. 伦理思想。强调“积功德”的重要性。这里的“德”，是指儒家的“忠孝”之“德”。它把积功德定性为长生，成地仙，成天仙的必经之路；“积功德”和“不犯戒”是道家伦理思想的重要组成部分。如“人有一善则心定神安，有一善则气力强壮。有万善则为太上玉皇帝，而‘九千恶者则入无边地狱，一万恶者堕入辟荔狱’”。这种理论与佛教“因果报应”相通。

二、道家茶文化的宇宙观

前有所述，《老子》五千言，其核心三大哲学命题——“无生有”；“柔弱胜刚强”；“无为而无不为”集中体现了道家的宇宙观、处世观和政治观，其全部哲学命题都围绕“道”这一基本范畴来探索宇宙人生一切事物的普遍规律。道家之“道”在中国茶文化中，体现于“因顺自然，无为无欲，抱雌守一，天人合一”的精神状态和追求。在道家看来，茶可称为“无为茶”，“自然茶”。

茶圣陆羽在创构中国茶文化之初，首先从研究茶的自然原理入手，把制茶、烹茶、品茶本身看作一种艺术活动，既有美感，有意境，体现因顺自然，贴合自然的“道”的哲理。如烹茶一节，既观火、水、风，又体会物质变化中的美景和玄理。煮茶、物性的变化，出现渤沫，一般人看来，有什么美，陆羽却在渤沫变化中享受大自然的情趣。他形容渤沫变化说“华之薄者曰沫，厚者曰渤，细者曰花，如枣花漂漂于环池之上，又如回潭曲渚青萍之始生，又如青天爽朗有浮云鳞然。其沫者，若绿钱浮于水湄，又如菊花堕于樽俎之中，重华累沫，皤皤然若积雪耳”。在陆羽的眼里，茶汤中包含孕育了大自然最洁静，美好的的品性。中国茶道这种情景合一，把个人融于大自然之中，以求物我无间，天人合一的境界，是道家思想的贡献。

道教抬老子为教主，尊《老子》为《地藏经》之核心经典，自然接受了老子的重要哲学观点的影响，道教之“茶道”必然包含道家的思想精华。而中国历代文人、茶人，在他们的精神文化构架中，或多或少地包含道家的思想内容。魏晋以来，中国文化人即使不饮茶，也大多张扬自然主义，以此作为文学和艺术的美学标准。如阮籍、陶渊明、谢灵运等，他们纵情山水，以白石清泉为伴，或作短期游赏，或归隐山林。而在那些饮茶者看来，茶不仅作为“自然茶”，“天公开物”、“仙山灵草”，还包含饮茶的自然主义。

中国历史文化精英中，饮茶者甚多，茶与中国文人结缘根深蒂固。我们可引苏东坡《汲水煎茶》诗试分析道家茶文化的自然观。

活水还需活火煎，自临钓石取深情。
大瓢贮月归春瓮，小杓分江入夜瓶。
雪乳已翻煎脚处，松风忽作泻时声。
枯肠未易禁三碗，坐听荒城长短更。

诗人临江煮茶，首先感受到江水的深情和炉中火的自然生机。亲自到钓石下取水，不仅为煮茶必备，而且取来大自然的恩惠和深情。大瓢请来了水中明月，又把这天上银辉贮入瓮里。小杓入水，似乎又是分来江水入瓶。条汤翻滚时，发出的声响如松风呼泻，或是与江流，松声合为一气了，然而，茶人虽然融于茶的美韵和大自然的节律之中，却并未忘记人间，而是静听着荒城夜晚的更声。天上人间，明月江水，茶中翻乳，山间松涛，大自然恩惠和深情，荒城的人事长短，都在这汲、煎、饮中融为一气了。茶道中天人合一，情景交融，物我无间的精神境界都被描绘得淋漓尽致。

有一种现像值得注意，即在社会政治昏暗、个人经历打击和磨难，或在经历一生坎坷后的老年文化人，其人生观大多或深或淡体现出老庄思想和处世哲学，同时他们大多都钟情于茶。在煎饮中抚慰心灵，在煎饮中深化人生感悟。文化人称茶为“苦节君”。是茶成了表示清节的工具，茶称之为“忘忧君”，是茶可以淡物利，忘却得失，以求心灵的平静与平和。我们又可以从唐寅《品茶图》自题诗可以进一步认识道家茶文化的自然观。

买得青山只种茶，峰前峰后摘春芽。
烹煎已得前人法，蟹眼松风娱自嘉。

买青山自种茶，自煎茗，自得趣，诗中少了些出世，无为的悲观，却多了些积极乐观的追求和人生情趣，多了些儒家的现实与乐观。这也说明，在中国儒和道实在是难以分家的。中国传统文化的这种儒道融合是其最本质特征。儒道的结合，“无为”却是为了“有为”，柔顺是为了进取，“独善其身”为了“兼善天下”。

就整个人类发展来说，无论人与人，还是人与自然，终归是以和谐为好，完全没有火，缺乏生机；而没有茶的宁静、清醒，世界一片昏乱，人类也难以正常生存。道家茶理，从另一个侧面发掘了中国茶文化的深刻哲理。

三、道教与茶

如有所述，道教其实并没有太严格的教义，只不过是把老庄思想神化。所以道家也被称为神仙家。道教的要义无非是清静无为，重视养生，茶对这种修炼方法很有利。

道教修炼方法主要有：

一曰内丹，即胎息以炼自身之气；二曰存思，即将自己的意念寄托天地山川或身体某个部位，求得“忽兮恍兮，其中有像”的效果；三曰导引沐浴，即用意念引导阳光，雨露、星月之辉沐浴已身而去除污浊之气；四曰服食烧炼，既通过食品中化学物质或草木果品，帮助健身强体。道教的修炼方法，是典型的“现实主义”，来世先不必去求，今生首先做个寿星，称个“神仙”。用现代科学理论分析，这不过是一套气功修炼的方法。要打坐、练内丹、必有助功之物。道家炼“金石之药”，虽然对我国古代化学研究作出贡献，真的吃下去却常常出问题以至丧生。而服用草木之实，却是有益的。茶能提神清思，而且确实有升清降浊，疏通经络的功效，所以不仅道教练功乐用，佛教坐禅也乐用。因此，可以说道教研究茶的药理作用是最认真的。从葛洪的《抱朴子》，到陶弘景的《本草经》，都是从药理出发认识茶的作用的。

从道教的内丹术看，茶同样有其功效。所谓道教内丹，是相对药石草木烧炼的外丹而言，指凭借人体内部的精、气、神与天地元气相通而炼成的体内精华。道教全真派南五祖紫阳派祖师宋人张伯端在其《悟真篇》一书中称：“一料灵丹吞入腹，始知我命不由天。”他认为炼内丹可以超越生命境界，创造生命奇迹。

内丹学与老庄思想有直接联系。北宋方士陈抟的内丹修炼有五个步骤：(1)、从修命开始筑基得窍，亦即澄思自滤，集中意念于玄牝一窍；(2)修性炼已；(3)内炼五脏、聚气丹田；(4)得药结圣胎，即五气合于丹田，后天复归于先天；(5)炼神还虚、复归于无极。这五个步骤是合三为二，合二为一，一归于无极，与《老子》的道生一、一生二、二生三、三生万物，是逆向返还展开。

道教“杂修术”中有始于魏晋的“存思术”，是一种借助于想像来进行的修炼方术，可存思内景如五脏、丹田，可存思外景如光明、日月。存思术是内丹的辅助方术。

唐代道教理论家司马祯认为：“神仙之道，以长生为本；长生之要，以养气为根”。将道教求长生途径由外求转为内修，概括内修程序是一斋戒，二安处，三存想、四坐忘，五神解，行所谓“安心忘法之法”，所谓“弃事则形不劳，无为则心自安”，“形如槁木，心如死灰，无感无术，寂泊之至”。

一个道教徒、居深山，离尘世，淡泊名利，日复日年复年，茶自然是最佳选择。茶性隐，有素行幽韵，道士们饮茶利于坐忘，忘形静寂，守静去躁，修心养性而炼内丹之术。

四、老庄思想与茶人气质

前有所述，中国传统文化是以儒家思想为核心，儒、道、佛诸家配合的文化体系。中国茶文化作为中国传统文化系统的子系统，亦有如此特征。茶在中国流行，三教九流莫不相关。不过真正的“茶仙”，“茶癖”、“茶疾”，却有其特殊的气度。不论他们的信仰如何，都有其共同特点：即追求质朴、自然、清静、无私、平和，但常常有些浪漫精神和浩然之气。茶人们这种特殊气质和修养，与老庄思想的影响有很大关系。

1. 老子的清心欲寡与茶人的廉洁之风

道家主张清心寡欲，这与中国长期的封建社会和小农经济有关，既然自然资源有限，生产力发展受到很大限制，当然还是不要无休止的索取与纷争为好。拼命追求物欲而不顾现实条件是社会动乱根源。老子曰：

民之饥，以其上食税之多，是以饥。民之难治，以其上之有为，是以难治。民之轻死(即不怕死)，以其上求生之厚，是以轻死。

他要求统治者要收敛克制，知足知止，对人民压榨过重，人民会起来反抗。“民不畏威，则大威至”，“民不畏死，奈何以死惧之”。他认为：“天之道，损有余而补不足”，而统治者却“损不足而奉有余”。有道圣人应该“以有余奉天下”。“不贵难得之货，使民不为盗;不见可欲，使民心不乱”。茶人们正是基于老子的这种理论精神而崇尚简朴、清廉。精神和物质都不追求奢侈、豪华，以平淡是求，从而从精神上摆脱物欲，获得心灵上的自由和人格的圆满。这种“无为”，“无求”实则“有为”，正所谓“公生明，廉生威”，执柄者以廉自律，处事则明，言之有威，社会安定，人间太平。

2. 老庄的愤世疾俗与茶人的退隐励志

老庄思想在自然观方面是相当积极的，不信“天命”，而要与天地同在。但在政治观上确实有消极的一面。老庄思想是主张避世的。但应该看到，在这种消极政治态度后，又有愤世疾俗，对旧制度猛烈抨击的一面，庄子生逢乱世，心情很痛苦，很矛盾，他在表面的洒脱背后，有一颗忧国忧民的心，对当时的政治作出激烈的嘲讽和抨击。他的退隐思想，是表示与统治者不合作态度，把自己从功名利禄中退出来，保持自己精神自由和人格独立，所以，与其说厌世，不如说是愤世、疾世。

中国著名的茶人，许多退隐思想浓重，但他们并不是逃避责任而是表示不苟同世俗的人格。这是老庄思想在茶人中的表现。陆羽幼年也曾决心研究儒家，但当他真正长大成人后才看透社会，拒绝朝廷官吏，而作了“陆处士”。白居易早年关心政治，同情平民百姓的生计，其诗歌中讽喻作品很多，有许多不朽精品，其锋芒直指权贵。但他在被贬官后，伤感和闲适的内容渐增，也开始以茶自适，“济世才无取，谋身智不同”，于是不得不退隐，不得不从茶中寻找自我。又如苏东坡，明太祖十七子朱权等，都是与世不合，愤世疾俗而在艰难中生存，在逆境中磨励志向的著名茶人。

3. 庄子倾听自然的音律，茶人与大自然为友在庄子的笔下，有一个无限空间系统，人的精神可以自由纵横其间，无论山川人物，鸟兽鱼虫，甚至一个影子，一个骷髅，都可以与他对话，巨鲲潜藏于北溟，隐喻着人的深蓄厚养；大鹏直飞九万里，象征人的远举之志。庄子大概出身很穷，曾处穷闾陋巷，靠织草鞋度日，然其才华横溢。但他终身末士，这使他只能从自然中寻找归宿。因为在社会上不自由，在世俗中他找不到出路，庄子便把自己变成一只蝴蝶，梦见自已在宇宙的大花园里无拘无束地漫游。道家的这一思想被茶人们引入到中国茶文化系统中，茶人们与江流、明月相伴，与松风竹韵为友，使自己回归于大自然中，这是对大自然的向往，也符合人之天真烂漫本性。

在当代工业化、城市化迅速发展的今天，生活节奏急促，人们心灵拘紧，当人们走向自然，陶醉于山水之中，与白石清泉为伴，作短时的休闲，并在大自然中品饮自然茶，汲山泉，煎云雾，茶把人们带入悠闲静幽的意境中；取活水、燃活火，煎精茶、体味一次人与自然的贴近，饮茶野趣乐在其中。

4. 老庄的价值转换观与茶人的孤傲自重

老子和庄子，对世俗的价值观念，都持鄙视态度。《老子》第十二章说："众人熙熙，如享大牢，如登春台，我独泊兮其未兆，……众人皆有余，而我独若遗，……俗人昭昭，我独昏昏；俗人察察，我独闷闷"。老子似乎专与一般人唱反调。庄子则更形象，明白地说明这一点：人家说富了好，他说钱太多了就有人偷；人家说木瘤盘结的大树不成材，他又说要不是结了那么多的树瘤子，早就被人砍了，还能长那么大吗？人家说，犀牛好大呀，他偏说大有什么用，它会抓老鼠吗？

中国茶人还真是学了老庄的脾气，也是很爱和世俗唱对台戏。陆羽的性情人们就觉得怪。一般人看不起伶人，他偏去作戏子；朝廷请他作官他不去偏要研究茶；别人多顾个人安危，他为朋友们不避虎狼。许多茶人即使作了官，也经常直谏被贬。王安石也好茶，而且很懂水品，好不容易作了宰相，却偏要变法，连小说家都叫他"拗相公"。

在茶人们看来，所谓荣华富贵如白开水，到不如做个自在的茶仙为好，人穷却有几分傲气。大多数茶人都是一身穷骨气，即便富的茶人也大多不苟同世俗，很懂得雅洁自爱，又总爱发表些怪论。既使不去公然指责权贵，也总是明讥暗讽地对抗几下子，茶人们的这种气质，培养了许多知识分子忠耿廉洁的性格。

如果说，儒家茶文化更适合文人士大夫的胃口，而道家茶文化则更接近于普通文人寒士和平民百姓思想，它以避世的消极面目出现，与占统治地位的儒家思想处于不同境地。而中国文人的精神世界里，哪个没有道家因素？

思考与练习

1. 讲述中国传统文化的特征。
2. 讲述儒家中庸思想的要义与茶的关系。
3. 讲述儒家礼、乐与茶。
4. 讲述儒家积极入世与以茶养廉、励志。
5. 讲述佛教与禅宗的关系。
6. 讲述禅茶与“禅茶一味”。
7. 讲述道家与道教的关系。
8. 讲述道家哲学观要义。
9. 讲述道家茶文化自然观、美学观。
10. 讲述道教与茶的关系。

第十一章　茶与健康

◆　**学习提要和目标：**

一、了解茶叶中六大类营养成分的含量及作用。

二、了解历代有关茶叶功效的书籍、著作等。

三、掌握茶叶的药用成分及其作用。

四、掌握茶叶的药用功能。

本章依据生理和药理实验，对茶叶中的营养成分和药理成分进行了具体的分析介绍，以大量的数据说明茶叶是防治疾病和保健强身的理想饮料。

茶叶的成分很复杂。饮茶有益于健康已是众所周知的事实，但这种作用并不能完全归因于某一化学成分或是某一类化合物，而是各种有效成分综合作用的结果。英国学者指出:茶的营养价值是因为它含有多种维生素和矿物质。它可供给人们核黄素、叶酸、胡萝卜素、生育酚及叶绿酚，并且是英国食品中氟化物的主要来源。茶叶以咖啡碱与多酚类复合，使茶具有咖啡碱的一切药效且没有咖啡碱的副作用。茶多酚和维生素 C 同时使用对防治动脉粥样硬化和增强毛细血管功能均有良好的效果。这就表明茶叶有益健康是茶叶中各种成分综合作用的结果。

本章还系统介绍了茶的药用与保健功能。茶的多种营养成分和药效成分具有提神、利尿、止痢、防龋、明目、助消化、抗衰老、减 轻烟毒、消炎抑菌、醒酒、防辐射、解毒、降血压、降血脂、降血糖、抗癌、抗突变等作用。实践表明经常饮茶可以增加营养，促进新陈代谢，延年益寿。

第一节　茶的营养成分

大部分人认为茶叶是一种饮料，其实茶叶是一种食品，其营养作用还没有被世人充分认识。茶叶作为一种食品，除脂肪含量较低之外，茶叶含有大量的人体所需要的热能和一切营养素，如碳水化合物、蛋白质、维生素、矿物质和微量元素。但就某一种特定的茶叶来说，各种营养成分虽然基本相同，而含量却因时、因地、因种、因级的不同而不相同。

一、热能成分

热能是维持机体代谢活动所必需的能量，它是由碳水化合物、蛋白质和脂肪这些生热营养素提供的。与其他食品相比，茶叶是一种低热能食物。

表11—1　每100克茶叶中热能和生热营养素含量

茶叶种类和供样地区	热能（千焦）	蛋白质（克）	脂肪（克）	碳水化合物（克）	食物纤维（克）
红茶	1230	26.7	1.1	44.4	14.8
花茶	1176	27.1	1.2	40.4	17.7
绿茶	1238	34.2	2.3	34.7	15.6
砖茶	862	14.5	4.0	27.9	38.8
北京红茶	1230	27.6	0.9	43.8	14.8
福建福鼎红茶	1180	26.9	0.8	41.8	15.0
浙江绍兴红茶	1229	25.8	1.3	44.7	15.2
北京袋装花茶	1163	24.9	1.5	41.1	19.0
北京散装花茶	1188	29.0	1.6	38.4	18.3
北京花茶	1188	26.5	1.3	41.5	17.3
甘肃临夏花茶	1162	28.0	0.4	40.4	16.2
福州茉莉花茶	1167	27.6	0.6	40.8	15.0
山东甲级龙井	1293	33.3	2.7	37.8	11.1
江苏精茶四级	1493	20.3	1.4	65.3	——
江苏精茶五级	1490	18.4	1.4	67.5	——
江苏特级绿茶	1481	35.6	2.4	47.6	——
江苏超级绿茶	1494	33.7	2.4	50.2	——
陕西紫阳绿茶	1178	26.0	1.9	40.1	17.2
陕西安康绿茶	1323	37.5	1.9	39.3	9.3
北京红茶	1276	32.5	2.3	38.5	14.8
福建福鼎红茶	1205	39.6	0.7	40.8	15.0
甘肃临夏春尖茶	1301	35.0	2.2	37.7	16.3
内蒙古青砖茶	874	13.9	4.0	29.3	38.1
山东石榴花茶	1339	10.5	2.9	63.0	11.2
陕西柿叶茶	1197	25.8	1.9	41.4	17.7
北京铁观音茶	1132	22.8	1.3	41.9	23.1
福建乌龙茶	1153	18.9	1.2	17.3	15.0
河北清县枣茶	1246	5.3	1.5	65.8	14.6
河北中槐茶	1226	24.1	2.2	44.2	17.1
浙江绍兴珠茶	1276	28.7	1.7	43.7	14.6
北京砖茶	849	15.0	7.8	26.7	39.5

不同种类的茶叶所提供的热能是不一样的。每100克茶叶提供热能以绿茶最高，达1255～1464千焦，红茶、花茶和乌龙茶均低于1255千焦，砖茶最低。一般来说，品质越好，热能越高；砖茶的热能最低，是因砖茶原料质量不高。目前，茶叶的使用仍以泡饮为主，绝大部分的营养物质被当作废物而丢弃。在国内外都有吃茶叶的报道，如湖南等地的居民有饮茶后将茶渣嚼食的习惯，日本人将茶叶按一定的比例加到食物中，这样可使茶叶的营养功能得到充分发挥。

二、蛋白质

蛋白质是人生长发育必不可少的物质，是修复损伤的组织原料，是构成组织、酶、激素和抗体的主要成分。蛋白质还能调节血浆渗透压，必要时也能分解提供热能参与体内众多的代谢过程。组成人类蛋白质的氨基酸有18种，对成人来说有8种必需氨基酸，即异亮氨酸、亮氨酸、赖氨酸、蛋氨酸、苯丙氨酸、苏氨酸、色氨酸和缬氨酸，对儿童来说组氨酸也是必需氨基酸。与一般食物相比，茶叶中的蛋白质含量是相当高的。而其中的必需氨基酸组成与鸡蛋和黄豆，种类是齐全的，但比例不够合理，其中色氨酸的量很少，故可以认为茶叶蛋白为半完全蛋白质（表11—2）。值得说明的是茶叶中含有大量的茶氨酸，这是茶叶所特有的，是形成茶叶风味的主要成分。茶氨酸通常占茶叶中其他氨基酸总量的50%以上，其含量以白茶为最多，其次是绿茶和红茶。茶氨酸有强心利尿、扩张血管、松弛支气管和平滑肌的功能。嫩茶中游离氨基酸的含量达2%～5%，有的绿茶水溶液中氨基酸含量占1%～3.5%，故饮茶可使人得到一部分氨基酸，特别是其中的必需氨基酸，有利于肌体蛋白质的合成。各种茶叶中的氨基酸含量多少与茶类有关。绿茶中谷氨酸最多，其次是青茶和红茶；精氨酸亦以绿茶最高，红茶次之。以含氨基酸总量而言，绿茶多于红茶和白茶，其次是黄茶与乌龙茶，黑茶相对较低。红茶中含有少量的游离氨基酸。

茶叶中蛋白质的含量很高，达20%～35%，其含量与茶叶的质量有关，绿茶中的蛋白质高于其他茶类。在泡茶时，茶叶中能溶于水的蛋白质还不到20%，其余绝大部分留在茶渣中不能被利用，因此每天从饮茶摄取的蛋白质是很少的，对人体的营养价值不大，但如果吃茶则可得到数量可观的蛋白质。

表 11-2　每 100 克茶叶与鸡蛋和黄豆中氨基酸含量

蛋白质和氨基酸	北京袋泡花茶	北京散装花茶	浙江红茶	福建绿茶	浙江珠茶	茶叶	上海红鸡蛋	上海黄豆
蛋白质(克)	26.5	29.0	25.8	29.6	28.7	27.6	11.9	32.4
异亮氨酸(毫克)	1144	1073	991	685	1102	965	590	1468
亮氨酸(毫克)	1957	1829	1786	1298	1971	1727	963	2451
赖氨酸(毫克)	1800	1602	1326	1214	1590	1428	744	2158
蛋氨酸(毫克)	253	176	315	289	214	245	324	267
胱氨酸(毫克)	——	——	201	——	210	206	227	539
苯丙氨酸(毫克)	1128	1115	1065	811	1088	1021	480	1696
酪氨酸(毫克)	882	743	606	845	720	736	386	1384
苏氨酸(毫克)	1090	1026	871	720	874	903	509	1290
色氨酸(毫克)	——	68	——	——	——	——	238	485
缬氨酸(毫克)	1364	1296	1189	1116	1398	1254	605	1675
精氨酸(毫克)	1497	1416	1229	1013	1492	1270	677	2553
组氨酸(毫克)	527	507	472	482	531	486	247	881
丙氨酸(毫克)	1354	1355	1138	——	1292	1265	656	1519
天冬氨酸(毫克)	2405	2261	1915	1851	2138	2101	1061	3775
谷氨酸(毫克)	4343	3645	3116	3245	——	3338	1351	5598
甘氨酸(毫克)	1159	1131	1108	940	1235	1086	352	1461
脯氨酸(毫克)	854	850	744	——	976	856	322	1306
丝氨酸(毫克)	1196	1104	900	916	850	980	813	1680

三、碳水化合物

碳水化合物可分为单糖、双糖和多糖类。食物纤维和果胶也属于碳水化合物，虽不能被人体吸收，但能刺激胃肠蠕动，增加粪便体积，减少有毒或有害物质的吸收，具有预防肠肿瘤、防治糖尿病等作用。碳水化合物在体内的主要功能是提供热能，同时也是构成神经和细胞的主要成分，并具有保肝解毒的作用。茶叶中的碳水化合物多为多糖类，能在沸水中溶出的多糖仅占茶叶水溶物的 4% ~5%，因此茶是低热能、低糖饮料，适合于糖尿病和其他忌糖患者饮用。

四、脂肪

脂肪的主要功能是提供热能，同样体积的脂肪所提供的热能是碳水化合物或蛋白质的两倍。此外，脂肪还有保持体温，构成组织和细胞、促进脂溶性维生素的吸收利用的作用。茶叶中的脂类含量不高，绿茶和红茶一般不超过 3%，砖茶含量达 8% 左右。茶叶中的脂类有磷脂、硫脂、糖脂和甘油三酯等，其中的脂肪酸是亚油酸和亚麻酸，为人体必需脂肪酸。必需脂肪酸和必需氨基酸一样，也是人体自身不能合成，必须由食物提供的。故饮茶可以使人体获得一定量的脂肪酸，但因含量少，所提供的脂肪酸量很有限。

五、维生素

维生素是维护身体健康所必需的有机化合物，这些物质在体内既不构成组织，也不提供热能，虽然所需的数量很少，但作用很大，是调节体内物质代谢必不可少的，体内不能合成，必须由食物供应。维生素分为两大类，即脂溶性维生素和水溶性维生素。脂溶性维生素包括维生素 A、维生素 D、维生素 E 和维生素 K；水溶性维生素有维生素 C 和 B 族维生素等。人体需要的维生素共有 10 余种，茶叶中含有丰富的维生素（表 11—3）。

表 11—3　每 100 克茶叶中维生素含量　单位：（毫克）

茶叶种类和供样地区	胡萝卜	维生素 B_1	维生素 B_2	维生素 PP	维生素 C	维生素 E
红茶	3.87	——	0.17	6.2	8	5.47
花茶	5.31	0.06	0.17	——	26	12.73
绿茶	5.8	0.02	0.35	8.0	1.9	9.57
砖茶	1.90	0.01	0.24	1.9	——	——
北京红茶	3.77	——	——	——	——	——
福建福鼎红茶	0.26	0.04	0.11	——	——	9.14
浙江绍兴红茶	——	——	0.16	5.4	——	1.11
北京袋装花茶	3.45	0.09	0.22	6.2	8	1.80
北京散装花茶	6.49	0.05	0.17	——	——	15.91
北京花茶	9.25	0.08	0.16	——	——	14.94
甘肃临夏花茶	2.06	0.02	0.19	——	——	7.35
福州茉莉花茶	0.89	0.04	——	——	26	——
山东甲级龙井	33.3	0.19	0.12	2.6	13	4.24
江苏精茶四级	7.10	0.03	——	8.6	75	——
江苏精茶五级	9.10	0.02	0.36	6.4	34	——
江苏特级绿茶	6.40	——	0.32	4.9	15	——
江苏超级绿茶	3.80	0.02	0.38	8.9	18	——
陕西紫阳绿茶	——	0.05	0.54	4.0	——	16.38
陕西安康绿茶	——	0.03	0.52	4.0	——	12.80
北京绿茶	5.50	——	0.30	——	——	15.20
福建福鼎绿茶	1.12	0.03	0.16	6.0	37	5.45
甘肃春尖茶	10.64	0.01	——	——	23	3.93
内蒙古青砖茶	——	0.01	0.32	1.9	——	——
山东石榴花茶	1.57	0.17	0.12	4.0	——	6.86
陕西柿叶茶	——	——	1.37	——	866	——
北京铁观音	2.59	0.19	0.17	——	——	16.59
福建乌龙茶	2.2	0.02	0.20	5.3	——	2.50
浙江绍兴珠茶	——	——	0.20	6.6	44	16.69
北京砖茶	1.88	——	0.15	——	——	——

茶叶中的水溶性维生素可全部溶解在热水中，浸出率几乎达 100%，

而脂溶性维生素较难溶于水，所以人们通过饮茶获得的脂溶性维生素不多。

有关资料称茶叶含有大量的维生素 C，通常每 100 克茶含有 100～500 毫克，其中绿茶比红茶高，优质绿茶多在 200 毫克以上，高档绿茶含量更高。但从表 11—3 中的数据看，各类茶叶中的维生素 C 含量并不高，这可能是检测方法不同和样品的陈化等原因造成的。实验研究、临床验证和流行病学调查都证实维生素 C 具有非常重要的生理功能，能防治坏血病，提高身体免疫力。

B 族维生素参与体内多种生理生化代谢过程，维持神经、心脏及消化系统的正常功能。如缺乏维生素 B_1 可发生脚气病、多发性神经炎、胃肠机能障碍，缺乏维生素 B_2 可引起角膜炎、结膜炎、口角炎、舌炎、口腔溃疡和阴囊皮炎等。茶叶中 B 族维生素的量是比较丰富的，如每天饮茶 25 克，可满足人体 25% 的需要量。通常绿茶中的 B 族维生素的含量高于其他茶类，细嫩的绿茶中含量更高。

六、矿物质和微量元素

人体所需要的矿物质通常分为常量元素和微量元素，常量元素有钾、钠、钙、镁、磷、硫、氯、碳、氢、氮、氧，而微量元素有铁、碘、锰、钴、锌、铜、钼、硒、铬、镍、锡、氟、钡、钒等 14 种。茶叶中含有的无机物质占茶叶干重的 4%～9%，其中 50%～60% 可溶解在热水中，能被人体吸收利用，大多有益于健康。经研究发现，在茶叶中含有人体所必需的微量元素有 11 种。茶叶中含量最多的无机成分是钾、钙和磷，其次是镁、铁、锰等，而铜、锌、钠、硒等元素较少（表 11—4）。

表 11—4　　每 100 克茶叶中矿物质和微量元素含量

单位:（毫克）

茶叶种类	钾	钠	钙	镁	铁	锰	锌	铜	磷	硒
红茶	1934	13.6	378	183	28.1	49.80	3.97	2.56	390	56.00
花茶	1643	8.0	454	192	17.8	16.95	3.98	2.08	338	8.53
绿茶	1661	28.2	325	196	14.4	32.60	4.34	1.74	191	3.18
砖茶	844	15.1	277	217	14.9	46.50	4.38	2.07	157	9.40
乌龙茶	1462	7.8	416	131	26.7	13.98	2.35	1.02	251	13.8

不同的茶叶其含量稍有差别，绿茶所含的磷和锌比红茶高，但红茶中钙、铜、钠的含量比绿茶高。

茶叶中的矿物质和微量元素对人体是很有益处的。其中的铁、铜、氟、锌比其他植物性食物要高的多，而且茶叶中的维生素 C 有促进铁吸收的功能。前苏联的科学家发现茶叶中的铜和铁，有提高红细胞形成的能力，有治疗贫血的作用。氟是人体骨骼和牙齿珐琅质生长不可缺少的物质。一般来说，植物性食物中氟的含量不太高，而每 100 克茶叶中可获得 1 毫克的氟，已基本满足人体的需要。饭后用茶水漱口，方便易行，如持之以恒，效果良好，尤其对学龄前儿童护齿更有好处。但是儿童不宜多饮茶，特别是浓茶。硒是人心肌代谢不可缺少的元素，长期缺硒易患克山病，此外硒还有抗癌和防癌的作用，如陕西的紫阳茶含有丰富的硒，实验研究发现其有抗突变的效果。如果每天饮茶 5 ~ 6 杯，可供应人体所需矿物质和微量元素的 5% ~50%。微量元素的生理功能主要是：在酶系统中起特异的活化中心作用；参与激素作用，调节重要生理功能；有输送普通元素的作用；在遗传方面的作用，一些微量元素可影响核酸代谢。

总之，茶叶中含有非常丰富的营养物质，特别是其中的蛋白质、维生素、矿物质和微量元素是一般植物性食品不可比拟的。茶叶作为低热能和低脂肪的食品，结合其药理作用，具有很高的开发和利用价值。

第二节　茶叶的药用成分

《本草拾遗》中记载："诸药为各病之药，茶为万病之药"。现代药理学研究证明，茶叶确实具有多方面的药理功能。动物实验和人体验证发现，茶的药理作用发挥，有些是由单一成分来完成的，有些则是几种成分联合发挥作用，有的是几种成分互补协同完成的。因此，在某种程度上茶对肌体的药理作用的发挥是各种成分综合作用的结果。我国中医理论认为茶叶性味苦而寒，有降火清热之功，可"上清头目，中消食滞，下利二便"。因此，茶叶有一定的防病治病功效。茶叶中的药用成分有生物碱、茶多酚、芳香类物质和多糖类物质等。

一、生物碱

茶叶中的生物碱包括咖啡碱、茶碱、可可碱等。咖啡碱的功能是：兴奋中枢神经系统、消除疲劳、提高劳动效率；抵抗酒精、烟碱和吗啡等的毒害作用；强化血管和强心作用；增加肾脏血流量，提高肾小球滤过率，有利尿作用；松弛平滑肌，消除支气管和胆管痉挛；控制下视丘的体温中枢，调节体温；降低胆固醇和防止动脉粥样硬化。茶碱功能与咖啡碱相似，兴奋中枢神经系统的作用较咖啡碱弱，强化血管和强心作用，利尿作用、松弛平滑肌作用比咖啡碱强。可可碱的功能与咖啡碱和茶碱相似，兴奋中枢神经的作用比前两者都弱；强心作用比茶碱弱，但比咖啡碱强；利尿作用比前两者都差，但持久性强。

二、茶多酚

茶叶中的多酚类物质占干物质的 20% ~35%，其中儿茶素占茶多酚的 60% ~80%，为干重的 12% ~24%。茶多酚的功能是增强毛细血管的作用，抗炎抗菌，抑制病原菌的生长，并有灭菌的作用；影响维生素 C 代谢，刺激叶酸的生物合成；能够影响甲状腺的机能，有抗辐射损伤作用；作为收敛剂可用于治疗烧伤；可与重金属盐和生物碱结合起解除中毒的作用；缓和胃肠紧张，防炎止泻；增加微血管韧性，防治高血压；治疗糖尿病等。

三、芳香类物质

茶叶中的芳香物质包括萜烯类、酚类、醇类、醛类、酸类、酯类等。其中萜烯类有杀菌、消炎、祛痰作用，可治疗支气管炎。酚类有杀菌、兴奋中枢神经和镇痛的作用，对皮肤还有刺激和麻醉的作用。醇类有杀菌作用。醛类和酸类均有抑杀霉菌和细菌，以及祛痰的功能，后者还有溶解角质的作用。酯类可消炎镇痛、治疗痛风，并促进糖代谢。

四、脂多糖类

茶叶含有脂多糖类物质，这类物质具有抗辐射损伤、改善造血功能的作用。脂多糖是构成茶细胞壁的大分子复合物，茶叶中脂多糖的含量约为3%。药理试验表明，适当的植物脂多糖进入动物或人体后，在短时间内就可以增强肌体的非特异性免疫能力，对提高肌体的抵抗力有很大作用。动物试验表明，茶叶中的脂多糖有防辐射的功效，同时也有改善造血功能的作用。

第三节　茶叶的功能

茶叶的内含成分非常丰富，茶叶具有多方面的药用与保健功能，这些功能大都是一种或几种物质起主要作用，多种内含物协同作用的结果，归纳起来，有以下几个方面。

一、提神作用

茶叶可以提神解乏是人所共知的。这主要是茶叶中咖啡碱和儿茶素类能促进肾上腺线素垂体的活动，阻止血液中儿茶酚胺的降解，诱导儿茶酚胺的生物合成，而且这种兴奋作用不受其他因素的影响而降低效应。而儿茶酚具有促进兴奋的功能，对心血管系统具有强大的作用。同时茶叶还有促进思维的效应，因此，人们在生活实践中，往往在感到疲乏时喝上一杯茶，刺激机能衰退的大脑中枢神经，使之由迟缓转为兴奋，集中思考力，以达到兴奋集思之功效。

二、利尿作用与促进肾功能

饮茶具明显的利尿效用，茶叶中的茶褐色素、咖啡碱和芳香油综合作用，通过肾促进尿液中的水滤出率来协调人体的代谢机能而引起排尿量的增加，因此国外有人将茶用于治疗呕吐或腹泻、调节体液中盐类的平衡以及治疗风湿性心脏病或其他病因引起的水肿。由于茶的利尿作用，使尿液中的乳酸获得排除，从而使疲劳的机体获得恢复。

日本太阳化学公司绿茶研究小组发现：肾衰竭同人体中的活性氧有关，绿茶中含有的多酚类物质能有效地抑制活性氧产生毒性物质甲胍基。动物试验证明：多酚类物质对预防肾衰竭有明显的作用。该小组还发现：肾功能不全与人体内产生的初生态氧有关，初生态氧能够导致甲胍的产生，而影响肾功能的发挥，绿茶中的表儿茶素能有效地抑制甲胍的生成，从而预防肾功能不全。

三、止痢和预防便秘

茶叶的止痢效果早在临床中得到应用。据报道，用绿茶治疗痢疾的效果优于其他价格昂贵的化学药物，而且持续效力长，用绿茶治疗后的第二三天，赤痢菌即受抑制，5～10 天后即可完全恢复。这是因为茶叶中的儿茶素（特别是 EGC 和 EGCG），对病原细菌具有明显的抑制作用。

便秘是由于肠管松弛使肠的收缩蠕动力减弱。便秘有习惯性、神经性、营养不足和弛缓性便秘等多种。茶叶中茶多酚的收敛作用可促使人体内肠管蠕动能力增强，因此具有治疗便秘的效果。此外，茶叶中的微量茶皂素也具有促进小肠蠕动的作用，对习惯性、神经性和弛缓性便秘具有一定的治疗效果。

四、防龋作用

当今儿童的蛀牙发病率很高，因此防龋已成儿童保健的一项重要任务。氟素有防龋的作用早已被证实，但是单纯用氟素防龋，容易引起斑状齿等不良症状。茶树是一种富集氟素的植物，嫩梢中氟素含量为 40～720PPm，老叶 250～1600PPm，而且水溶态的氟素含量很高，因而具有防龋的作用。同时，茶叶中的茶多酚能直接与龋齿细菌结合而破坏其功能。茶多酚还有对抗食糖的促龋作用，具有杀死在齿缝中存在乳酸菌及其他龋齿细菌，抑制葡萄糖聚合酶活性的作用，使葡萄糖不能在龋齿连锁球菌表面上聚合，病菌无法在牙齿上着床。

茶还有增强牙齿抵抗力的效能。茶属碱性食品，牙齿中的钙在体内碱性矿物质不足时，可以溶解在血液中起着补充的作用，因此一般人体在长期疲劳后，牙齿会变得脆弱，易生蛀牙，这便是缺钙的缘故。茶本身是一种碱性物质，因此能抑制钙质的减少，起着保护牙齿的作用。

茶还可以清除口臭，这是因为茶叶的多酚类具有杀菌作用，茶皂素的表面活性作用具有清洗的效果，可以清除人们进食后残留在牙缝中的食物残渣以及由此而繁殖的腐败细菌。提倡少年儿童饭后用茶水漱口，可达到防龋的效果。

五、助消化作用

喝茶能使消化道松弛，增强其蠕动功能，因而有助于食物的消化，预防消化器官疾病的发生。因此，饭后饮茶（尤其是吃了较多量的脂肪）是有益的。俄罗斯人常用浓茶来治疗胃肠道不消化疾病。茶还抑制阿斯匹林引起的胃粘膜出血症状。英国的实验证明:担心浓茶会引起便秘的顾虑是多余的。由于茶叶中多酚类物质能以薄膜状态附着于人体的伤口而起到保护作用,因此茶叶还具有制止胃溃疡引起的出血的功能。茶还具有吸收对人体有害的物质的能力。它不仅可以“净化”消化道器官的微生物,同时对胃、肾以及部分对肝脏履行独特的化学净化作用,因此俄罗斯人把浓茶比作“人工肝脏”。据报道,乌龙茶具有独特的分解脂肪的能力,因此,在进食较多量的动植物性脂肪食品时,喝浓茶(特别是乌龙茶)有助于将多余脂肪排出体外,发挥减肥的效果。

六、明目作用

我国的许多古医书对茶的明目作用早有记载。医学专家认为:“白内障的发病率与人体血浆中胡萝卜素含量高低、浓度大小关系密切,凡是患白内障的人,血浆中胡萝卜素含量都较低。人眼的晶体对维生素 C 的需要量比其他组织高,维生素 C 摄入不足,眼部氧化反应产生的自由基作用于眼球的晶体,导致晶状体混浊而患白内障。浙江中医院的调查结果表明:有饮茶习惯者的白内障发病率较低,只占总患者数量的 35%,而无饮茶习惯者白内障发病率占总患者数量的 65%。由此可见,饮茶有助于保护眼睛,尤其是多饮绿茶,对白内障有一定的预防效果。

茶叶中含有维生素 A、胡萝卜素。胡萝卜素被人体吸收后,在肝脏和小肠中可转化为维生素 A,维生素 A 可与赖氨酸作用形成视黄醛,合成视紫红质,而视紫红质在光线强度减弱时调节视网膜感光的作用,增强视网膜的辨色力;同时茶叶中含有维生素 B_2 是维持视网膜正常机能所必需的活性物质,可参与细胞呼吸的氧化还原过程和避免视力衰退。因此饮茶对防治夜盲症、视力衰退、干眼症等疾病都有一定的效果。

茶叶还可治疗红眼病,即医学上所称的传染性角膜炎。多饮茶并用茶汤洗眼,可减轻病症,缩短病程。因为茶叶中所含的茶多酚及芳香物质中的酚类、酸类和醛类等化合物具有杀菌、消炎和收敛作用。

现代医学研究发现,各种家用电器在使用时,会产生不同程度的电磁辐射污染。人们长时间看电视、上网,会因荧光屏辐射的影响,消耗大量人眼中的视紫红质,从而引起视力衰退。大量的研究表明:保持饮茶习惯就能较好地保护视力。

七、抗衰老作用

医学研究表明:人体内脂质的过氧化是人体衰老的主要原因。茶叶的儿茶素类化合物具有明显的抗氧化活性。实验表明茶叶中 EGCG 的抗氧化活性明显优于维生素 E10 倍、BHA(丁基烃基苯甲醚)2.5 倍,且与维生素 C、E 有增效效应。用速溶茶或茶叶喂养动物的实验表明:茶叶有利于促进动物的肝脏和小肠中谷胱甘肽—S—转换酶的活性增加,同时抑制多环芳烃化合物的共价加成物的形成,这些作用和抗氧化剂 BHA 和维生素 C 的作用相仿。用绿茶饲养小鼠后,发现可以抑制皮肤线粒体中脂氧化酶的活性和脂质过氧化作用，起着抗衰老的效应。目前已利用茶叶中的儿茶素类化合物的抗氧化活性应用于食品工业作为延缓和防止脂质变质的保鲜剂。

河南医科大学研究表明:儿茶素能提高超氧化物歧化酶(SOD)的活性，并有利于机体对自由基脂质过氧化物的清除，因而也具有抗衰老作用。日本研究认为:儿茶素的抗衰老作用比维生素E和维生素C还高，尤其是在增强机体对各种病菌的抵抗力和免疫力方面更显突出。此外，由于儿茶素属于天然植物抗衰老剂，因而对生物体不存在任何副作用，只要保持饮茶习惯，就能起到自然抗衰老作用。

八、减轻吸烟对人体的毒害

吸烟对人体健康有弊无利，香烟中的尼古丁被吸入人体内，会提高激素的分泌量，促进血管收缩，减少供氧量，导致血压上升。多吸烟还会加速动脉硬化和使体内维生素C下降，加速人体衰老。据调查，每吸一支烟，使体内维生素C含量减少25毫克，每天吸一包烟的人，血液中维生素C的含量会降低25%。因此吸烟者喝茶，尤其是喝绿茶，可以补充人体的维生素C。此外，绿茶还有强化血管之功效，因此，喝茶在某种程度上可以降低吸烟的毒害。

香烟的烟雾中含有苯并芘等多种化学致癌物质，对人体会产生遗传毒性，而绿茶提取物对苯并芘和黄曲霉毒素等致癌物的形成有抑制效应。在香烟过滤嘴中加入茶叶提取物，可以降低烟雾中的有毒成分。

喝茶还能对抗烟中放射性核素钋210对人体的危害。吸烟时钋210随烟雾进入肺内，一部分在体内积聚，不断地放出X射线，这是导致癌的重要原因。科学家认为:喝茶能防止钋210对人体造成的损害，抑制癌细胞的突变。所以吸烟的人若能同时喝茶，在一定程度会减少烟危害。

九、消炎抑菌作用

茶叶中的多酚类不但能沉淀生物碱和重金属，而且还有较强的氧化还原作用，能解除生物碱、羟基毒物以及砷、汞等物质的毒性。研究人员曾对砷、汞中毒患者施行儿茶素解毒实验，结果发现患者饮用高剂量儿茶素后，其体内砷、汞素养拉的排泄量约增大20%以上。

茶叶还可以有效地预防霍乱，抑制革兰氏阴性细菌。绿茶的冲泡液对伤寒杆菌、副伤寒杆菌、痢疾、金黄色葡萄球菌、伤寒沙门氏菌、霍乱弧菌等均有抗菌作用。尤其对霍乱弧菌具有显著的杀灭作用。由于茶叶中含有茶多酚等抗菌成分，它有凝结蛋白质的收敛作用，能与菌体蛋白质结合而致细菌死亡，同时由于霍乱弧菌对茶叶中具有收敛作用的成分耐受性低，因而茶能有效地杀灭霍乱弧菌。绿茶的杀细菌活性比其他茶类强，而且绿茶的级别愈高，活性也愈强。研究还表明:茶叶中茶多酚类物质有解毒作用，凡从事化工、制药、农药、溶剂、毒品制造的工作人员，喝茶能消解毒物，增加活力，增强体质。

十、醒酒作用

人体摄入酒精后，主要靠肝脏中酒精水解酶的作用，将酒精水解为水和二氧化碳。这种作用需要维生素 C 作为催化剂。如果人体中维生素 C 供不应求，会使肝脏的解毒作用逐渐减弱，而使人产生酒精中毒。饮酒时吸烟，更会由于维生素 C 减少而加剧酒精中毒。由于茶叶中维生素 C 含量较高，在酒后或酒席中喝几杯浓的绿茶或乌龙茶，便可有效地补充维生素 C。加之茶叶中的咖啡碱具有很强的利尿作用，能使体中未来得及吸收的酒精迅速排出体外。此外，茶叶中的多酚类还有助于脂肪的分解，有利于酒精的消解。酒醉后人们往往因为大脑神经呈现麻木状态而产生头痛、头晕和身体机能不协调的现象，喝浓茶可以刺激麻痹的大脑中枢神经，有效地促进代谢作用，因而发挥醒酒的效能。

十一、对重金属毒害的解毒作用

由于现代工业的发展，不可避免地带来环境的污染问题，各种重金属(如铜、铅、镉、铬等)在食品、饮水中的含量过高是一个方面。重金属的含量过高对人体的健康具有明显的毒害作用，如过量的铅引起的铅中毒，会使人降低免疫力和缩短寿命。过量的汞摄入，会损害肾脏和神经系统，过量的镉往往由于损害骨骼而引起某些慢性疾病。实验表明:茶汁可以使汞离子沉淀，而且时间愈长，沉淀效果愈好。茶叶对水中的银、镉、钴、铜、镍和铅等重金属具有非常彻底的吸附效果。因此，喝茶可以明显地减轻水和食品中重金属对人体的毒害作用。

十二、防辐射作用

根据用茶叶及其提取物对以致死剂量锶处理过的动物进行的实验表明:茶叶可以吸收 90% 的这种危险的同位素，而且吸收的时间比到达骨髓的时间为早，经常饮茶的人体内锶剂量的浓度可显著低于允许水平。法国和日本的学者认为:茶叶防辐射作用的有效成分是一种脂多糖化合物，它能增加白血球的数量，改善白细胞分类异常和血小板减少症，对造血功能有明显的保护作用。目前我国已将茶叶浓缩液作为辐射治疗后的升白剂在临床中应用。采用放射性疗法治疗癌症患者，服用浓茶后可以减轻经常出现的恶心、呕吐、腹泻、食欲不振等反应。

十三、降血压作用

高血压是以动脉血压持续增高为主的临床症候群。我国患高血压病的人占成人总人数的 5% 左右。茶叶中的 ECG、EGCG 和茶黄素对血管中的具有强升压作用的紧张素 I 转换酶(ACE)有显著的抑制效果。此外，茶叶中的咖啡碱和儿茶素类能使血管壁松弛，增加血管有效直径，使血管舒张，也起到降血压的作用。特别是高血压病患者必须严格控制钠盐的吸收，茶叶不同于咖啡，钠元素含量甚微，也有利于血压的降低。日本开发的一种降血压保健茶——Gabaron 茶，是将茶叶在氮气环境中处理 6 小时，使茶叶在嫌气条件下形成大量的r—氨基丁酸而产生明显的降压效果。俄罗斯的研究表明:绿茶对易致中风和血管淤塞的人是有益的。因为它可使血管壁保持弹性,消除脉管痉挛,提高了防止血管破裂的功能,所以临床上用高浓度儿茶素作为药物,以降低血压,减轻头痛和耳的杂音。同时用浓的绿茶治疗肠胃道和脑部严重溢血,以及老年人微血管变脆。茶还可以预防老年性毛细血管变脆,治疗痔疮、月经过多等出血性疾病和预防,甚至消除不严重的溢血,如粘液膜和牙床的出血。

十四、降胆固醇、降血脂和抗动脉粥样硬化

调查表明:习惯饮茶的人动脉粥样硬化和其他的心血管病的发病率比习惯饮咖啡的人要低得多,茶叶可降低循环系统中的胆固醇,具有明显的抗动脉粥样硬化的效果 。动物实验表明:茶叶中的咖啡碱和 EGCG 使动物粪便中的类脂化合物和胆固醇排泄量增加,而体内的胆固醇、游离胆固醇、总类脂和甘油三酸酯的含量均明显降低。具有明显的抑制血浆和肝脏中胆固醇含量上升的作用。儿茶素和咖啡碱降低胆固醇的机理是由于它参与了机体内的脂肪及代谢作用,从而阻止了血液中胆固醇及其他烯醇中中性脂肪类物质的积累。实验证明:茶叶中的儿茶素、茶黄素和茶红素具有抗血小板聚集、血液抗凝和促进纤溶的作用,从而改变血液流变学特性,抑制血栓的形成。茶叶既可抑制动物细胞对脂质的吸收,又可以迅速清除或分解已进入主动脉壁的脂质。

十五、降血糖和对糖尿病的疗效

动物实验表明:茶叶对糖尿病患者的高血糖症有显著的降低作用,尤其是绿茶的冷浸出液效果非常好。这是因为茶叶中含有复合多糖(包括葡萄糖、阿拉伯糖和核糖三种)、儿茶素类化合物和二苯胺等多种降血糖成分的原因。此外,茶叶中的维生素 B_1、维生素 C 都能促进动物体内糖分的代谢作用,对患先天性糖尿病的患者可以采用常饮绿茶作为辅助疗法之一。正常人饮用绿茶则可以预防糖尿病的发生。

十六、预防“非典”作用

据《北京日报》录自《央视国际》(2003 年 4 月 22 日)消息:据有关病毒学专家介绍,“非典”的冠状病毒是一种新型的病毒变异体,能够通过使用病人身体中的 DNA 基因复制系统来复制自己。专家认为:人们可以尽自己所能调动免疫系统,确保身体处于“非常健康”的状态。如果免疫系统强,就算被感染上病毒,也会将病毒的侵害降低限度。多喝绿茶可预防“非典”。因为绿茶中含有大量抗氧化剂类黄酮和茶酸,能增强免疫系统的化学物质。台湾饮食专家欧阳英建议大家随时喝绿茶与板蓝根茶,不仅可以利尿解毒,并能提高免疫力。

十七、抗癌、抗突变作用

突变是指遗传物质发生改变,包括染色体的改变和遗传基因的改变。

癌症就是由癌基因引起的一种突变。

20 世纪 70 年代后期以来，关于茶叶抗癌、抗突变的研究获得了重大的进展，其机理可归纳为如下六个方面：抑制最终致癌物；调整引发物质的代谢过程；直接和亲电子的最终致癌代谢物作用；清除游离基；抑制致癌基因与 DNA 的共价结合；抑制鸟氨酸脱羧酶的活性。

日本全国癌症研究所的科学家从绿茶中分离出一种化学物质表儿茶素络合盐，据认为，这种物质有明显的抗癌作用。研究发现：绿茶中含有的单宁酸可以有效地抑制艾滋病毒的增殖，为研制治疗艾滋病的有效药物提供了一条新途径。艾滋病毒会造成人体血液中淋巴细胞的感染，病毒核糖核酸（RNA）会向脱氧核糖核酸（DNA）转移增殖，破坏担负免疫机能的 T4 淋巴细胞，绿茶中的茶多酚对病毒 RNA 所产生的化学反应具有相当强的阻断作用，其阻断能力高于目前国际上通用的治疗艾滋病药物（AZT）20 ~ 30 倍。专家认为，常饮绿茶可以预防艾滋病。

由于化学工业的迅猛发展，每年有数以百计的新化合物问世，它们的诞生使得现代化的社会更加繁荣，但同时也向自然界释放出各种环境污染物，其中也包含着致癌物和致突变物。这些物质对人体本已存在的致癌因子起着引发和促成作用。如何预防这些致癌物在人体内聚集的进行？科学研究表明：茶叶中的许多抗氧化剂可以清除由于代谢过程而形成的各种游离基，因此表现出具有抗癌、抗突变和防衰老的效应。同时，采取控制人类膳食食谱对于预防癌症来讲，具有重要的意义。

思考与练习

1. 茶叶含有哪些营养成分？何种茶叶的营养价值最高？为什么？
2. 茶叶中主要含有哪些药效成分？
3. 茶叶有哪些保健和防治疾病的功能？
4. 试述茶叶解烟毒和醒酒的机理。
5. 茶叶可以抗癌、抗突变吗？

第十二章　国内外饮茶习俗

◆ **学习提要和目标：**

一、了解饮茶方式及其设施。
二、掌握我国茶饮一般礼俗。
三、熟悉各民族饮茶习俗。
四、了解世界各国饮茶风俗。

劳动者逐渐形成了饮茶的风俗与习惯。中华文化的发展，推动了茶文化的产生和发展，从而形成了规范统一、气质高雅、超凡脱俗的“茶道”。茶文化、茶道经过千百年来的“锤炼”已成为中华文化百花园中一颗璀璨的明珠。

第一节　饮茶方式与饮茶设施

一、饮茶方式

在漫长的饮茶史中，产生了多种多样的品茗方式，以人数而论，有独饮，对饮、品饮、聚饮。

独饮。月下窗前，自斟自饮，慰孤独，益神思，可得茶之神韵。著名诗人卢仝写得极妙：“一碗喉吻润，两碗破孤闷；三碗搜枯肠，惟有文字五千卷。四碗发轻汗，平生不平事，尽向毛孔散；五碗肌骨轻；六碗通仙灵；七碗吃不得，惟觉两腋习习清风生”。静坐独饮，消愁解闷，思绪万千，下笔千言，滔滔不绝。茗饮还是一种高级精神享受，提神醒脑，启迪心智，宁静淡泊，超凡脱俗，达到飘飘欲仙的境界。

对饮。严寒的冬夜，大雪纷飞，寒舍在北风中飘摇，一个人独饮虽可领悟茶之神韵，但总显得孤独，寒冷。此刻如有亲朋不期而至，一阵惊喜，促膝而坐，煮水品茗谈心。室外大雪纷飞，屋内炉火跳跃，釜中茶汤鼓浪，白气袅袅，香味四溢，诗情画意，无限乐哉。

品饮。三人为一众，三个人有三个“口”正是一个“品”字，三人聚饮是最佳组合。独饮太孤单，对饮虽可以促膝长谈，但也显单调，你说完，我要接上，没个喘气机会，没有轻松和活跃。三个饮就有了热烈气氛，谈话轻松而愉快，如同小溪流水，源远流长。茶中有味，言中有情。

聚饮。三个以上的多人聚在一起饮茶称聚饮。如举办的茶会、茶宴、茶馆中的茶饮。茶馆里有南来北往的人群，有身份地位不同的人物，达官贵人，平民百姓，三教九流。茶人为解渴而来，解了渴便去。虽然来往人比较繁杂，但比起商店酒楼还是要显得清静。节假日邀上三五知己，坐在包厢饮茶品茗，谈天说地，显得轻松舒适。现代城市，生活节奏加快，人们普遍感到竞争压力，八小时之外想释放一下身心，那么下了班邀上几位好友，到茶馆一叙，要一壶好茶，几份精美点心，边饮边吃边谈心，会觉得十分惬意。

要建设一个现代文明城市，聚众饮酒不可，聚众饮茶应大力提倡。饮酒时划拳行令，噪声振耳，醉酒者失去常态，行凶斗殴。而茶性温饮茶者志趣，情操高尚，明事理，通人情，与人和睦相处。

历史上聚众饮茶规模最壮观的一次是清末西藏喇嘛教的一次盛大茶会。这次茶会，聚集四方僧众4000余人，巡礼和尚用茶款待全体僧众。行茶仪式是：喇嘛排队成行，披法衣静坐，神态庄严，年轻僧人抬出茶釜煮茶，待水沸腾时投入优质茶砖，待茶熬煮得香浓时，分施给众僧。施主拜伏于地，大唱赞歌。巡礼和尚的茶中加添点心或奶酪，并一同用茶。

二、茶宴、茶话茶会

茶宴源于魏晋，兴于唐代，以茶宴请佳宾。茶话是品茗清谈，重在一个“谈”字，品茗交谈的意思。茶会是以茶聚会，重在社交。

茶宴　据考证茶宴源于魏晋南北朝，兴于唐宋。茶宴的正式开始记载于中唐，《茶事拾遗》曾记载大历十才子之一的钱起，曾与赵莒一块办茶宴，地点选在竹林，品茗畅谈，洗净尘心，蝉鸣声中谈到夕阳西下。

中唐时，湖州的紫笋和常州的阳羡茶同列为贡品，特别是顾渚的紫笋被陆羽评为仅次于蒙顶的天下第二名茶。每年早春采茶季节，湖州与常州的太守在顾渚相聚，联合举办茶宴，邀请专家品茗鉴定，评出优次，促进制茶技艺的提高。设茶宴不仅为互通友好，还有加强合作的意思。两州太守为提高贡茶品质，取得皇上欢心，就有必要在一起切磋茶技，永葆名茶声誉。

茶话　休闲时分，邀上几位好友，来家一叙，品香茗，吃果点，海阔天空，谈古道今，不乏为人生乐事。茶能提神，茶能益智。谈论的话题会非常广泛，讨论的问题会非常有趣，精神特别爽快，胜过赴一次丰盛的宴会，胜过看一场精彩的戏剧和电影。精神享受远远超过物质的享受。

茶会　茶会是一种社交性集会。先拟定一个主题，然后邀请有关人士，一边品茗，一边畅谈，气氛欢快而热烈。以茶代酒，节俭而又文雅。中国茶会走出国门，并被西化。英国人的茶会成为社交的盛会。中国茶会清淡俭朴，而西方人则奢华费资。文化背景的不同，使茶会变了调。

由茶话、茶会演变成茶话会，它是一种用茶点招待宾客的社交性集合。“君子之交淡如水，清茶一杯”。茶话会以简朴无华而风行全国。重大节一般的崛起。音乐茶座，室内布置一反质朴自然的风格，灯光、道具、音响、桌椅、茶具等，体现都市生活豪华气派，反映当今生活节奏及人们的价值观念。一边品茗，一边欣赏歌星演唱，听小乐队伴奏，兴致来了还可翩翩起舞，体现了现代生活多姿多彩的一面。

人们价值观念有所不同。对于追求宁静淡泊的人们来说，还是喜欢传统茶馆。传统茶馆体现中国茶道风格。室内布置自然质朴，多用冷色调，让心灵归于静寂，如置身于林中草庵。

现代人追求返朴归真，建筑师别出心裁地将茶馆建成山野茅庵草舍，四壁是竹篱笆，窗户里爬入滕蔓，顶上是葡萄架和瓜棚。茶桌、凳子全是用树桩制作，茶具造型也很质朴。给人们留下的印象是原始、自然、纯真。

竞争社会，都市人精神上的压力很重，到传统茶馆里，心归自然，平静放松，心旷神怡，品茗遐想，如入仙境，乐趣非常。

中国各民族饮茶习俗

一、我国饮茶礼俗

中国是一个礼仪之邦，文明古国，以茶会友，以茶敬客已成为传统美德。在饮茶的风俗中逐渐形成了一整套礼节和仪式，这就是“茶道”。

1. 茶道

主张以茶修德，强调饮茶自修内省，思想内容是和谐、中庸、淡泊。茶道有一套完整的饮茶方式，对饮茶用具、煮茶方法、茶室布置、礼节礼貌、交谈话题等都有具体规定和要求。

(1)茶室。茶道在茶室中进行。茶室在建筑艺术上别具一格，它的特点是:紧凑雅致结构呈非对称型，布置强调自然。

(2)沏茶与品茶器具。有茶磨、风炉、茶釜、水注、水翻、茶碗、茶筅、茶勺、茶罐等用品。

(3)茶道仪式。宾客进入茶室时，主人先跪在门前迎候。其后主人取出器具生火煮水。水沸，礼仪正式开始。主人用茶勺从罐中取两勺半茶置于茶碗，注入沸水并用茶筅搅拌。敬茶时主人左手托碗，右手扶持碗边，送往主客面前，跪着举起茶碗，与额平齐。主客接过茶碗也举至额前表示感谢，随后放下，再举起并饮之。主客饮后，其余客人再一一依次传饮，最后递回给主人。礼仪结束主人再次跪坐送客。

2. 以茶待客

中华民族素以勤劳、勇敢、智慧、重礼、诚信著称于世。以茶待客是日常生活中一种高尚的礼节和纯洁的美德，已成为每个家庭交往应酬不可缺少的礼仪。

宾客来访，先请坐，后奉上一杯香茗，滋味可口，香气宜人，清除心中

日，党和国家领导人都要召开茶话会，邀请各民主党派和无党
谈，共商国是，同谋发展，促进了党内外以及各民族大团结。党
务院将中国茶道导入政治生活，反腐倡廉，开创了俭朴之风。

无我茶会 。“无我茶会”是由台湾陆羽茶艺中心原总经理蔡
首先提出并构思创建的一种新的茶会形式。无我茶会倡导：无
无流派与地域之分，平等互动，求精进取，团结合作。

无我茶会的基本形式是：众人围成一圈，由抽签决定位置，
人人敬茶，人人喝茶。自备茶具、茶叶及开水。公共约定泡茶
奉茶方法并排定会程，席间不语。

秋高气爽，适宜户外活动，十来位好友或同学聚会，除了
外，不妨举行一次小型的室外无我茶会。在享受阳光的同时进
交流。

三、饮茶设施

第二节

冠以茶字的饮茶设施有：茶亭、茶室、茶摊、茶坊、茶社、茶
园、茶座、茶馆等。这些设施皆是公众聚饮之所，其中最有代
馆。

茶摊。便民、简陋、廉价的设施便是茶摊。茶摊多设在人
方，如城市的车站码头、十字路口、旅游景点、公园门口、商场。
篷，巧借一片树荫，屈居高楼檐下，设备十分简单，一张桌子
几只茶杯等。茶具简陋，冲饮简便，有现冲现饮，也有投茶叶
水冲泡后放冷，有人要茶水时打开水龙头注入杯中出售。来茶
多是汗流浃背的劳动者或薪金低微的路人。他们不为品饮，
不择饮。在烈日下劳作，嗓子渴得冒烟，来一碗茶水，犹如久
霖，舒适无比。

还有一种茶摊，只为民众提供方便，非盈利性经营，桌上
桶，放几只茶碗或茶杯，任凭取饮。某些大商场也仿效茶摊
和消毒水，以方便顾客慢慢选取，不会因口渴而匆匆离去。

茶室。比茶摊条件好一点的是茶亭，上有遮盖，下有坐
条件更好一点是茶室，且有优雅的环境条件，茶室有两种，
事所设，常见于寺庙、戏院、公园。一种为家庭茶事所设，大
用茶室招待来客。

茶馆。茶馆也称茶社、茶坊、茶肆、茶楼。叫法不同，功
不外乎品茶、休息、娱乐、社交。茶馆最初具有结社性质，饮茶
借茶事联络感情，互通信息。为招徕顾客，增加盈利，给茶
排艺人演出。说书、弹琴、相声、小品、唱歌，场面热闹。在茶
造就了一批民间艺人，诞生了一批文化艺术品。

茶馆是个小社会，文人墨客来此品茗吟诗，高谈阔论；
吃茶交易；亲朋好友来此聚会闲聊；情侣来此约会谈情；挑担
乡下人来此止渴歇脚……老舍先生的《茶馆》就是当时社会的

现代茶馆，风行于改革开放的20世纪80年代。各大城

的烦恼，心情特别舒畅，坐下聊天，论家常，叙友情，投机融洽，消除矛盾，增加信任，加强合作，使事业得以成功。茶在其中起着桥梁和纽带作用。

远客临门，客人旅途艰辛，风尘仆仆，十分疲劳，主人敬上一杯好茶，客人饮之，可洗尘去疲劳，解渴充饥，恢复精力，增进友谊。

3. 通俗的茶饮

客人登门，先问候，抽烟者先递上一支烟，然后请坐敬茶，拿出果点待客。主人陪客人坐下聊天，谈家庭、论社会，叙往事。茶在其中起联谊作用。到进餐时主人陪客人用餐，餐后又敬上一杯香茶，解酒、去油腻。稍息片刻，再送客人出门。这是日前最普遍的茶饮方式。

4. 品茶艺术

(1)绿茶品饮。绿茶类中的茗茶品饮，一般采用透明玻璃杯冲泡，以便观赏细嫩芽叶在热水中吸水舒展和变幻的“茶舞”过程。如银针、毛尖、雀舌等用一个芽制成的名茶，冲泡时，芽尖冲向水面，根根直立，犹如春笋出土，又似旗枪林立。几起几落，好似优美舞姿。期间还有气泡留于芽尖，恰如雀舌含珠。汤清叶绿，滋味鲜爽，香气幽长，细品慢饮，心情舒畅，回味无穷。

(2)红茶品饮。品饮工夫红茶，冲泡方式可用白瓷杯或茶壶冲泡，有些地方提倡用壶泡，表现出“同饮一壶茶”的亲切感。而有些地方则认为用壶斟茶待客，则视为不敬，必须用杯泡，茶叶泡沏入杯后，先闻其香，再观其色，后品其味。祁红以香郁高长，汤色红艳，滋味醇厚，叶底嫩软明亮，独领风骚。

红碎茶品饮，茶叶冲泡后将茶汤徐徐倒入杯中，调饮时，根据不同口味加入调味剂，如牛奶、糖、柠檬片等，即可饮用。

(3)乌龙茶品饮。泡饮乌龙茶之前，先用沸水把茶壶、茶杯和茶盘等淋洗一遍，起热身作用，将茶叶置于茶壶中，其量约为壶容量的2/3。把壶置于盘中间，茶杯依次排在盘的外方，用沸水从壶口边缘徐徐注入至漫过茶叶后，立即把汤从壶嘴倒出弃去，称洗茶。然后第二次注入沸水满至壶口或稍溢出，用手持壶盖刮去浮于汤面的泡沫。斟茶时，沿着排列好的茶杯依次斟入杯中，每次注入少量茶汤，经几次巡回壶内汤尽而杯满。品饮时，用右手食指和拇指按杯边，中指托杯脚，靠近鼻端，趁热闻香，再品其味。乌龙茶一般要冲泡三至四次，冲泡时间逐次延长。

二、各地饮茶习俗

(一)广东早茶

广东人经济上富裕，工作上比较紧张，部分人早上不在家做饭，而是上餐馆或茶楼吃早点或喝早茶。广东人认为到茶楼喝早茶是一种享受。“两件一盅，快活仙翁”，一盅上等乌龙茶配一二道精美的点心，坐在雅静的茶室里，细品慢饮，其乐无穷。离上班时间提前1小时起床，洗好脸到茶楼占一席位，服务员小姐送来一壶好茶和几道点心，食用后精力充沛，驱车去上班。每逢节假日，携全家老小，或邀几位亲朋好友，开着爱车，来到茶楼，一边品茶一边聊天，海阔天空，忘乎所以，释放身心，减轻精神上的压力，消除工作上的疲劳，超凡脱俗，达到一种忘我境界，通过休整，精力旺盛，更好地投入下一周的工作。

还有一些富商，请客户喝早茶谈生意已成时尚。茶楼比酒店环境幽雅、清静、和谐、各自的心态都比较好，因而生意容易成功。

处在热恋中的情侣，到茶楼喝早茶的也较多，利用茶楼幽会，边品茗，边谈情，可谓佳茗配佳人。

(二)云南少数民族饮茶习俗

三道茶。云南大理白族的三道茶颇具特色，它是白族人待客的隆重礼节。据说早在一千多年前白族人就有自己的饮茶习惯，在四百年前就形成了早期的三道茶:“初清茶、中盐茶、次密茶”。

三道茶是指上三次茶之意。三道茶当初是长辈对晚辈求学、求艺、经商以及新女婿上门时的一种礼俗，具有“一苦、二甜、三回味”之意。现已发展成为白族人喜庆、迎客等活动中的一种风俗。第一道茶称苦茶:贵客临门，主人便将烤茶用的小沙罐放在炭火上预热，然后放入适量云南名茶，一边烘烤，一边用手不停地抖动，当茶叶颜色转黄，并冒出焦香味，发出“啪啪”的响声时，立即冲入沸水泡几分钟，将茶汤倾注到小茶盅里，每杯只有二三口，不可过满，满则认为是不敬。敬茶时，主人用双手举杯至齐眉，献给客人，客人也用双手恭恭敬敬地接过来，并转敬主人家中的最长者。待在座的人都敬完茶，大家便开始品饮。第一道茶香气高，但滋味浓而且苦，寓有清苦之意。第二道茶称甜茶，所用茶叶，可以是第一道茶的茶渣，也可以重新调换茶叶，同样把茶叶放入小沙罐进行烤煨。饮茶的器具换成精美的小茶碗以茶碟子相托，碗中放生姜片、红糖、蜂蜜、白芝麻、切成薄片的熟核桃仁片，再加上制作精美的牛乳酪片，注入水成为甜茶，此茶十分香甜可口，营养丰富。敬于客人，寓苦去甜来之意。第三道茶称回味茶，将桂皮、花椒、生姜片放入水里煮，将煮出的汁液放入杯内，加入苦茶、蜂乳即成，饮下时顿觉香、甜、苦、辣四味俱全。白族人认为，请客人喝三道茶，才算尽了主人待客的盛情;新女婿上门和儿子成家立业时，喝三道茶，则有“苦尽甜来香至”之意。

盐巴茶。盐巴茶是云南西北部的少数民族喜爱的一种日常饮料。其制作过程是用一个小瓦罐，洗净后放在火炉上烤，加入少量茶叶，烤至茶叶“噼啪”作响，散发出焦香时，加入沸水煮上几分钟，煮的过程中加入盐巴并进行搅拌。随后把茶水倒入小茶杯。根据饮茶者对浓淡的要求不同，加入开水稀释即可饮用。一般每日喝三次，并配以玉米粑粑。长此以往，已成习惯。据说，他们若一天不喝茶就会发病，头昏脑胀，四肢无力。“早茶一盅，一天威风;午茶一盅，劳动轻松;晚茶一盅，提神去痛;一日三盅，雷打不动”。这段歌谣充分说明了他们是“不可一日无茶”。

(三)西藏酥油茶饮用习俗

藏民视饮茶为头等大事，他们说“可以一日不吃饭，但不可一日无茶”。人均每年消费茶叶达10公斤以上，远远高于全国平均水平。藏民喝茶的方式有多种，但以酥油茶居多，客人来访，男女结婚，敬上酥油茶，以示敬意。还将酥油茶作为礼尚往来和结婚的礼品。酥油茶的制作过程是：将紧压茶先砸碎，注入沸水于壶内煮约30分钟，滤去茶渣，把茶汁倒入茶桶，注入酥油，加入适量的盐和糖，进行搅拌，充分混合，倒于木质茶碗敬客，同时配以糌粑。喝茶时不可一喝而光，要留少量于碗底表示赞赏主人的好茶，主人会前来加茶，三碗喝过以后，如果客人感觉已经喝够，可把剩余的少量茶汤有礼貌的泼在地上，主人也不再为之添茶了。

在喜庆的宴席或婚礼上，酥油茶是必不可少的。举行宴会时，先煮两锅茶，来客先跳舞，舞会暂停，由主持人引导客人入室，围坐一起饮酥油茶、饮酒、食糌粑等，在进茶食之后，又分男女两列，继续跳舞，直至结束。

用酥油茶待客是藏民的高尚礼节，一般是遇有贵客才以酥油茶款待，常客或一般朋友只用咸茶，茶中只加盐，不加酥油。招待汉族客人时，以清茶相待，不加食盐，也不加酥油。

（四）蒙古族人的奶子茶和阿巴嘎茶

蒙古族人饮用的奶子茶，是在茶中加上牛奶及少量的盐，也称咸奶茶。其制作过程:先准备两口锅，一口烧水，水沸后倒入另一口装有碎青砖茶的锅烧煮，温火熬2～3分钟，加入牛奶和盐即成。还有一种特殊风味的阿巴嘎茶。阿巴嘎茶所用原料为:青砖茶、纯碱、小米、牛奶、奶皮子、黄油渣、奶油或羊尾巴油。制作过程是，用锅煮茶，煮的过程中加入适量纯碱，使茶色增深。茶煮好后要进行过滤，弃去茶渣。将小米放入锅中煮，煮熟将茶汁倒入锅中与小米混合，加适量的食盐和牛奶继续煮。最后把炒米和黄油搅合而成。

蒙古人饮用奶茶讲究礼仪。每逢宾客来访，先请到蒙古包的正首入座，在桌上放上一盘炒米、奶豆腐、红糖、奶皮子等食品。待奶茶熬好后，由长儿媳弓身双手托举镶有银托的木碗举过头顶献给客人。客人双手接过银碗并在嘴边咂一下，以示回敬，然后再喝下去。

（五）汉中饮用烤茶和罐罐茶习俗

在汉中一带有用烤茶招待客人的习俗。每当客人来访，主人便热情招呼宾客围坐在火塘边。家庭主妇把几只搪瓷茶杯，排放于火塘边，从火塘上方的竹篓里取出茶叶，分放在各杯里，手持茶杯于火塘的火焰上烤，将茶叶抖动而受热均匀，待茶叶有香气时，加入水煮沸，达到沸腾，提起吹去茶汤面上的浮沫，站起用双手持杯敬给客人。

甘肃陇中，素来有饮罐罐茶的习惯。他们的饮茶方式，是一隆火塘，一把茶叶，一个陶瓦茶罐和数只茶盅，一个茶盘。农村中在隆冬季节农事不忙时，几乎户户生着火塘，大家坐在火塘边，一边烤火，一边喝着罐罐茶悠闲地谈天说地。陇中罐罐茶讲究色深味浓，在民间有“能喝下粘稠的茶汁才算得上真正的喝茶”的说法。现在，随着人民生活水平的提高和社会的进步，无论是在茶具或在茶品的选用上都发生了很大变化，电炉、煤油炉已代替了烟薰火燎的火塘。精美别致的金属小罐已代替了小小沙陶罐。随着茶叶生产的发展，茶叶品种的增加，当地也趋向选用多品种，较高档次的茶叶。

汉中西北部略阳县人喜饮罐罐茶。其中面罐茶和油炒茶是罐罐茶中具有代表性的两种。煮面罐茶时，先准备好一大一小两个瓦罐。煮茶前，先将腊肉，花生米、豆腐、鸡蛋等佐料分别用油加五香调料炒好备用。然后用大罐煮面浆，注入约大罐容量2/3的水，配以葱、姜、茴香、花椒、霍香等香料，并加适量的盐，置火塘上烧煮至沸，再倒入预先用冷水调好的面浆，边煮边搅拌，直至煮熟待用。煮茶是把晒青茶置于小罐，加水用文火慢慢煮沸一定时间，把茶汁倾注入面罐内搅匀后，倒入加有佐料的小碗，敬奉给客人。这种茶由于佐料按其比重不同分别悬浮于面茶的上、中、下不同位置，呈现“三层楼”，每层各有风味。

油炒茶又叫炒清茶或清茶，一般用于招待年长者或贵宾。制作过程是:将小瓦罐置于火塘上烤热，加入一小勺油，油热后移开稍凉片刻，放入一小勺白面，并加入适量经捣碎的杏仁或核桃仁，重新移入火塘翻炒。再添油煮热加入嫩茶叶和食盐烤至茶香四溢时注入温水煮沸。饮用时，把茶汤倒入牛眼盅，由主人双手奉茶给客人，客人双手接过茶，闻香，观色，再品饮。

(六)桂北等地喜饮打油茶

广西北部以及湖南、贵州等地的少数民族，有饮打油茶的习俗。这个“打”字有“做”和“吃”的意思，每逢贵客临门和喜庆吉日，他们便用打油茶敬客。打油茶的制法是:先在锅里倒入茶子油，加一把生糯米炒至焦黄，再放入茶叶一起炒，接着倒入温水，并加适量的盐煮沸，将茶过滤，茶汁盛于专用茶壶。配料的制作是把糯米置于油锅内炸成白米花，捞出盛于小竹盘。将黄豆、花生仁和其他佐料也逐一炒好备用。在吃油茶前，家人及其宾客围坐在火塘边，主妇在每个人的碗里放入葱花、阴米花、炒黄豆和炒花生仁等佐料，注入热油茶。奉茶时，主妇恭恭敬敬地献给每人一碗油茶和一双筷，客人饮茶时应发出“啧啧”声，以表示对茶的赞赏。第一碗喝完，主妇便制作第二碗、第三碗。吃过三碗后，客人若不想再喝，便将一只筷子横放碗上，表示已喝足，主妇也就不会再来添茶。

侗族的油茶会有大、中、小之分。大型油茶会是全寨人参加聚会，人数可达数百人，非常热闹。中等油茶会一般是嫁娶、生孩子或乔迁新居时，主人请宾客吃茶欢庆，讨个吉利。小型油茶会则是春节等节日时举行，主要是全家老小欢庆节日，或大年初一早晨，轮流到各家吃油茶，相互道贺。

(七)维吾尔族饮茶习俗

维吾尔族人是一个好客的民族，到维吾尔族作客时，会受到热情接待，其中招待你最常见的是茶和面包。如果家中来了几位客人，那么第一碗茶由女主人来敬。女主人把泡好的茶水放在托盘里端上来，先从最老的客人敬起，依次敬给每一位客人。第二碗茶由男主人来敬，倒茶时他们讲究姿势，不会从茶碗中猛倒，而是顺着茶碗内边慢慢地倒，茶水不宜倒满。主人给客人奉茶时，客人不能表示客气而接壶自斟，这样主人反而不大高兴。如果喝过一两碗茶，再不想喝时，可用手捂一下碗口，示意已喝够。按照维吾尔族人的风俗习惯，每当饮完茶或吃完饭时，应由长者做“都瓦”(祈祷与祝福)，做“都瓦”时，把两只手伸开并在一起，手心朝脸默祷几秒钟，然后轻轻从上到下摸一下脸，“都瓦”就算作好。在作“都瓦”时，精神要集中，不可东张西望和说笑，应认真严肃对待。待主人收拾完茶具与餐具后，客人才能离开，否则就认为有失礼节。

茯砖茶以价格便宜，便于运输，久藏不坏，而深受维吾尔族人欢迎。茶叶具有解脂、去腻、减肥、提神的功效，对于以肉、奶为主食的边疆少数民族来讲，无疑是一种不可缺少的商品。随着经济的发展，交通运输业的发达，营销商的推动及生活水平的进一步提高，维吾尔族人饮用的茶类也日益增多，丰富多彩。花茶、绿茶、乌龙茶、红茶等茶类也受到人们的喜爱。

由于地域不同，维吾尔族人在饮茶习惯上也在所差异，天山以北的维吾尔族喜喝奶茶。奶茶的制作是将茶叶放入铝锅或壶里的开水中煮沸后放入鲜牛奶或已经熬好的带奶皮的牛奶，加入适量的盐。奶皮茶的做法与此茶基本类似。还有一部分人喜饮甜茶，甜茶的制作方法是把沙糖或者冰糖块放在茶水中饮用，有的将碾碎的核桃仁放入大茶碗中，以煮好的茶水冲饮，滋味可口，营养丰富。

天山以南的维吾尔族人喜饮清茶、奶茶、香茶。香茶的配料是胡椒、桂皮、生姜、荆葵等，将这些物料弄成细末，放入茶中饮用。清茶不需配料，饮用前将茯砖茶劈开弄碎，依茶壶容量大小放入适量碎茶，加入开水煮沸，稍冷后饮用。

维吾尔族人使用的茶具比较特别，茶壶尽管质地材料不同，但大多是长颈的。一些富裕的家庭使用的茶具十分考究，价值很高。

（八）傣族人喜饮“竹筒茶”

云南是旅游胜地，那里是植物的王国，有你从未见过的，无比奇妙的原始森林，高大的树木遮天蔽日，偶尔还可以看见成群的野象出入林中，美不胜收；奇异的石林令你赞叹不已，留连往返。更有那别具特色的民族风情，使这个大千世界多姿多彩。

云南是一个多民族的聚居地，也是傣族人最多的地方。在山村，丛生的凤尾竹，笔直挺拔，到处可见；用竹子作房屋的傣族人，喜欢饮用“竹筒茶”。竹筒茶的制作过程是：用晒干的茶叶放入刚砍回的竹筒内，放在火塘上烘烤几分钟，这时竹筒内的茶叶便软化，随即用木棒将竹筒内的茶叶舂压成饼状后，再分装入新茶叶，边装边舂边烘，直到筒内茶叶填满，舂紧实为止。待茶叶烘干后，剖开竹筒，取出茶叶，用手掰下少许茶叶放入碗中，随即冲入沸水，过几分钟便可饮用。这种茶竹香和茶香融合在一起，别有一番风味。

（九）老北京民间茶礼茶俗

老北京民间茶礼茶俗中有一种叫“火壶茶会”。“火壶茶会”是由民间茶会来承办的。有钱人家在举行喜庆典礼时，一般都要举办“火壶茶会”。举办茶会时要请茶房来掌管茶事与礼仪。茶房分为南礼与北礼两种。按举办庆典规模大小请茶房少则二人，多则十几人不等。

茶会一般都在东道主的门道之前，用几张八仙桌拼成大长条案，案前挂有桌围子，上写着堂号，并插着绣有堂号的三角形会旗。在长案的后边正中间供着佛像或神像，后边立着绘有图案的屏风。在案桌的两旁设有大号的茶罐、锡壶、铜壶各十二把，还有若干瓷质茶壶，茶碗。茶会上使用的茶具，一般是向茶会业主租借的。讲面子，讲排场的富裕人家，都要摆设名壶名具，以增添茶会的气派，创造喜庆的氛围。

茶会或茶房在喜庆活动中，他们的主要任务是，招待来往宾客，负责茶水供应，充当礼仪顾问等。茶房一般都精通茶事和各种礼仪。在举行茶会的正日子，茶房执事要很早就赶到，在早晨七点半进棚，摆设和布置好各种设施，调整好棚内的桌椅位置，洗刷好一应用具。

一个优秀的茶房，都懂得满、汉婚庆礼节，甚至王公府第的各种礼仪也都知道。由他们来主持喜庆中的礼仪有条不紊，不会出半点差错。

一个好的茶房除了精通各种礼仪之外，他们还有一套制作精美点心的本领。清末民初的茶房都会做北京风味的小吃和点心。如莲子羹、慈如糕、山药饼、奶卷等。这些食品在宴会上很有特色，色、香、味、形俱佳，深受宾客的喜爱。

席间侍者一般也由茶房担任。过去北京一些富户办喜庆宴席场面大，讲究也多，席上分贵宾席、新亲席、近亲席、朋情席等。礼节复杂，一般人弄不懂，因而由精通此道的茶房担任席间侍者，便能对各种事务应付自如。

茶房在开席之前把餐桌上的物品摆设好，先铺放白色台布，摆放餐具及冷荤小菜、调料，称之为“摆台”。在宾客入席后，由茶房将熘炒之类的热菜端上来，然后再上鱼、肉、鸡、鸭之类。茶房上菜的规矩是，每上一道菜，一定要先摆放在正座上宾的面前，将先上的菜往两边摆开，让出一个位置，放上新菜。以示对贵宾的尊敬。茶房在席间随时听候客人的召唤。有时还要主动去讨好“大人物”，得到赏银。宴席间，主人按惯例进行谢席，而茶房在一旁帮腔道谢，以便让主人应声告退转到别桌谢席。

宴席将要结束，茶房按惯例端来一碗海菜汤，放在桌上，这时在上座的贵宾会将一个红包放在茶盘里，这是给茶房的赏钱。茶房千恩万谢后受之。然后送来手巾，漱口水以及解酒消食之物。宴席也就在欢欢喜喜的氛围中散席。

(十)吃“阿婆茶”与演“阿婆茶”

江苏省昆山县的周庄，当地农村有吃“阿婆茶”的习俗，吃“阿婆茶”不是什么茶都可以，而是要求好茶配好水，还必须有一份精美的小食品。“阿婆茶”由邻近各户轮流做东，今天在你家，明天在他家。轮到做东的人家，先备好上等茶水及佐茶点心，再挨家挨户请人来喝茶。“阿婆茶”只允许年长的和年轻的的女人入围，但无论亲疏，男人是没有这个福分的，这个规矩据说到文明开放的今天仍没有打破，也许是保留历史的传统吧！

喝“阿婆茶”，品精美小食，谈笑风生，化解矛盾，沟通心灵，其乐无穷。

吃“阿婆茶”对你来讲也许是一件寻常事，可“阿婆茶”一但经过艺术加工，走上舞台，看“阿婆茶”便会使你过目难忘。

上海少儿茶艺队表演的“阿婆茶”技艺高超，令人赞叹不已。这些小茶人们身着素雅的青花小裤褂，腰系小花布围裙，头饰中老年发髻。有的手提茶壶，有的端着茶盘，有的端着针线簸箩。做东的阿婆泡好茶，给姐妹们斟上茶，恭恭敬敬地每人敬一杯，众人持杯轻轻地闻香气，然后细细品味，频频点头以示称赞。她们边品茶，边谈天，边做着手中的活计，纳鞋底、打毛衣、补衣衫。看她们那音容风貌，对生活一定充满乐趣与憧憬，展现了江南乡土风情。

（十一）"擂茶"品饮习俗

擂茶是用茶叶、芝麻、生姜、大米、食盐等原料，充分研磨成粉，再放在锅中煮，或直接用开水泡饮。这种茶香气特别，具有茶、芝麻、生姜三者复合香味，辣、咸、苦俱全，饮后生津，刺激性较强。

饮擂茶是湖南省桃源县民间的传统风俗。据说这种饮料的制作历史悠久，东汉年间有一大将带兵攻打武陵，因将士不服水土，多染疾病，当地人献擂茶秘方，将士饮后恢复健康，起到了驱病去邪的作用，因而饮擂茶风俗广泛流行。最早的擂茶以"三生"为原料，即生茶（幼嫩芽叶）、生姜、生米。其制法是，生米先用水浸泡，过滤后加入生茶、生姜，放入陶瓷钵中，以山苍子木棒擂捣成浆。山苍子木棒在擂捣过程中，余屑留在茶中，有一种清香味，又能治风寒骨痛及感冒等病症。因此，擂茶既是当地人的饮料，又是药物。

宾客来访，桃源人习惯于用擂茶款待，每人一杯，放入茶浆、食盐等用开水冲泡。冲泡时壶要提得高，水应冲得急，沸水冲入碗中形成旋涡，溶液自然均匀，趁热饮下心清气爽，留有余味。

（十二）云南佤族的日常饮料——烤茶

饮烤茶是佤族人的一个传统习惯。宾客登门来访，敬献烤茶品饮。家中清闲，自己精心制作烤茶，细斟慢饮，快快乐乐。

烤茶制作过程是：先在铜火盆中烧炭火，烟气消失后待用。准备好烤茶罐、茶杯、茶盘。小陶罐，放置火盆里预热，然后将适量茶叶投入已预热好的陶罐里，用火夹夹着，转动抖烤，使罐里茶叶受热均匀，当茶色变黄，有焦香味后随即将开水冲入茶罐。注入水后，茶香扑鼻。这时提起茶罐分注于小陶瓷茶杯里，恭恭敬敬地献给每位宾客品尝。经过精心制作的烤茶，不但香气浓而且味道好，是佤族人最喜爱的饮料。

第三节 世界各国饮茶习俗

我国是世界上最早发现和利用茶叶的国家，而世界各国的茶叶及品饮方式都是直接或间接从我国传入的。从公元5世纪中国茶开始外传，17至18世纪传入西方。千百年来，中国人的饮茶方式逐渐被外国人所接受，外国人在学习中国茶饮的同时，结合本民族的特点形成了各国的茶文化和饮茶习俗。

一、日本茶道

据日人考证，中国茶早在汉朝时期就已传入日本。汉武帝元狩三年，在汉朝境外原来朝鲜卫右渠统治区，设置玄菟、乐浪、真番、临屯千郡，后来汉昭帝刘旨陵废真番、临屯，保留玄菟、乐浪两郡。当时居住在日本的倭人，分立百余小国，通过乐浪与中国接触，汉文化开始输入日本，而茶叶也就在这个时期传入日本。

在隋唐时期，中日文化交流频繁，日本多次派人来中国留学，唐玄宗开元六年，阿培仲麻侣留学中国，与李白结为诗友，太学结业后留唐任职。唐玄宗天宝十三年，鉴真在日本传播佛教文化，影响颇大。唐朝时日本先后十几次派人来中国学习，他们大多是禅师。

中日两国是一衣带水的邻邦，两国僧人的频繁往来正是中国茶道东浙日本的直接原因。茶传日本，最初是“煮茶祭神”，“煎茶敬奉”最早的记载是日本的奈良时代，圣武天平元年（公元729年），四月八日召100僧侣入禁廷讲《大般若经》四天，第二天举行行茶仪式，以茶赐百僧，这是日本茶道史上第一次大规模的聚饮。是“禅宗茶道”的初级阶段。公元805年，日本最澄从中国带茶籽在日本试种。公元1187年，荣西禅师从中国带回茶籽，种在九州平户的苇浦等地。

日本茶道源于中国，但经过输入、吸收、探索和开创，具有其“大和民族”特色。日本茶道创建经历了较长的历史阶段，几位核心人物起了主要作用。

第一位是荣西禅师，日本临济宗的创始人。荣西在南宋淳熙年间留学中国，在浙江一带活动，学习禅宗，成为临济派在海外的传人。荣西在中国的另一件重要事情是学习种茶、制茶和饮茶的知识。他多次到茶区考察访问，搜集各种资料，回国后写了日本第一部茶学专著——《吃茶养生记》。荣西禅师将从中国带去的茶籽赠送京都梅尾的明惠上人。荣西认为：茶叶是一种神奇的饮料和药物，生长茶树的地方具有灵气，制作和饮用它可以延年益寿。经他的宣传，日本的种茶和饮茶发展很快，在日本的茶史上，人们尊称他为“茶叶的鼻祖”。

明惠上人得到荣西赠与的茶籽，经过精心栽培，苦苦钻研，终于培植出优质茶，向全国推广。他的主要功劳是首先提出了茶之“道”。在日本的饮茶“三德”说的基础上提出了饮茶“十德”说，其内容是：一、请佛保护；二、五脏调和；三、孝敬父母；四、烦恼清除；五、寿命延长；六、睡眠自除；七、息灾延命；八、无神随心；九、请天保护；十、临终不乱。很显然，这饮茶“十德”说带有浓厚的宗教色彩。

这一时期，日本茶道只是在萌芽阶段，还没有真正形成。

中国宋代流行一种“斗茶游戏”实际上是一种品茶比赛。要求茶人具有丰富的饮茶知识和烹茶技能，是一种具有茶文化趣味的社交活动。这一活动传入日本，日本上层武士社会开始以斗茶为内容的聚饮。据说日本室町幕府足利义政将军常在其别墅设茶座，办斗茶会取乐。到室町中期，茶道被定为上层武士阶级的庄重社交仪式，其功用和内涵已超过茶事本身。

当时日本茶会兴盛，贵族间办“茶数寄”借以显示富豪，平民间办“茶寄合”，借以联络感情。

宋代是中国茶道鼎盛大时期，日本人虚心好学，学习中国茶道，然后移植日本土地，但这个时期茶道并没有与本民族的文化特点融合，也可以说，日本茶道尚未正式形成。

日本茶道的鼻祖是僧人村田珠光，珠光将日本民族的审美意识和道德观念引入茶事，使饮茶成为文化。他强调“茶道之类来自于自身的内心功夫”。这正是禅宗所提倡的“内省”、或“自悟”。他以草庵式茶室代替绘画。减少虚饰，以利参禅悟道，强调主客友好、平和。珠光极力突出茶室的道德训戒作用。珠光的茶道偏重于禅道，压抑感重没有趣味性。其第二代弟子武野绍鸥，把日本的诗歌文学趣味引入茶道，把日本连歌作为茶道内容。武野绍鸥的得意门生千利休，吸收珠光茶道的禅宗内涵，溶入武野绍鸥茶道的社交色彩，确定“和、敬、清、寂”茶道四规，创立了大众化的“千家茶道”。至此，日本茶道才算成了正果，步入正轨，流传至今，千利休被称为日本茶道宗匠。

千利休原是一位富商，他对茶道有着特殊的天才。千利休看到当时的日本，国内群雄争霸，战乱不止，人们厌恶战乱带来的痛苦，希望和平的到来。他试图利用推行茶道，提倡和平、尊敬、寂静，以便使人们随时反省自己，停止战乱，和平共处。

为达此目的，千利休设计了特别的茶室。千利休有意识地把茶室建得很小，以四叠半席为准，在这么小的茶室中要划分出床前、客位、点前、炉达等五个地方，这种茶道的布置，总会使人联想到日本的几个岛。由此增强民族紧迫感和团结感。

典型的日本茶室入口处很小，需躬身才能进去，室内洁净，各种窗的位置可以变换。而茶室的外型上，采取农家茅庵式，中间一根以老皮粗树为柱，用竹木茅草做顶，尽量增添田野情趣，在茶室入口处有篱笆、踏脚、洗手处，未进入室内便会给人产生洁净幽雅的感觉。

千里休精心设计的茶室和茶道，可以说是独具匠心，茶室寓意一个小社会，真有道家返朴归真的意思。道家希望返归自然宇宙，而千里休则是为战乱中的社会特意设计一片净地，其主旨是要人们停止战乱，和平共处，尊重对方，清心寡欲，寂静自省。团结一致，民族振兴。

由于千里休的“茶道”有利于日本的统一，得到了统治者的肯定，大力推广，成为正统的茶道流派，几百年来，“和、敬、清、寂”一直成为日本茶道的基本精神。

二、前苏联饮茶习俗

前苏联地域广大，民族众多，在饮茶方式上有所差别。大体上有三种饮茶习俗。

蒙古式饮法：这种饮法是先将绿茶砖粉碎研末，在1000ml水中放入2~3汤匙茶叶，煮沸后加入约250ml的奶，再加入一汤匙动物油。除此以外，还要加入大米、小麦和食盐。这些东西都放好后，再煮上20分钟便可。

这种奶茶实际上与我国辽金时期契丹等北方民族的“茶粥”差不多。由于历史的原因，朝代更替，管辖区划分交错，也许这种前苏联的蒙古式奶茶是受当时契丹北方民族流行的“茶粥”的影响而形成 的。

卡尔梅克族饮法：卡尔梅克族奶茶的调饮，加的茶叶主要是用散茶。先将水在炉上煮沸，然后加入茶叶，茶水之比为1:20，即1000ml水加50g茶叶。再加入很多奶一起煮沸，牛羊奶、骆驼奶均可。中途搅动两次，煮好后用滤布将茶渣滤去不要，浆液便可饮用。

格鲁吉亚式饮法：这种饮茶方式跟云南的烤茶差不多，属于清饮。泡饮过程是先把茶壶放在火上烤到发热，再将茶叶投入热得发烫的壶中，倒入开水冲泡几分钟，一杯茶叶便冲好了，香气扑鼻而来，茶叶色、香、味俱佳。这种冲饮方法，需要一定的技艺，否则难以达到满意的效果。要求在烹调时可闻到幽香，倒水冲茶时发出噼啪的暴响，技术关键是烤壶掌握好火候。

据记载，前苏联茶饮17世纪已普及全国，在贵族阶层有贵族茶仪，在平民间有“乡间茶会”，对茶具的选择比较讲究，有的是用精致的铜制品茶具，有的是用精巧的陶瓷茶具。

三、朝鲜茶饮

朝鲜是中国的邻邦，自古至今，以礼相待，交往频繁。朝鲜人到中国学习茶礼茶艺，回国后在国内推广运用。

高丽时期朝鲜已把茶礼贯彻于朝廷和其它社会阶层，普遍流行我国宋元时期的点茶法，使用的茶磨茶匙、茶膏、茶筅跟中国的类同。

我国北方民间佛教组织和寺院举行的供佛活动——燃灯会，朝鲜也举行，每年2月15日，在宫中举行燃灯会。在中国宋辽金朝代通常以茶礼招待使节，高丽时期也用茶来招待使节，公主出嫁使用茶仪，而其他重要仪式上也都有茶仪。

高丽时期，中国禅宗茶礼成为高丽佛教茶礼的主流。奉行以茶供佛。而且和尚要把茶礼用在自己的修行当中。凡有佛教茶礼的清规，朝鲜通常都要仿效。宋朝的朱子家礼流传到朝鲜，儒家主张的茶规茶礼，在民众中开始运用，民间的婚丧礼仪都要用茶礼。

朝鲜人学习了中国的茶礼和饮茶方式后，民间的茶房、茶店、茶食、茶席等也逐渐兴办起来。使这个“礼仪之邦”，融进了茶文化色彩。

四、英国人饮茶风俗

英国不产茶，但却是饮茶大国，英国人饮用茶叶的量是世界上人均饮茶最多的国度之一。英国人对茶有着特别的爱好，在饮茶的过程中也有茶的礼仪。三百多年来，茶不但是他们的主要饮料，而且在历史文化中扮演重要角色。

1662年，葡萄牙公主凯瑟琳嫁给英王查理二世，并给英国皇宫带去饮茶嗜好。从1644年起，英国水手自东方回国时，都会带一些茶叶赠送亲友，咖啡馆中也有了茶。

英国人喝茶时间观念强，有上午茶和下午茶之分，上午茶原先是老板让上早班的工人在上午休息时供应一些茶点，而这个传统习俗200多年一直保留下来。下午茶是英国人每天下午四五点钟，几位亲朋好友聚在一起喝茶，吃茶点。喝下午茶已成为英国人的饮茶习俗，也是社交的主要方式。

英国的茶馆起步较迟，1864年开始出现，值此之后，茶馆在英国风行，茶馆的主要业务是为市民供应茶饮及点心。

中国人最早发现和利用的茶，不但走进了英国人的生活，同时也渗入到英国人的政治，掀起了巨大的波澜，英国人因茶而使清政府割让香港。中国茶曾一度威风凛凛地进入英国政治，1773年它成为大英帝国经济亏损的主要原因。商人们便在印度大种鸦片，换取中国的茶叶，以维持财政平衡，因茶叶而导致1840年的鸦片战争，致使中国订了不平等条约，让割香港，开放广州，赔款600万元。

英国人也因茶而失去了美洲。1733年，英国政府为了给东印度公司在北美殖民地以倾销茶叶的专利权，颁布了《茶税法》。12月16日晚，愤怒的波士顿人把价值18000镑的342箱茶叶倾入海里，以示抗议，波士顿事件引发了美国独立战争，英国人不仅失去了北美洲，而且“日不落帝国”从此失去了世界霸主的地位。

五、法国人与茶

法国人很爱喝茶，而法国姑娘特别喜欢喝中国红茶，她们认为喝了中国茶可以使身体健康身材苗条，提神醒脑，提高工作效率。

六、荷兰人饮茶风尚

中国茶传入荷兰也有较长的历史了，早在17世纪中国茶经海运到荷兰，当时饮茶只在荷兰的上流社会流行，作为贵族社交的礼仪，也作为摆阔气，讲究风雅的方式。经过一段时间以后，茶也从皇室贵族普及到民间。饮茶时间比较讲究，有早茶、午茶、晚茶之分。客来敬茶成为一种既定礼节。宾客登门，主妇要以礼迎客入座，寒喧、敬茶、品茶、热情备至，直到出门辞别。

荷兰贵妇人茶会的内容是：被邀喝茶的客人在下午二时左右到来时，主人彬彬有礼寒喧迎客，寒喧之后，客人便把脚放在脚炉上，坐下来，女主人便从瓷或精巧的银制小茶具中取出各种茶，放入小瓷茶壶中，热心地问客人喝什么茶，客人回话后主人便把茶倒入茶碗中。对于爱喝混合茶的人，用红色的小壶将番红花煮出花汁，然后把盛有番红花的小壶和盛有少许茶的大碗一同端给客人。客人接过来，把番红花水注入茶中饮用，有时为中和苦味便在茶中放入一些糖，加入奶油调和饮用，风味更佳。

在荷兰，饮茶方法是非常独特的，贵夫人不直接用茶碗喝茶，而是将茶碗中的茶倒入茶碟中，用茶碟喝茶时发出“啧啧”声，其意思是感谢女主人，称赞茶味的美妙。茶会上的话题有特定内容，一般以茶为主题进行谈论，每个人喝了十几杯茶后，再喝酒，直至席散。

七、非洲人饮茶风俗

非洲人也喜欢饮茶，那里也有茶文化，多年来形成了非常有趣的饮茶风俗。

非洲的毛里塔尼亚，全国以牧业为主，气候干旱酷热。他们以牛羊肉为主食，因而对茶叶有特别的爱好，人均消费量约2公斤，是世界上茶叶消费量较多的国家之一。即使遇上灾年，生活都有了困难，而茶叶消费量却不会因此而减少，就是借债也要买茶叶。

毛里塔尼亚人都信奉伊斯兰教。每天黎明时分人们在向真主祈祷过后，便开始喝茶，他们饮茶方式非常特别，先将茶叶放入铜制或瓷制的壶中煮沸，然后在茶中加入白糖和鲜薄荷叶。这种茶色深味甜，清凉可口，饮后生津解渴，留有余香。毛里塔尼亚人因羊牛肉和骆驼奶是他们的主食，通过饮茶能促消化，感到比较舒畅。在炎热难熬的季节里人感觉难受和疲劳，通过饮用浓糖茶，可以解渴、提神、消除疲劳。

毛里塔尼亚人对茶叶的消费量很大，他们买茶叶一次都是几公斤到十几公斤，他们对茶叶质量的要求与中国人有所不同，中国人喜爱的是外形细嫩、色泽翠绿、香气清高、滋味鲜醇的新茶。而他们则喜欢汤深味浓，存放时间较长的茶叶，对香气和外形色泽没有特别的要求。

客人登门拜访，主人总是以甜茶热情招待，待客人饮过茶后再慢慢闲聊。这种独具风味的浓糖茶，堪称毛里塔尼亚人的一种民族传统饮料。

具有几千年古代文明的埃及有数百年的饮茶习俗。埃及人喜欢饮用甜茶，也就是在茶水里加入许多白糖，喝起来又甜又爽，非常可口。

埃及人家庭有一种独特的饮茶方式，这就是“茶炊”。在“茶炊”的下部安有小炭炉，炉上为一中空的筒状容器，加水后可加盖密闭，炭火在加热容器内水的同时，热空气顺容器中央自然形成烟道上升，可同时烤热安置在顶端中央的茶壶。“茶炊”的外下方安装有小水龙头，里面的水沸腾了就可以从这里取用。

埃及人用过餐后，便准备饮茶。先取一些木炭放入“茶炊”下部的炉里点着火，“茶炊”里装满水，然后将“茶炊”端进厨房里，放置在桌子中央，四周再摆上几只茶杯，等待水烧开。“茶炊”里的炭火越来越旺，“茶炊”里的水也发出吱吱的声音，当水的吱吱声变成水的沸腾声时，水已经开了，就可以拿起瓷茶壶，凑近“茶炊”，慢慢拧开水龙头，让滚沸的开水只流一点点到茶壶里，然后关上水龙头，盖好茶壶，将茶壶晃一晃，使里面的热水接触到壶心的每一部分，整个壶都受热，再把壶里的水倒出来。温一下壶，好处是：可以不让茶叶接触到凉的瓷器或金属，而损坏它的香味。温壶之后再把热水冲进茶壶，水冲至八成满时，放一把茶叶，接着把水冲满。然后把茶壶放在“茶炊”的盖子上放几秒钟，让茶壶加热一下。接下来是给桌上的茶杯斟茶，茶稍放凉后家里的人才开始喝茶。

埃及人喝茶，一般要喝三杯茶，这第一杯茶认为是用来压一压正餐里煎炒之类食物的火气；第二杯茶才是完完全全的品味享受。有人夸张地说，第二杯茶一喝，喉咙感到特别爽快、舒畅，头脑清醒，眼明耳聪。

非洲的摩洛哥，以牧业为主，羊牛肉是他们的主食，加上气候炎热，对茶的需求量较大，是世界上绿茶进口最多的国家之一。摩洛哥人饮茶时喜欢在茶中加糖，再加新鲜薄荷共饮。茶汤要求色深味浓，甜中带苦。摩洛哥人对茶具十分讲究，他们大都有一套精美的铜制茶具，有的还涂上银。尖嘴红帽或白色的茶壶，花纹精致的大茶盘、香炉式的糖缸，配在一起非常协调别致。一套精美的茶具，摆设在家里，可作为工艺品来欣赏。

摩洛哥人把茶作为馈赠亲友的礼品，在走亲访友时送上一盒茶叶算是一种高级礼品，有的在逢年过节送人时还把茶叶包好，以示吉祥如意。

在摩洛哥的茶室和茶馆中，生意也十分看好。在炉火熊熊的炉上坐着一把大茶壶，老板娘笑容可掬，迎来送往。一边从袋里抓一把茶叶，一边又从另一个袋中舀一瓢白糖，再加上一些薄荷，便煮起茶来。茶、糖、薄荷先放在小锡壶中，再用大壶中的水冲泡，泡过后将小锡壶放到火上再煮，煮 开之后小锡壶便端到客人的桌上，客人便可边饮茶边进餐。

摩洛哥人对中国绿茶有着特别的感情，他们对绿茶评价很高，认为是一种最好的饮料，无论是达官贵人还是普通平民，都爱喝中国绿茶。对绿茶品质的高低，“茶客”非常熟悉，只要用手一摸，用鼻一闻，便知品质优劣。

摩洛哥主要进口绿茶，也进口一小部分红茶。当地居民主要饮的是绿茶，红茶主要是供应饭店里的欧洲人。还有进口的花茶，主要是宫廷贵族饮用。

思考与练习

1. 饮茶的方式有哪几种？饮茶设施有哪些？
2. 广东人的饮茶习俗是什么？
3. 谈谈云南傣族“竹筒茶”制作过程。
4. 简述日本茶道的形成过程。
5. 英国人有哪些饮茶习俗。

附表　历代记载茶叶功能的书籍表

分类	年　代	书　名	作　者
本草类二十七种	唐代前	《神农食经》	
	唐代前	《桐君录》	
	唐代	《新修本草》	苏恭等
	唐代	《本草食遗》	陈藏器
	唐代	《食疗本草》	孟浩
	宋代	《本草图经》	苏颂
	宋代	《本草别说》	陈承
	宋代	《山家清供》	林洪
	元代	《汤液本草》	王好古
	元代	《饮食正要》	忽思慧
	明代	《日用本草》	吴瑞
	明代	《食物本草》	汪颖
	明代	《救荒本草》	朱棣
	明代	《野草博录》	鲍山
	明代	《本草纲目》	李时珍
	明代	《本草经疏》	缪希雍
	明代	《本草图解》	李士才
	清代	《本划逢原》	张路
	清代	《食物本草会纂》	沈素龙
	清代	《本草纲目拾遗》	赵学敏
	清代	《本草求真》	黄宫绣
	清代	《随息居饮食谱》	王孟英
	清代以后	《中国药学大辞典》	世界书局编
	清代以后	《中国医学大辞典》	谢观
	清代以后	《药材学》	南京药学院
	清代以后	《中药大辞典》	江苏新医学院
	清代以后	《养生寿老集》	林乾良
医方类十一种	唐代	《枕中方》、《华佗食论》	
	唐代	《孺子方》、《聊景弘新录》	
	唐代	《千金方》	孙思邈
	宋代	《仁斋直指方》	杨士瀛
	元代	《瑞竹堂经验方》	萨谦斋
	明代	《普济方》	朱棣
	清代	《老老恒言》	曹慈山
	现代	《养生随笔》	林乾良等

续表

分类	年　代	书　名	作　者
茶书	唐代	《茶经》	陆羽
	唐代	《采茶录》	温庭筠
	五代	《茶谱》	毛文锡
	明代	《茶谱》	钱椿年
经史子集十九种	三国、魏	《广雅》	张揖
	晋	《博物志》	张华
	梁	《述异志》	任昉
	唐代	《唐国史补》	李肇
	唐代	《白居易和卢仝诗》	白居易、卢仝
	宋代	《东坡杂记》、《格物粗谈》	苏轼
	宋代	《古今壁事类外集》	虞载
	宋代	《岭外代答》	周去非
	元代	《敬斋古今注》	李治
	明代	《三才图会》	王圻
	清代	《台湾使槎录》	黄叔敬
	清代	《黎山支纪闻》	张庆长
	清代	《荷廊笔记》	俞洵庆
	清代	《广阳杂记》	刘献迁
	清代	《聪训斋语》	张英
	清代	《片刻余闲集》	刘青
	清代	《广东新语》	屈大均

参考文献

1. 童启庆主编,《中国茶道》, 浙江摄影出版社, 2002 年 11 月第 1 版。
2. 阮浩耕主编,《茶之初四种》, 浙江摄影出版社, 2001 年 7 月第 1 版。
3. 陈文华主编,《中华茶文化基础知识》, 中国农业出版社, 1999 年 8 月第 1 版。
4. 杨林主编,《婺源》, 深圳市佳正航设计制版有限公司, 2001 年。
5. 郑春英主编,《茶艺概论》, 高等教育出版社, 2001 年 7 月第 1 版。
6. 刘勤晋主编,《茶文化学》, 中国农业出版社, 2000 年 9 月第 1 版。
7. 王树林主编,《茶树栽培学》, 中国农业出版社, 1990 年 5 月第 1 版。
8.《茶与茶文化基础知识》, 中国劳动与社会保障部出版发行, 2003 年 8 月。
9. 占成业主编,《中国茶文化》, 中等专业学校茶艺专业教材, 2000 年 8 月第 1 版。
10. 董学友主编,《茶叶概论》, 中等专业学校茶艺专业教材, 1996 年 8 月第 1 版。
11. 汪松能、张宇星编著,《茶叶审评与检验》, 中等专业学校茶艺专业教材, 2000 年 8 月第 1 版。
12. 黄善香主编,《保健茶配方及开发》, 湖南科学技术出版社, 1994 年。
13. 杨胜伟主编,《制茶学》中国农业出版社, 1997 年 5 月第 2 版。
14. 潘根生主编,《茶业大全》, 中国农业出版社, 1997 年 3 月第 2 版。
15. 陈秉纲主编,《茶叶检验》, 中国商业出版社, 1990 年 4 月。
16. 湖南农学院主编,《茶叶审评与检验》, 农业出版社, 1990 年 5 月第 2 版。
17. 王玲编著,《中国茶文化》, 中国书店, 1992 年第 1 版。
18. 丁文编著,《中国茶道》, 陕西旅游出版社, 1998 年第 2 版。
19. 童启庆编著,《生活茶艺》, 金盾出版社, 2000 年。
20. 程启坤编著,《茶文化浅析》, 1982 年。
21. 中国茶叶研究所编辑,《名优茶培训班学习材料》。

读者反馈意见

亲爱的读者：

感谢您对《茶叶检验与茶艺》的支持和热爱，为了今后为您提供更好的服务，请您抽出宝贵的时间来填写下面的意见反馈表，以便我们更好地对本教材做进一步改进，同时如果您在使用本教材的过程中遇到了什么问题，或者有什么好的建议，也请您来信、来电告诉我们。

地址：北京市丰台区科学城南极星大厦108室

电话：010－83795649/83794403

电子邮箱：caikai6223@263.net　QQ：649319527　QQ：1694299827

网址：WWW.KFHWH.CN

教材名称：《茶叶检验与茶艺》

个人资料：

姓名：________ 年龄：________ 所在院校/专业________

文化程度：________ 通讯地址：________

联系电话：________ 电子信箱：________

您使用本书是作为：□指定教材□选用教材□辅导教材

您对封面设计的满意度：

□很满意□满意□一般□不满意□改进建议________

您对本书印刷质量的满意度：

□很满意□满意□一般□不满意□改进建议________

您对本书的总体满意度：

从语言质量角度看□很满意□满意□一般□不满意□

从科技含量角度看□很满意□满意□一般□不满意□

本书最令您满意的是：

□指导明确□内容充实□讲解详尽□实例丰富

您认为本书在哪些地方应进行修改？（可附页）

____

____

您希望本书在哪些方面可进行改进？（可附页）

____

____